全国中医药行业高等教育"十四五"规划教材
全国高等中医药院校规划教材（第十一版）

Visual Basic
程序设计教程

（新世纪第三版）

（供高等中医药院校各专业用）

主　编　闫朝升　曹　慧

中国中医药出版社
·北　京·

图书在版编目（CIP）数据

Visual Basic 程序设计教程 / 闫朝升，曹慧主编 . — 3 版 . —北京：
中国中医药出版社，2023.8（2024.7重印）
全国中医药行业高等教育"十四五"规划教材
ISBN 978-7-5132-8211-6

Ⅰ . ① V… Ⅱ . ①闫… ②曹… Ⅲ . ① BASIC 语言—程序设计—
中医学院—教材 Ⅳ . ① TP312.8

中国国家版本馆 CIP 数据核字（2023）第 103718 号

融合出版数字化资源服务说明

全国中医药行业高等教育"十四五"规划教材为融合教材，各教材相关数字化资源（电子教材、PPT 课件、视频、复习思考题等）在全国中医药行业教育云平台"医开讲"发布。

资源访问说明

扫描右方二维码下载"医开讲 APP"或到"医开讲网站"（网址：www.e-lesson.cn）注册登录，输入封底"序列号"进行账号绑定后即可访问相关数字化资源（注意：序列号只可绑定一个账号，为避免不必要的损失，请您刮开序列号立即进行账号绑定激活）。

资源下载说明

本书有配套 PPT 课件，供教师下载使用，请到"医开讲网站"（网址：www.e-lesson.cn）认证教师身份后，搜索书名进入具体图书页面实现下载。

中国中医药出版社出版

北京经济技术开发区科创十三街 31 号院二区 8 号楼
邮政编码　100176
传真　010-64405721
三河市同力彩印有限公司印刷
各地新华书店经销

开本 889×1194　1/16　印张 19　字数 491 千字
2023 年 8 月第 3 版　2024 年 7 月第 2 次印刷
书号　ISBN 978-7-5132-8211-6

定价　69.00 元
网址　www.cptcm.com

服 务 热 线　010-64405510　　微信服务号　zgzyycbs
购 书 热 线　010-89535836　　微商城网址　https://kdt.im/LIdUGr
维 权 打 假　010-64405753　　天猫旗舰店网址　https://zgzyycbs.tmall.com

如有印装质量问题请与本社出版部联系（010-64405510）

全国中医药行业高等教育"十四五"规划教材
全国高等中医药院校规划教材（第十一版）

《Visual Basic 程序设计教程》
编 委 会

主 编

闫朝升（黑龙江中医药大学） 曹 慧（山东中医药大学）

副主编

王 苹（北京中医药大学） 肖二钢（天津中医药大学）

张 毅（成都医学院） 金玉琴（南京中医药大学）

周燕玲（江西中医药大学） 俞 磊（安徽中医药大学）

燕 燕（辽宁中医药大学）

编 委（以姓氏笔画为序）

马金刚（山东中医药大学） 朱蕾蕾（长春中医药大学）

刘红雨（黑龙江中医药大学） 刘珊珊（甘肃中医药大学）

齐 峰（黑龙江中医药大学佳木斯学院） 李 丹（山西中医药大学）

李小智（湖南中医药大学） 李志敏（浙江中医药大学）

吴 雪（哈尔滨师范大学） 吴劲芸（湖北中医药大学）

曾 萍（贵州中医药大学）

李灿东（福建中医药大学校长）

杨　柱（贵州中医药大学党委书记）

余曙光（成都中医药大学校长）

谷晓红（教育部高等学校中医学类专业教学指导委员会主任委员、北京中医药大学教授）

冷向阳（长春中医药大学校长）

宋春生（中国中医药出版社有限公司董事长）

陈　忠（浙江中医药大学校长）

季　光（上海中医药大学校长）

赵继荣（甘肃中医药大学校长）

郝慧琴（山西中医药大学党委书记）

胡　刚（南京中医药大学校长）

姚　春（广西中医药大学校长）

徐安龙（教育部高等学校中西医结合类专业教学指导委员会主任委员、北京中医药大学校长）

高秀梅（天津中医药大学校长）

高维娟（河北中医药大学校长）

郭宏伟（黑龙江中医药大学校长）

彭代银（安徽中医药大学校长）

戴爱国（湖南中医药大学党委书记）

秘书长（兼）

陆建伟（国家中医药管理局人事教育司司长）

宋春生（中国中医药出版社有限公司董事长）

办公室主任

张欣霞（国家中医药管理局人事教育司副司长）

张峘宇（中国中医药出版社有限公司副总经理）

办公室成员

陈令轩（国家中医药管理局人事教育司综合协调处副处长）

李秀明（中国中医药出版社有限公司总编辑）

李占永（中国中医药出版社有限公司副总编辑）

芮立新（中国中医药出版社有限公司副总编辑）

沈承玲（中国中医药出版社有限公司教材中心主任）

全国中医药行业高等教育"十四五"规划教材
全国高等中医药院校规划教材（第十一版）

编审专家组

组　长
余艳红（国家卫生健康委员会党组成员，国家中医药管理局党组书记、局长）

副组长
张伯礼（天津中医药大学教授、中国工程院院士、国医大师）
秦怀金（国家中医药管理局党组成员、副局长）

组　员
陆建伟（国家中医药管理局人事教育司司长）
严世芸（上海中医药大学教授、国医大师）
吴勉华（南京中医药大学教授）
匡海学（黑龙江中医药大学教授）
刘红宁（江西中医药大学教授）
翟双庆（北京中医药大学教授）
胡鸿毅（上海中医药大学教授）
余曙光（成都中医药大学教授）
周桂桐（天津中医药大学教授）
石　岩（辽宁中医药大学教授）
黄必胜（湖北中医药大学教授）

前　言

为全面贯彻《中共中央 国务院关于促进中医药传承创新发展的意见》和全国中医药大会精神，落实《国务院办公厅关于加快医学教育创新发展的指导意见》《教育部 国家卫生健康委 国家中医药管理局关于深化医教协同进一步推动中医药教育改革与高质量发展的实施意见》，紧密对接新医科建设对中医药教育改革的新要求和中医药传承创新发展对人才培养的新需求，国家中医药管理局教材办公室（以下简称"教材办"）、中国中医药出版社在国家中医药管理局领导下，在教育部高等学校中医学类、中药学类、中西医结合类专业教学指导委员会及全国中医药行业高等教育规划教材专家指导委员会指导下，对全国中医药行业高等教育"十三五"规划教材进行综合评价，研究制定《全国中医药行业高等教育"十四五"规划教材建设方案》，并全面组织实施。鉴于全国中医药行业主管部门主持编写的全国高等中医药院校规划教材目前已出版十版，为体现其系统性和传承性，本套教材称为第十一版。

本套教材建设，坚持问题导向、目标导向、需求导向，结合"十三五"规划教材综合评价中发现的问题和收集的意见建议，对教材建设知识体系、结构安排等进行系统整体优化，进一步加强顶层设计和组织管理，坚持立德树人根本任务，力求构建适应中医药教育教学改革需求的教材体系，更好地服务院校人才培养和学科专业建设，促进中医药教育创新发展。

本套教材建设过程中，教材办聘请中医学、中药学、针灸推拿学三个专业的权威专家组成编审专家组，参与主编确定，提出指导意见，审查编写质量。特别是对核心示范教材建设加强了组织管理，成立了专门评价专家组，全程指导教材建设，确保教材质量。

本套教材具有以下特点：

1.坚持立德树人，融入课程思政内容

将党的二十大精神进教材，把立德树人贯穿教材建设全过程、各方面，体现课程思政建设新要求，发挥中医药文化育人优势，促进中医药人文教育与专业教育有机融合，指导学生树立正确世界观、人生观、价值观，帮助学生立大志、明大德、成大才、担大任，坚定信念信心，努力成为堪当民族复兴重任的时代新人。

2.优化知识结构，强化中医思维培养

在"十三五"规划教材知识架构基础上，进一步整合优化学科知识结构体系，减少不同学科教材间相同知识内容交叉重复，增强教材知识结构的系统性、完整性。强化中医思维培养，突出中医思维在教材编写中的主导作用，注重中医经典内容编写，在《内经》《伤寒论》等经典课程中更加突出重点，同时更加强化经典与临床的融合，增强中医经典的临床运用，帮助学生筑牢中医经典基础，逐步形成中医思维。

3.突出"三基五性"，注重内容严谨准确

坚持"以本为本"，更加突出教材的"三基五性"，即基本知识、基本理论、基本技能，思想性、科学性、先进性、启发性、适用性。注重名词术语统一，概念准确，表述科学严谨，知识点结合完备，内容精炼完整。教材编写综合考虑学科的分化、交叉，既充分体现不同学科自身特点，又注意各学科之间的有机衔接；注重理论与临床实践结合，与医师规范化培训、医师资格考试接轨。

4.强化精品意识，建设行业示范教材

遴选行业权威专家，吸纳一线优秀教师，组建经验丰富、专业精湛、治学严谨、作风扎实的高水平编写团队，将精品意识和质量意识贯穿教材建设始终，严格编审把关，确保教材编写质量。特别是对32门核心示范教材建设，更加强调知识体系架构建设，紧密结合国家精品课程、一流学科、一流专业建设，提高编写标准和要求，着力推出一批高质量的核心示范教材。

5.加强数字化建设，丰富拓展教材内容

为适应新型出版业态，充分借助现代信息技术，在纸质教材基础上，强化数字化教材开发建设，对全国中医药行业教育云平台"医开讲"进行了升级改造，融入了更多更实用的数字化教学素材，如精品视频、复习思考题、AR/VR等，对纸质教材内容进行拓展和延伸，更好地服务教师线上教学和学生线下自主学习，满足中医药教育教学需要。

本套教材的建设，凝聚了全国中医药行业高等教育工作者的集体智慧，体现了中医药行业齐心协力、求真务实、精益求精的工作作风，谨此向有关单位和个人致以衷心的感谢！

尽管所有组织者与编写者竭尽心智，精益求精，本套教材仍有进一步提升空间，敬请广大师生提出宝贵意见和建议，以便不断修订完善。

国家中医药管理局教材办公室

中国中医药出版社有限公司

2023 年 6 月

编写说明

Visual Basic 是应用最为广泛的高级程序设计语言之一，具有易学易用、功能强大等特点。

本教材既致力于阐述 Visual Basic 程序设计的基础知识、基本技术和基本方法；又融合丰富翔实的医学领域案例，着眼于医学数据管理和数据处理的 Visual Basic 实用性。本教材在编写过程中融入了思政元素。

本教材既可作为高等学校本科"Visual Basic 程序设计"课程教材，也可供程序开发人员和医学信息研究人员阅读和参考。

本教材分为 3 篇共 11 章。基础篇介绍 Visual Basic 的概述、常用对象及其应用程序设计步骤；程序与界面设计篇介绍 Visual Basic 程序设计基础、结构化程序设计、主要控件、文件处理、通用对话框以及菜单、工具栏和图形的设计；系统设计与实现篇介绍信息系统分析与设计以及数据库访问；书后的附录介绍 MSDN Library 的基本使用。

本教材坚持以"三基"（即基础知识、基本技术、基本方法）为基础，着重突出"五性"（即思想性、启发性、适用性、探索性和易教易学性）特点。本教材的主要特色在于：

（1）注重"问题与知识、思考与学习"之间有效融合，培养思维能力。一方面，采用"案例→理论→实现"的章内容脉络：依托全书的主干案例（即方剂信息系统），以案例与问题为引导，深入浅出地阐述解决问题的基础知识、基本技术和基本方法，给出并解释实现结果，培养抽象思维和系统思维能力。另一方面，采用"问题渗透、案例扩展"的知识与案例阐释方式：将问题渗透到知识阐述和案例实现中，由问题驱动持续思考与探究，强化理论联系实际的能力，培养辩证思维和逆向思维能力；以医学领域案例为主，通过案例的逐步扩展及其多样性解决途径，形成"验证→设计→探究"多层次案例，培养逻辑思维与发散思维能力。

（2）借助"信息系统设计与分析"知识内容，探索完善知识的系统性。Visual Basic 的一个重要价值在于：开发信息系统，实现信息的获取、存储、管理与利用。通过扩充信息系统设计与分析的基础知识，既保证知识系统性，又强化信息意识。

（3）依托易学易用的计算机语言，领略计算机世界的魅力。本教材力图以 Visual Basic 为平台，注重培养从现实世界中发现问题、在计算机世界中分析与解决问题的问题意识、思维方式与表达能力；并辅以医学和人文社科案例，着力培养信息意识与高尚品格。

本教材在上一版的基础上，对一些字句和案例进行推敲和斟酌，力求精益求精。

本教材的具体编写分工：第 1 章由俞磊、吴劲芸编写；第 2 章由曹慧、马金刚、刘红雨编写；第 3 章由周燕玲编写；第 4 章由金玉琴、李志敏编写；第 5 章由王芊、李丹、刘珊珊编写；第6章由曹慧、马金刚、刘红雨编写；第7章由肖二钢、李小智编写；第8章由燕燕、朱蕾蕾编写；第9章由张毅、曾萍编写；第10章～第11章由闫朝升、齐峰、吴雪编写；附录由王苹编写。本教材由闫朝升统稿并定稿。

由于编者水平所限，本教材内容若有不足之处，恳请读者提出宝贵意见，以便再版时修订提高。关于本教材的电子教案、案例等教学资源，读者可与主编联系。

主编通信地址：黑龙江中医药大学医学信息工程学院；E-mail：zhaosheng_yan@163.com。

《Visual Basic 程序设计教程》编委会

2023 年 6 月

目　录

扫一扫，查阅
本书数字资源

系统设计与实现篇

基础篇

Visual Basic 概述

【学习目标】

通过本章的学习，你应该能够掌握 Visual Basic 的基本概念，熟悉 Visual Basic 的集成开发环境和基本特点，了解 Visual Basic 的发展历程。

作为人类世界和计算机世界之间的沟通媒介，**计算机语言（Computer Language）** 提供了一个完整的程序开发环境，以便设计程序；同时，每一种计算机语言具有若干个特点，以便保证自身的生命力。

本章将介绍 Visual Basic 6.0 的集成开发环境、基本概念和基本特点等内容。

1.1 Visual Basic 集成开发环境

集成开发环境（Integrated Development Environment，IDE） 是基于 Windows 平台、功能完备、操作便捷的可视化开发环境，用于实现应用程序的编写、运行、调试等。

1.1.1 Visual Basic 的启动

Visual Basic 启动的操作过程为：单击【开始】按钮→"所有程序"→"Microsoft Visual Basic 6.0 中文版"→"Microsoft Visual Basic 6.0 中文版"命令，进入集成开发环境。

> **说明：** 在本书中，按钮的描述采用方头括号【】和按钮上文字内容的组合形式。例如，■■按钮被描述为:【开始】按钮。

经过上述操作，系统默认地显示"新建工程"对话框（图1-1）。"新建工程"对话框包含以下三个选项卡：①"新建"选项卡：用于建立新的工程。其中，"标准EXE"项■是 Visual Basic 所经常创建的一类工程，可以在 Windows 系统中直接执行。②"现存"选项卡：用于打开"已存在"的工程。③"最新"选项卡：用于打开"最近"建立（或"最近"使

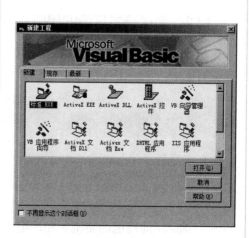

图1-1 "新建工程"对话框

用过）的工程。

相关概念：①**工程（Project）**是指 Visual Basic 所设计的应用程序；相应地，Visual Basic 应用程序的设计过程被视为工程（或工程组）的设计过程。②**对话框（Dialog）**是用于完成特定任务的一种"交互式"窗口，例如，"新建工程"对话框常用于完成工程的新建任务。

在"新建工程"对话框中，若用户选择"标准 EXE"项→【打开】按钮，则系统将创建一个"标准 EXE"类型的工程，并进入新工程的集成开发环境（图 1-2）。

图 1-2　Visual Basic 6.0 的集成开发环境

说明：在没有特殊说明情况下，本书案例所涉及的工程为："标准 EXE"工程。

知识链接

Visual Basic 源自于 **Basic（Beginners All-purpose Symbolic Instruction，初学者通用符号指令代码）**语言。Visual Basic 不仅继承了 Basic 语言的易学易用性，而且提供了一套可视化程序设计工具，保证了 Windows 应用程序设计的最迅速性和最简捷性。

1991 ～ 1998 年，**美 国 微 软 公 司（Microsoft Corporation）**相继推出 Visual Basic 1.0 至 Visual Basic 6.0。其中，Visual Basic 6.0 包括三个版本：学习版、专业版和企业版，适用于不同层次的开发者。本书采用 Visual Basic 6.0 企业版。

1.1.2　集成开发环境的组成

图 1-2 给出了 Visual Basic 6.0 的集成开发环境组成情况。其中，标题栏、菜单栏和工具栏被统称为**主窗口（Main Window）**。

说明："代码设计"窗口需要单独地调用（详见本节的"代码设计"窗口内容）。

1. 标题栏

标题栏提供了集成开发环境的基本信息和控制途径。由左至右，标题栏由 Visual Basic 图标、标题内容和控制按钮组成。其中，标题内容包括当前工程的名称（如：工程 1）、Microsoft Visual Basic（即环境的类型）和环境的工作模式（如：设计，见表 1-1）；控制按钮包括【最小化】、【最大化】（或【还原】）和【关闭】等按钮。

相关概念：当前工程（Current Project）是指"正在被设计"的工程。

表1-1 集成开发环境的工作模式说明表

工作模式	描　述
设计模式	即程序设计状态；可进行窗体设计和代码设计
运行模式	即程序运行状态；无法进行窗体设计和代码设计
中断模式	即程序运行的"暂时"中断状态；可进行代码设计，无法进行窗体设计

2. 菜单栏

菜单栏提供了集成开发环境的全部操作命令，由"文件""编辑"等菜单组成。

3. 工具栏

工具栏包括"标准""编辑""调试"和"窗体编辑器"等四类工具栏。

其中，"标准"工具栏用于快速访问常用的菜单命令项，由"图标样式"按钮（如：🔲）组成；其他工具栏分别包含代码编辑、程序调试和窗体设计的常用命令项。

说明： 在默认情况下，集成开发环境仅显示"标准"工具栏，如图1-2所示。其他工具栏的显示操作过程为：在菜单栏中，选择"视图"→"工具栏"→工具栏的名称项。

【例1-1】标题栏和工具栏的使用问题。试完成：如表1-2所示的任务。

表1-2 【例1-1】的任务说明表

任务要求	具体内容
创建工程	创建一个"标准EXE"工程
获取集成开发环境信息	① 获取当前工程名称和环境的工作模式 ② 在依次地单击"标准"工具栏中的【启动】按钮▶、【中断】按钮‖和【结束】按钮■之后，描述环境工作模式

1）工程的创建

具体过程为：启动 Visual Basic →在打开的"新建工程"对话框中，选择"标准EXE"项→【打开】按钮。

2）集成开发环境信息的获取

依据标题栏内容：①当前工程的名称为：工程1，环境的工作模式为：设计模式；②在▶、‖和■三个按钮被依次单击后，环境的工作模式分别为：运行、中断和设计。

说明： 在"标准"工具栏中，【结束】按钮■用于结束运行模式，返至设计模式。

4."窗体设计"窗口

"窗体设计"窗口提供了应用程序界面的设计环境（图1-3），用于设计窗体。

"窗体设计"窗口由以下两部分组成：

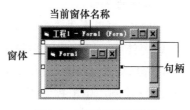

图1-3 "窗体设计"窗口

（1）窗体

是指"窗体设计"窗口所含的"原始"界面，又称为**当前窗体**（Current Form）。

（2）标题栏

提供当前窗体的名称（如：Form1）及其所属工程的名称（如：工程1）。

另外，**句柄**（Handle）用于标识"待设计"的对象。若一个对象的四周存在句柄（即8个矩形框■和□），则该对象被称为**当前对象**（Current Object）。

相关概念：①**对象**（Object）是指 Visual Basic 程序设计所使用的事物，如：窗体、命令按钮等；详见本章第2节的内容。②**窗体**（Form）用于"承载"程序和用户之间交互的工具（如：命令按钮、菜单等）；详见第2章第1节的内容。③**界面**（Interface）是指程序和用户之间交互的可视化部分，又称为**用户界面**（User Interface，UI）。

> **说明：**窗体和"窗体设计"窗口存在"一一对应"关系，即一个"窗体设计"窗口仅用于设计一个窗体。在"窗体设计"窗口的标题栏中，窗体名称确定上述关系。

知识链接

Windows 是基于图形用户界面的、窗口式的操作系统。其中，**图形用户界面**（Graphic User Interface，GUI）提供了图形方式的用户接口（如：窗口、按钮、菜单等），实现用户和计算机之间可视化交互。相应地，Windows 应用程序（即基于 Windows 平台的应用程序）采用上述方式；且 Windows 应用程序设计可称为可视化程序设计。

另外，窗体和窗口属于"界面"在不同环境下的描述形式。窗体是在集成开发环境中的界面；窗口是在运行和使用中的界面，如图1-4所示的"空白"窗体和窗口。

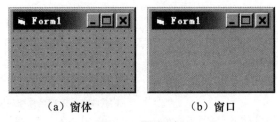

（a）窗体　　　　（b）窗口

图1-4　界面示例

5."工具箱"窗口

"工具箱"窗口提供了窗体设计所需的控件对象（简称为：控件），如图1-5所示。

相关概念：控件（Control）是用户和应用程序之间交互的一种图形化工具，详见第2、6章的内容。例如，【退出】按钮 退出 用于接收用户的"退出"命令，并发送给应用程序。

（1）控件的添加

"工具箱"窗口提供了控件图标，用于将控件添加到窗体中，以便设计窗体。其中，利用"工具箱"窗口，控件的添加方式包括：

① 手动绘制：单击控件图标→将鼠标移至

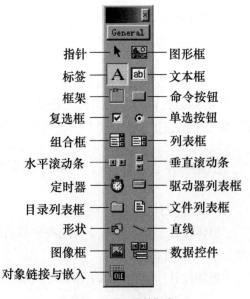

图1-5　"工具箱"窗口

窗体上（此时，鼠标形状变为：＋）→按下鼠标左键，进行绘制。

② 自动添加：双击控件图标。

> **说明**：在设计状态下，窗体包含若干个点▓（称为网格点，见图1-3），供直观地确定控件特点，如：控件高度／宽度、控件和窗体左端／上端之间距离、控件之间相对位置等。

（2）控件的分类

Visual Basic 提供以下三种类型的控件：

① 内部控件：使用频率较高的标准控件。在 Visual Basic 的初始状态下，"工具箱"窗口包含 20 种内部控件，如图 1-5 所示。

② ActiveX 控件：以 .ocx 为扩展名称的独立文件。通常 ActiveX 控件的文件存储在 Windows 系统的 System（或 System32）文件夹中。

③ 可插入对象：第三方对象（或 Word、Excel 等对象）。由于可插入对象能够以控件形式使用；因此，可插入对象被视为控件。

ActiveX 控件和可插入对象的图标能够被添加到"工具箱"窗口中；其添加操作过程为：在菜单栏中，选择"工程"→"部件"命令，调用"部件"对话框（图 1-6）；之后，在"控件"（或"可插入对象"）选项卡中，勾选 ActiveX 控件（或可插入对象）。

图 1-6 "部件"对话框

> **说明**：在"工具箱"窗口中：①在控件图标被单击后，图标变为"凹"状态（即该控件处于"待添加"状态），如图 1-5 中的"标签"图标；②指针▮不代表控件，用于将鼠标恢复到"箭头"形状，并将"凹"状态的图标恢复为正常状态。

【例 1-2】"窗体设计"窗口和"工具箱"窗口的使用问题。在【例 1-1】基础上，试完成：如表 1-3 所示的任务。

表 1-3 【例 1-2】的任务说明表

任务要求	具体内容
获取"窗体设计"窗口信息	获取窗口所含的当前窗体名称及其所属的工程名称
使用"工具箱"窗口	① 在窗体中，添加一个命令按钮 ② 依照图 1-6，将该 ActiveX 控件图标添加入"工具箱"窗口
设置当前对象	将命令按钮设置为当前对象

1）"窗体设计"窗口信息的获取

依据标题栏内容（图 1-3），当前窗体的名称为：Form1，窗体所属的工程名称为：工程 1。

2）"工具箱"窗口的使用

① 命令按钮控件的添加。单击命令按钮图标▄→在窗体 Form1 上，绘制控件。

②ActiveX 控件图标的添加。调用"部件"对话框（图 1-6）→勾选相应的选项。

3）当前对象的设置

在"窗体设计"窗口中，单击命令按钮对象；相应地，句柄将移动到该对象的四周，即 Command1 。

> 说明：窗体名称"Form1"的尾字符是数字 1，而不是字母 l。这是因为 Visual Basic 采用 "对象类型名称＋序号"形式，自动地命名新对象，如：Label1、Label2。

6."属性"窗口

"属性"窗口用于显示和设置对象的属性，如图 1-7 所示。

相关概念：属性（Property） 是对象性质的描述，如：高度；详见第 1 章第 2 节的"属性"的内容。

（1）"属性"窗口的组成

表 1-4 给出了"属性"窗口的组成情况。

例如，在图 1-7 中，依据对象下拉列表框，当前对象的名称为：Form1，类型为：Form（即窗体）；相应地，"属性"窗口显示 Form1（即当前对象）的属性情况。

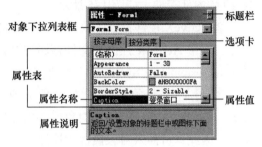

图 1-7　"属性"窗口

表 1-4　"属性"窗口的组成说明表

组　成	功　能	说　明
标题栏	显示当前对象的名称（如：Form1）	"属性"窗口用于显示和设置当前对象的属性
对象下拉列表框	提供"对象"列表项和显示当前对象	列表项包含当前工程所含对象的名称和类型，如：Form1 Form / TxtName TextBox
属性表	显示和设置当前对象的属性值；包括"属性名称"列和"属性值"列	若属性名称被突出显示（如：Caption），则称之为**当前属性**
选项卡	指定属性表的显示样式；包括"按字母序"选项卡和"按分类序"选项卡	显示样式包括属性名称的字母顺序（图 1-7）和属性的功能分类顺序（图 1-8）
属性说明	显示当前属性的功能描述	

> 说明：利用"属性"窗口，当前对象的选择过程为：在对象下拉列表框中，单击箭头按钮■→在打开的列表项中，选择具体对象。

> 问题：依据图 1-7 所示的"属性"窗口：①"名称"属性和 Caption 属性的值分别是什么？② Caption 属性的功能是什么？

图 1-8　"属性"窗口的 "按分类序"选项卡

（2）属性的设置

在新对象被创建后，对象的多数属性值被设置为：缺省值；例如，针对【例1-2】所添加的命令按钮，Caption属性的缺省值为：Command1。在窗体设计过程中，属性值常被重新设置（又称为**属性设置**），以便提高界面的美观度和程序的可读性。

相关概念：缺省值（Default Value）是指属性（或变量）的初始值，又称为**默认值**。

【例1-3】对象的属性设置问题。在【例1-2】基础上，利用"属性"窗口，试完成：如表1-5所示的属性设置。

表1-5 【例1-3】的对象属性设置说明表

序号	对象	属性名称	属性值	序号	对象	属性名称	属性值
1	窗体	名称	FrmTest	2	命令按钮	Caption	确定
		Caption	案例窗口				

1）命令按钮的属性设置

在"窗体设计"窗口中，单击命令按钮（即选定当前对象）→在"属性"窗口的属性表中，将Caption属性值设置为：确定。

2）窗体的属性设置

以"名称"属性为例，利用"属性"窗口的对象下拉列表框，打开列表项→选择 Form1 Form1 项→在"名称"属性的"属性值"单元格中输入：FrmTest。

7."工程资源管理器"窗口

"工程资源管理器"窗口用于显示和管理当前工程所包含的文件，如图1-9所示。

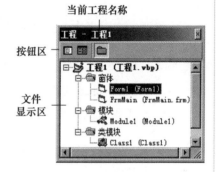

图1-9 "工程资源管理器"窗口

> **说明**："工程资源管理器"窗口采用"层次式"列表样式呈现文件项。

（1）"工程资源管理器"窗口的组成

"工程资源管理器"窗口由三部分组成。其中，按钮区和文件显示区介绍如下：

① 按钮区：【查看代码】按钮和【查看对象】按钮用于调用"代码设计"窗口和"窗体设计"窗口；【切换文件夹】按钮用于切换"文件夹显示形式"。

② 文件显示区：显示和管理当前工程所含的文件，包含若干个文件项；其中，每一个文件项由文件类型图标、对象名称和文件名称（即括号所含的内容）组成，如：FrmMain (FrmMain.frm)。

> **说明**：在文件显示区中，若文件名称包含了文件的扩展名称，则该文件已被保存；否则，该文件尚未被保存（如：Form1 (Form1)）。

相关概念：①**文件（File）**是相关信息的集合；例如，窗体文件存储窗体及其所含对象的属性、事件过程等信息。②**文件名称（File Name）**是文件的标识，由主名和扩展名组成；例如，文件名FrmMain.frm包含主名FrmMain和扩展名frm（即窗体文件类型）。

（2）工程的文件类型

一个工程可以包含多种类型的文件，如：工程文件（*.vbp）、窗体文件（*.frm）、标准模块文件（*.bas）、类模块文件（*.cls）等。

> **说明：** 在"工程资源管理器"窗口中，文件类型被直观地显示在图标█的后面。

知识链接

模块（Module） 是指具有独立功能的程序单元。**Visual Basic** 提供了窗体模块（简称窗体）、标准模块（简称模块）和类模块；其中，标准模块和类模块统称为**代码模块**。窗体模块存储着窗体及其"承载"的控件的程序代码；标准模块存储着多个模块（或应用程序）之间的公共代码；类模块存储着用户自定义对象的程序代码。

模块文件用于存储模块的信息，并通过模块文件的主名称和模块的名称之间的一致性，建立两者的"一一对应"关系。例如，在图 1-9 中，🗋 FrmMain (FrmMain.frm) 项的两个 FrmMain 分别对应着：窗体模块的名称和窗体模块文件的主名称。

> **说明：** 在本书中，窗体模块和窗体对象均简称为窗体，分别对应"代码设计"和"窗体设计"语境。在阅读过程中，请结合上下文语境区分"窗体"一词的具体含义。

一个 Visual Basic 应用程序至少包含一个工程文件和一个窗体文件，这是因为一个应用程序对应着一个工程（或工程组），且窗体是 Windows 应用程序不可或缺的组成部分。

> **问题：** 在图 1-9 中，工程 1 包含哪些类型的文件？对象名称和文件名称是什么？

（3）文件显示区的使用

文件显示区的使用是指文件项的操作。其中，文件项的操作包括：

① 双击操作：调用对象的设计窗口（如："代码设计"窗口和"窗体设计"窗口）；例如，在图 1-9 中，🗋 Form1 (Form1) 项的双击将调用窗体 Form1 的"窗体设计"窗口。

② 右击操作：在快捷菜单中，选择命令项（如：添加、移除等），实现文件的管理。

【例 1-4】"工程资源管理器"窗口的使用问题。在【例 1-3】基础上，试完成：如表 1-6 所示的任务。

表 1-6 【例 1-4】的任务说明表

任务要求	具体内容
使用"工程资源管理器"窗口	① 获取当前工程的名称及其所含的对象和文件情况 ② 在窗体 Form1 的"窗体设计"窗口被关闭后，进行重新打开
设置工程的属性	将当前工程的"名称"属性值设置为：测试工程

1）"工程资源管理器"窗口的使用

① 信息的获取。依据窗口的标题栏内容，当前工程的名称为：工程 1；依据文件显示区的内容，当前工程仅包含一个窗体对象（名称为：Form1），且窗体文件尚未被保存。

②"窗体设计"窗口的重新打开。关闭"窗体设计"窗口（即单击窗口的【关闭】按钮⊠）→在"工程资源管理器"窗口的文件显示区中，双击 Form1 (Form1)项（或单击 Form1 (Form1)项→【查看对象】按钮▣）。

2）工程的属性设置

在"工程资源管理器"窗口的文件显示区中，单击 工程1 (工程1)项→在"属性"窗口中，将工程的"名称"属性值设置为：测试工程。

说明：在上述内容中，依据对象的概念，窗体、模块和类模块均被视为**对象**。本书所关注的两大类对象是：窗体和控件；因此，在下文中，对象常被限定于窗体和控件。

8. "代码设计"窗口

"代码设计"窗口提供了应用程序代码的编辑和查看环境，如图1-10所示。

一个"代码设计"窗口仅能用于设计一个具体窗体（或代码模块）的程序代码。

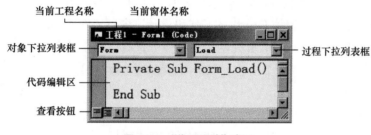

图1-10 "代码设计"窗口

说明：若"代码设计"（或"窗体设计"）窗口被最大化，则在集成开发环境中，菜单栏的最右侧将显示窗口的控制按钮；其中，【还原】按钮▣用于取消窗口的最大化。

（1）"代码设计"窗口的组成

表1-7给出了"代码设计"窗口的主要组成情况。

表1-7 "代码设计"窗口的组成说明表

组成	功能	说明
标题栏	提供程序代码所属的工程名称、窗体（或代码模块）名称等信息	在图1-10中，标题栏的内容表明该窗口中的程序代码属于"工程1"的窗体"Form1"对象
对象下拉列表框	提供"对象"列表项，供具体对象的选择	列表项包含对象的名称和"通用"项（如：(通用) Command1 Form）
过程下拉列表框	提供"过程"列表项，供具体过程的选择	列表项包含过程名称、事件名称和"声明"项；其中，"声明"项用于声明变量、自定义函数等
代码编辑区	提供程序代码的编写区域	
查看按钮	控制"代码编辑区所显示"的程序代码范围	【过程查看】按钮▣：显示对象的事件过程代码 【全模块查看】按钮▤：显示全部程序代码

在"代码设计"窗口的对象下拉列表框中，列表项提供了"Form"项，未提供窗体的名称（如：Form1），这是因为一个窗体对应着一个"代码设计"窗口；因此，该窗口无需提供窗体的名称，而由 Form 代替窗口所属的当前窗体的名称。

> **说明**：在对象下拉列表框中，"通用"项用于编写"与特定对象无关"、公共使用的程序代码，参见第 4、5 章的相关内容。

相关概念：①**事件（Event）**用于描述在对象上发生的操作。②**过程（Procedure）**是指完成特定任务的功能程序段。③**事件过程（Event Procedure）**用于提供"在事件发生后"相应任务的功能程序段。例如，【退出】按钮的"单击"操作对应该对象的 Click 事件；Click 事件过程用于完成"退出窗体"任务。上述概念详见第 1 章第 2 节的"事件与事件过程"的内容。

（2）"代码设计"窗口的打开

"代码设计"窗口的打开途径包括：

①"窗体设计"窗口：直接双击窗体（或控件），打开该对象的"代码设计"窗口；例如，在图 1–3 中，双击窗体，打开窗体 Form1 的"代码设计"窗口（图 1–10）。

②"工程资源管理器"窗口：单击具体文件项→【查看代码】按钮 ；或直接双击模块（或类模块）的具体文件项（如：在图 1–9 中，双击 Module1 (Module1)项）。

9. "窗体布局"窗口

"窗体布局"窗口用于设置"在程序运行时"窗体和屏幕之间及窗体之间的相对位置，主要包括：屏幕缩略图和窗体图标，如图 1–11 所示。

图 1–11 "窗体布局"窗口

> **说明**：①**屏幕（Screen）**是指显示器屏，由边框（即四周的灰色框）和显示区（即边框内的区域）组成。②窗体和屏幕边框之间的距离表示了窗体在屏幕中的位置。

窗体显示位置的设置方式主要包括：

（1）鼠标拖动

在"窗体布局"窗口中，将鼠标置于窗体图标上（此时，鼠标形状变为 ）→按下鼠标左键，将窗体图标拖至特定位置。

（2）属性设置

设置窗体的 StartUpPosition 属性（详见第 2 章第 1 节的相关内容）。

> **说明**：在集成开发环境中，若某一个窗口未显示，则"视图"菜单的命令（或"标准"工具栏的按钮）用于打开相应的窗口。例如，按钮 用于打开"属性"窗口。

1.2　Visual Basic 的基本概念

对象是 Visual Basic 应用程序的核心元素。应用程序利用不同对象之间的相互联系和作用，实现可视化程序设计的功能需求，例如，【退出】按钮用于关闭窗体。

属性、事件和方法统称为**对象三要素**。相应地，一个对象可视为一组属性和相关事件、方法的"封装"体。

1.2.1 对象

实体（Entity）是指客观存在的事物，如：中药、窗体等。**对象（Object）**是指应用程序所使用的实体，如：文本框（TextBox）、命令按钮（CommandButton）等。

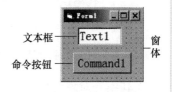

图1-12 界面案例

作为界面设计的基本元素，Visual Basic 提供了两大类对象：窗体和控件。其中，窗体是控件的"容器"，承载界面设计所需的控件；控件是应用程序和用户之间交互的媒介。

例如，图1-12 包含三个对象。其中，窗体 Form1 承载 Text1 和 Command1 两个控件。

> **说明**：界面设计须先"创建窗体、后设计窗体（即添加控件）"。

1.2.2 属性

属性（Property）是指描述和反映对象特征的参数（如：名称、高度等特征），包括属性名称和属性值。其中，属性名称反映了特征的范畴，属性值反映了特征的具体情况。

> **说明**：在 Visual Basic 中，属性名称是预先定义的、无法被改变的。

以窗体的 Caption 属性（图1-7）为例，Caption（即属性名称）反映标题类特征，"登录窗口"（即属性值）反映标题类特征的具体情况。

> **说明**：在本书中，属性值的两端可能存在双引号（如："登录窗口"）；其中，引号用于界定正文中的内容，不是属性值的真正内容（如图1-7 中的 Caption 属性值）。

1. 属性的分类

依据属性的使用和归属特点，属性涉及以下两种特殊类型：

（1）只读属性（Read-Only Property）

在程序运行时属性值只能被读取、不能被修改的属性。例如，对象的 Name 属性（即"名称"属性）只能在"属性"窗口中设置，供程序读取。

（2）独有属性（Individual Property）

只属于某一类对象的属性。例如，MaxButton（即最大化按钮）属性是窗体对象的独有属性。

2. 属性的赋值

在默认情况下，属性将被赋予缺省值。在对象的设计过程中，属性值常被重新设置，以便满足程序设计的实际需要。

属性值的设置途径包括：

（1）"属性"窗口

遵循"先选择对象、后设置属性"原则，设置当前对象的属性值。详见第1章第1节的"集成开发环境的组成"的相关内容。

> **说明**：一些属性没有显示在"属性"窗口中，只能在程序代码中使用，如：窗体对象的CurrentX（即当前 X 坐标）属性。

（2）"代码设计"窗口

通过赋值语句，设置具体对象的属性值。属性赋值语句的常用语法格式如下：

> 对象名称 . 属性名称 = 属性值

其中，对象名称（即"名称"属性值）用于指定具体对象；属性名称用于指定属性；=（即赋值符）用于将"右侧"的操作数赋给"左侧"的操作数（详见第 4 章第 5 节的"赋值语句"的内容）。

> **问题**：依据赋值符的上述功能，赋值语句 x=y 和 y=x 之间的功能差异是什么？

例如，若将窗体 Form1 的标题内容设置为：登录窗口，则相应的功能语句如下：

> Form1.Caption=" 登录窗口 "

> **问题**：①若将窗体 Queryfrm 的标题内容设置为：查询窗口，则如何设计相应的功能语句？②如何利用"属性"窗口完成上述要求？

知识链接

语法格式（Syntax Format） 是指描述程序设计规则的一种规格式样。**语句（Statement）** 是程序向计算机发出的操作命令，是程序最基本的执行单位，如：赋值语句、选择语句等。**应用程序（Application Program）** 是一系列相关语句的集合。

从语法格式角度，**语句** 是符合语法要求、独立的功能单位。语句的语法格式体现了语句组成部分之间的正确组合关系。例如，Caption.Form1=" 登录窗口 " 是错误的。

另外，高级程序设计语言接近于人类的自然语言。因此，其语法格式及其程序代码具有良好的可理解性。例如，语句 Form1.Caption=" 登录窗口 " 可理解为：Form1 的 Caption 属性被赋值为登录窗口。

1.2.3　方法

方法（Method） 是预先定义功能程序、能被对象所识别的操作，用于完成固定的任务。例如，窗体的 Print 方法能够在窗体上显示文本内容，由"已封装"的程序代码实现。

相关概念：文本（Text） 是指具有完整含义、文字和符号的序列，如：退出、中药等。

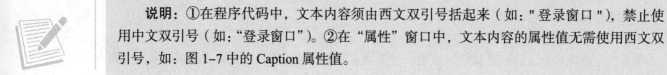

> **说明**：①在程序代码中，文本内容须由西文双引号括起来（如：" 登录窗口 "），禁止使用中文双引号（如："登录窗口"）。②在"属性"窗口中，文本内容的属性值无需使用西文双引号，如：图 1-7 中的 Caption 属性值。

方法调用语句的常用语法格式如下：

> ［对象名称 .］方法名称［参数列表］

其中，对象名称 .和参数列表均为可选项，即依据程序设计的实际需要，方法的调用语句可以省略上述两项。

> **说明：** 在语法格式描述中，方括号［ ］用于包含可选项，即"可省略"项。

例如，若在窗体 Form1 上显示内容为辨证论治，则相应的功能语句如下：

> Form1.Print " 辨证论治 "

> **问题：** ①上述语句能否改写成：Print.Form1 " 辨证论治 " 或 Form1.Print " 辨证论治 " ？②若在窗体 Form2 中显示内容为中医证候，则如何设计相应的功能语句？

1.2.4　事件与事件过程

1. 基本概念

事件（Event） 是指预先定义、能够被对象所识别的操作，如：**Click**（单击）事件、**Load**（载入）事件等。**事件过程（Event Procedure）** 是指"在对象的事件发生后"所需执行的程序代码段，用于完成事件所对应的任务要求。

事件的发生需要触发者（Trigger，如：鼠标、应用程序自身等），以便执行事件过程。

> **说明：** 事件和方法是两个容易混淆的概念。①相同点：两者均是 Visual Basic 预先命名、能够被对象识别的操作；②不同点：针对操作任务的实现，方法封装了 Visual Basic 所预先设计的功能程序代码，事件需要进行事件过程的设计。

事件过程的语法格式如下：

> Private Sub 对象名称 _ 事件名称（［参数列表］）
> 　程序代码
> End Sub

依据上述语法格式，事件过程包括：

（1）起始部分

即 Private Sub 对象名称 _ 事件名称（［参数列表］），用于建立事件过程和对象、事件之间的联系。①对象名称：指定事件所属的对象；②事件名称：指定事件过程所属的事件；③参数列表：可选项，指定事件过程所需的变量，以便接收数据。

（2）中间部分

即程序代码，用于实现事件所需完成的任务，是核心部分。

（3）结束部分

即 End Sub，用于标识事件过程的结束。

> **说明：** 在上述语法格式中，起始部分和结束部分统称为**事件过程框架**。

另外，针对窗体而言，在事件过程的语法格式中，窗体名称由 Form 代替；相应地，窗体事件过程的语法格式如下：

```
Private Sub Form_ 事件名称（[参数列表]）
    程序代码
End Sub
```

相关概念：空事件（Null Event） 是指在事件过程中不包含"程序代码"部分的事件，即"没有任务要求"的事件，如：图 1-10 所示的 Load 事件。

【**例 1-5**】事件过程的语法格式使用问题。试完成：通过命令按钮 Command1 的单击事件，在窗体 Form1 上显示"我的祖国"。

依据上述功能要求，事件名称为：Click（即单击），事件所属的对象名称为：Command1，任务为：在窗体 Form1 上显示文本内容。因此，事件过程的语法格式使用如下：

```
Private Sub Command1_Click（）
    Form1.Print " 我的祖国 "
End Sub
```

> **问题：** 若通过命令按钮 CmdOK 的单击事件，在窗体 Form2 上显示"中医药"，则如何使用相应的事件过程语法格式？

2. 事件过程的设计

"代码设计"窗口用于设计事件过程（即使用事件过程的语法格式）。依照事件过程的语法格式，事件过程设计包括：事件过程框架的生成和程序代码的设计。

（1）事件过程框架的生成

为了只需关注"程序代码"部分的设计，集成开发环境提供了事件过程框架的自动生成功能（即依照具体事件过程的语法格式，起始部分和结束部分将被自动生成）。

事件过程框架的生成途径包括：

① "窗体设计"窗口。通过窗体（或控件）的双击操作，系统将打开"代码设计"窗口，并自动地生成相应对象的默认事件的事件过程框架。

② "代码设计"窗口。遵循"先选择对象、后选择事件"原则，在对象下拉列表框中，选择具体对象→在过程下拉列表框中，选择具体事件。

相关概念：默认事件（Default Event） 是指 Visual Basic 预先设定、在某一类对象上最值得关注的一种事件，如：命令按钮的 Click 事件、窗体的 Load 事件等。

> **问题：** 依据默认事件的概念，在对象下拉列表框中，若 Form 项被选择，则系统将自动地生成何种事件的事件过程框架？

另外，若"代码设计"窗口包含了"已设计过"的某种事件过程，则上述操作能够快速地定位该事件过程，便于程序代码的查看和再编辑。

（2）程序代码的设计

"程序代码"部分的设计是指依据任务的具体要求，输入功能程序段的过程，是事件过程设计的核心工作。

【例1-6】事件过程设计的流程问题。结合图1-12，通过命令按钮 Command1 的单击事件，由文本框 Text1 显示：我的祖国。针对上述功能要求，试描述：事件过程的设计流程。

图1-13 给出了【例1-6】的命令按钮 Command1 的 Click 事件过程设计流程。

图1-13　【例1-6】的事件过程设计流程

1）事件过程框架的自动生成

在"窗体设计"窗口中，双击命令按钮 Command1（或者在"代码设计"窗口的对象下拉列表框中，选择"Command1"项）。

2）程序代码的设计

在事件过程框架内，输入程序代码。

> **问题：**若利用窗体的单击事件，在文本框 Text2 中显示：中国，则如何设计事件过程？

3. 事件过程的实现流程

事件过程的实现流程为：触发事件（即事件发生）→依据所发生的事件及其所属的对象，结合事件过程的起始部分，识别该事件的事件过程，执行"程序代码"部分。

【例1-7】结合【例1-6】，试分析：命令按钮 Command1 的 Click 事件过程实现流程。

命令按钮 Command1 的 Click 事件过程的实现流程如下：

1）触发事件

在程序运行状态下，单击命令按钮 Command1（即触发其 Click 事件）。

2）执行事件过程

依据对象名称（即 Command1）和事件名称（即 Click），系统识别事件过程（即起始部分），执行程序代码（即 Text1.Text=" 我的祖国 "）。

随着事件过程的程序代码被执行完毕，文本框 Text1 将显示：我的祖国（即文本框 Text1 的 Text 属性值），实现外界所要求的任务。

> **问题：**结合【例1-5】，试述命令按钮 Command1 的 Click 事件过程的实现流程。

1.2.5　对象的使用

在 Visual Basic 应用程序中，程序代码需要使用对象（即调用对象三要素），以便实现特定的功能要求。其中，对象使用的基本原则主要包括：

1. 先创建、后使用

在对象三要素被调用前，相应对象必须"事先"被创建。例如，针对【例 1-6】，在程序代码设计之前，文本框 Text1 必须被添加到窗体上。

2. 对象名称须一致

在对象三要素的调用程序中，对象名称必须和该对象的"名称"属性值保持一致，以便识别对象并调用相应对象的三要素。

若程序设计违背上述原则，则在程序运行时，系统将会提示错误信息（图 1-14）。例如，针对【例 1-6】，在文本框未被添加到窗体上（或文本框的名称不是：Text1）的情况下，若在程序运行时，命令按钮 Command1 被单击，则该对象的 Click 事件过程将产生执行错误。

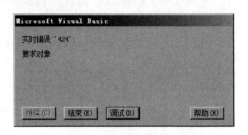

图 1-14　"缺失对象"消息框

1.3　Visual Basic 的基本特点

Visual Basic 是一种基于 Windows 环境的、面向对象的、基于事件驱动模式的程序设计语言，具有易学易用、功能强大、开发效率高等突出特点。

1. 可视化的设计环境

Visual Basic 的集成开发环境能够实现"所见即所得"的可视化界面设计和"边编写、边运行、边修改"的程序代码设计。

例如，在集成开发环境中，鼠标的绘制能够便捷地创建所需的控件，借助"属性"窗口的属性设置能够直观地调整控件的大小、位置等特征。相应地，编程人员无须关注"如何编写程序代码来创建控件和设置属性"的问题。

> **说明：** Visual Basic 提供了语法错误的"自动检查"功能。在程序编写过程中，开发环境能够及时地捕捉编写错误［图 1-15（a）］，并显示消息框［图 1-15（b）］。
>
> **问题：** 结合第 1 章第 2 节的"方法"相关内容，图 1-15（a）所示的错误原因是什么？如何进行修正？

（a）代码的错误编写

（b）语法错误消息框

图 1-15　"自动检查"语法错误示例

2. 面向对象的程序设计

为了提高应用程序的灵活性和扩展性，**面向对象的程序设计（Object-Oriented Programming，OOP）**能够将对象作为基本单元，通过对象的创建和不同对象之间的相互作用，实现功能需求。

例如，窗体封装了 Print 方法，供在窗体上显示文本内容。【例 1-6】利用命令按钮的 Click 事件，设置文本框的 Text 属性，实现两个对象之间的相互作用，以便显示文本内容。

3. 基于事件的驱动模式

Visual Basic 将"事件"作为应用程序执行的基本推动要素，即事件是用户和应用程序之间的、真正意义上的交互媒介。

基于事件的驱动模式（Event-Driven Pattern）特点在于：利用对象所包含的事件，在事件发生后，系统识别事件过程并执行其"程序代码"部分，完成事件触发者的需求。

利用上述模式，应用程序设计只需"依据任务要求→确定所需的对象及其事件→设计事件过程"，降低了程序设计的复杂度，提高了程序的可维护性。例如，【例 1-6】给出了基于事件的驱动模式案例，【例 1-7】描述了事件过程的实现流程。

> **说明：** 上述三个特点将贯穿于本书的全部内容。

4. 结构化的程序设计

结构化程序设计（Structured Programming）是以"功能模块和处理过程设计"为主的一种程序设计方法，具有接近人类自然语言和数学公式书写规律等特点。

利用结构化程序设计方法，Visual Basic 应用程序具备了清晰的"层次性"流程控制架构和数据运算过程，具有良好的结构性、易理解性、可靠性和可测试性等特点。

例如，图 1-16 给出了分段函数和 Visual Basic 程序的主干部分及其"自然语言"解析。

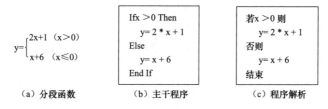

（a）分段函数　　　（b）主干程序　　　（c）程序解析

图 1-16　分段函数案例及其求解程序

> **说明：** 第 5 章将着重介绍上述特点，且该特点将被渗透到后续的章节内容中。

5. 面向数据库的信息管理与利用

数据库和计算机网络是信息社会不可或缺的基础设施。Visual Basic 提供了数据库管理和网络支持功能，为数据存储、信息管理和资源共享提供了强大的技术支持。

相关概念： ①**数据库（Database）**是持久存储、多方共享的信息集合，是各类信息系统的核心部分，详见第 11 章的内容。②**计算机网络（Computer Networks）**是由相互连接的、独立的计算机组成的集合，是信息接收、传输和资源共享的平台。

Visual Basic 不仅提供了多种类型数据库（如：Access、SQL Server 等）的访问和管理工具，实现数据的收集、组织、存储、检索和维护，而且提供了图表技术，实现"数据向信息"的转换。其中，数据库可以是**本地的**（**Local**，即程序与数据库"共处"一台计算机），也可以是**远程的**（**Remote**，即程序与数据库"各处"不同计算机）。

例如，**ActiveX 数据对象**（**ActiveX Data Objects，ADO**）能够实现数据库的访问，网格控件（如：MSHFlexGrid 控件）能够实现表格形式的数据浏览。

> **说明：**面对信息社会，Visual Basic 的一个最为重要的使用价值在于构建信息系统（即数据库应用系统）。第 10 章和第 11 章将着重介绍上述特点。

6. 面向外部资源的有效使用

依据功能要求，应用程序需要调用其他应用程序及其数据、文件等事物。Visual Basic 提供了动态数据交换（Dynamic Data Exchange，DDE）、对象链接和嵌入（Object Linking and Embedding，OLE）、动态链接库（Dynamic Link Library，DLL）等技术，实现 Visual Basic 应用程序和另一个应用程序（或 Windows 系统）之间的数据共享和信息传递。

例如，OLE 控件能够将 Microsoft Excel 应用程序视为对象，嵌入到 Visual Basic 应用程序，实现数据处理和管理。

7. 联机帮助系统

联机帮助系统（**On-Line Help System**）是软件的重要组成部分，用于检索软件使用信息，以便帮助用户解决使用问题。

微软公司提供了面向软件开发人员的技术支持服务平台，即**微软开发者网络**（**Microsoft Developer Network，MSDN**）。其中，MSDN Library 提供了关于 Microsoft Visual Studio 系列产品（如：Visual Basic、Visual C++ 等）基本编程信息的重要资料库。

> **说明：**本书的"附录"部分将介绍上述特点。

小　结

1. 集成开发环境用于实现应用程序的编写、运行、调试等。Visual Basic 提供了可视化的集成开发环境，通过图形界面实现人机交互，提高编程效率。

2. Visual Basic 采用面向对象的程序设计思想。对象包含三要素，即属性、事件和方法。其中，属性用于描述和反映对象特征；事件是能够被对象识别的动作，并通过事件过程完成特定功能；方法是预先定义功能程序、能够被对象所识别的操作。

3. 作为最为常用的 Windows 应用程序开发工具，Visual Basic 具有可视化编程环境、事件驱动的编程机制、结构化程序设计、数据库访问、外部资源使用、联机帮助等特点。

4. 本章主要概念：工程、界面、窗体、控件、实体、对象、属性、方法、事件、事件过程、计算机网络。

习题 1

1. 试述 Visual Basic 的基本特点。

2. 试述 Visual Basic 集成开发环境的下述组成部分的基本功能：①"工程资源管理器"窗口；②"窗体设计"窗口；③"代码设计"窗口。

3. Visual Basic 的集成开发环境包括哪几种工作模式？试述每一种工作模式的特点。

4. 一个 Visual Basic 应用程序至少包含哪些类型的文件？文件的扩展名称分别是什么？

5. 试述对象三要素的内容及其基本概念。

6. 利用 Visual Basic 集成开发环境，试完成：下述任务要求：

（1）创建工程。创建一个"标准 EXE"工程。

（2）设计窗体。依据图 1–12，在窗体中，添加一个文本框和一个命令按钮。

说明：在"工具箱"窗口中，文本框和命令按钮的图标分别为：▥和▣。

（3）设置属性。①工程的"名称"属性设置为：实验工程。②依据表 1–8，设置对象的属性。③在"窗体布局"窗口中，将窗体的显示位置调整为：屏幕中心位置。

表 1–8　对象的属性设置说明表

序号	对象	属性名称	属性值	序号	对象	属性名称	属性值
1	窗体	名称	FrmTest	2	命令按钮	Caption	显示内容
		Caption	案例窗口				

（4）设计事件过程。任务要求为通过命令按钮 Command1 的单击事件在文本框 Text1 中显示：中医学源远流长。

（5）测试程序。在"标准"工具栏中，单击【启动】按钮→在显示的窗口中，观察文本框的内容→单击命令按钮 Command1 →在显示的窗口中，观察文本框的显示内容。

（6）分析程序运行结果。针对上述测试过程，试分析：Click 事件过程的实现流程。

（7）分析 Visual Basic 特点。针对上述程序设计过程，试分析以下问题：①利用了 Visual Basic 的哪些特点？②使用了哪些对象及其属性、事件？

7. 结合图 1–16，试设计下述分段函数的主干程序，并给出"自然语言"解析。

$$y = \begin{cases} x-3 & (x<0) \\ 4x+2 & (x\geq 0) \end{cases}$$

2 常用对象

扫一扫，查阅本章数字资源，含PPT、音视频、图片等

【学习目标】

通过本章的学习，你应该能够：掌握窗体、命令按钮、文本框、标签的常用属性、方法和事件，熟悉 Visual Basic 程序设计的步骤，了解程序的功能分析与设计过程。

【章前案例】

为保证软件的信息安全，用户身份须被验证。假定存在“方剂信息系统”的登录界面（图 2–1），试解决下述问题：①如何设计窗体，保证界面的实用性和美观度？②如何设计功能程序，实现用户身份的验证？

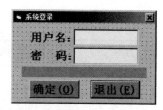

图 2–1 “系统登录”界面

在应用程序的使用过程中，用户需要输入、发送和查阅信息。例如，通过登录界面（图 2–1），用户输入用户名和密码、发送上述信息和查阅验证结果。因此，应用程序提供用途各异的界面，实现用户和应用程序之间的信息交互。Visual Basic 提供了文本框和命令按钮等控件，实现信息的输入、输出和发送；同时，提供了窗体，以便承载控件。

本章将介绍 Visual Basic 的常用对象，包括：窗体、命令按钮、文本框和标签。

2.1 窗体对象

作为界面的最基本结构，**窗体（Form）**是用户和应用程序之间进行交互的主要区域，用于“承载”应用程序和用户之间的交互工具（如：命令按钮、菜单等）。

1. 窗体的基本结构

图 2–2 给出了窗体的基本结构。

（1）边框

界定窗体的区域范围，位于窗体四周。

（2）主区域

窗体设计和操作空间，即控件的承载空间。

（3）标题栏

位于窗体最上方。

图 2–2 窗体基本结构

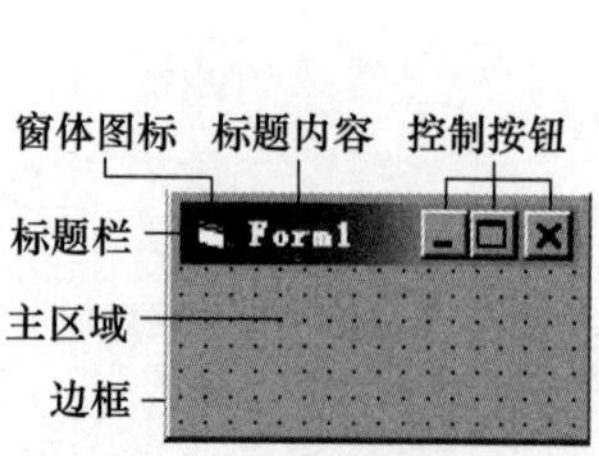

① 窗体图标：调用系统菜单。其中，系统菜单包含了窗体控制命令（如：最大化、关闭等）。

② 标题内容：窗体功能描述的文本内容（如：系统登录、中药信息查询等）。

③ 控制按钮：设置窗体的显示状态（如：最大化、最小化和关闭）。

相关概念：最大化（Maximization）是指窗体的全屏幕显示；**最小化（Minimization）**是指窗体的"任务栏上"按钮显示；**关闭（Close）**是指将窗体清理出内存（即清除窗体）。

2. 多窗体的设置

通常，一个 Visual Basic 工程需要包含多个窗体，以便实现不同的功能需求。例如，方剂信息系统需要包含"系统登录"窗体、"方剂信息录入"窗体等。

（1）窗体的添加

为了满足"多窗体"工程设计，Visual Basic 提供了窗体的添加功能，如图 2-3 所示。

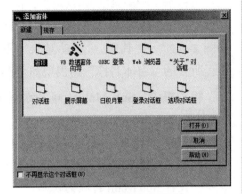

图 2-3 "添加窗体"对话框

> **说明：** 在新的工程被创建后，系统将自动地添加一个窗体（名称为：Form1）。

窗体添加的操作过程为：调用"添加窗体"对话框→在"新建"（或"现存"）选项卡中，选择相应项→单击【打开】按钮。其中，"添加窗体"对话框的调用途径包括：

① 菜单栏：选择"工程"→"添加窗体"命令。

② "工程资源管理器"窗口：右击文件显示区→在弹出的快捷菜单中，选择"添加"→"窗体"命令。

"添加窗体"对话框包含两个选项卡：

① "现存"选项卡：添加"现已保存"的窗体（如：其他工程的窗体）。

② "新建"选项卡：添加"空白"窗体（即"窗体"项 ）和 Visual Basic 预先设计的窗体。

> **说明：** 空白窗体（Blank Form）是指尚未包含任何控件的窗体，如图 1-4（a）所示。

【例 2-1】 窗体的添加问题。在创建一个工程后，试完成：添加一个"空白"窗体。

其中，"空白"窗体的添加过程为：在"添加窗体"对话框中，选择"窗体"项。相应地，"工程资源管理器"窗口将增加 Form2 (Form2) 项（即新窗体的文件项）。

（2）窗体的删除

窗体删除用于清理"无用"的窗体，其操作过程为：在"工程资源管理器"窗口中，右击特定窗体的文件项→在弹出的快捷菜单中，选择"移除……"命令。

例如，针对【例 2-1】，窗体 Form2 的删除过程为：在"工程资源管理器"窗口中，右击 Form2 (Form2) 项→在弹出的快捷菜单中，选择"移除 Form2"命令。

（3）启动窗体的设置

启动窗体（Startup Form，又称为默认窗体）是指在程序运行后"自动"打开的第一个窗体。通常，一个工程包含多个窗体，因此，启动窗体的设置是十分必要的。

说明： 在默认情况下，Visual Basic 应用程序的启动窗体为第一个被创建的窗体，如："标准 EXE"工程所自动创建的窗体 Form1。

"工程属性"对话框用于设置当前工程的启动窗体，如图 2-4 所示。其中，"启动对象"下拉列表框提供当前工程所含的"窗体名称"列表项和"Sub Main"项。

相关概念：Sub Main（即名称为 Main 的过程） 是指"在程序启动时"可以首先执行的过程，实现数据载入、信息快速显示等功能，如：在 Visual Basic 启动时所显示的图片信息。Sub Main 过程的设计过程为：创建一个标准模块→设计 Sub Main 过程的代码。

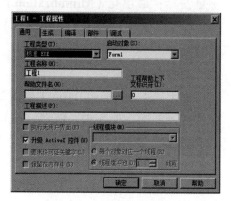

图 2-4 "工程属性"对话框

【例 2-2】启动窗体的设置。在【例 2-1】基础上，试将窗体 Form2 设置为启动窗体。

其中，启动窗体的设置过程如下：①调用"工程属性"对话框：在菜单栏中，选择"工程"→"工程 1 属性"命令。②设置启动窗体：在"工程属性"对话框（图 2-4）中，选择"通用"选项卡→在"启动对象"下拉列表框的列表项中，选择窗体名称（即 Form2）。

3. 常用属性

（1）Name 属性

Name 属性（即"名称"属性）用于设置或返回窗体的名称。该属性既是公共属性（即每一个对象均有该属性），又是只读属性（即只能在"属性"窗口进行设置）。

Name 属性值用于唯一识别对象，并调用对象的属性、事件和方法。

① 在同一个工程中，多个窗体禁止赋予"相同"的 Name 属性值（即属性值须唯一）。

② Name 属性的赋值应采用驼峰式命名法（即"类型缩写 + 功能词汇"组合形式），以便直观地显示对象的类型和功能；如：FrmTest（即"用于测试"的"窗体"）。

说明： ①针对中文版 Visual Basic，在"属性"窗口中，Name 属性显示为：(名称)。②在本书中，对象的描述采用"对象类型 + 对象名称"组合形式，如：窗体 Form1。

知识链接

驼峰式命名法（Camel Case） 是对象（或变量、函数）名称的一种描述规则。其中，名称由若干个子项连接而成，每一个子项的首字母大写、其他字母小写。例如，窗体名称 FrmTest 包含 Frm 和 Test 子项，表征对象的类型（即窗体）和用途（即测试）。

在 Visual Basic 中，常用的对象类型缩写包括：Frm（窗体）、Cmd（命令按钮）、Txt（文本框）、Lbl（标签）等。例如，CmdExit 表示："退出"功能的命令按钮。

（2）Caption 属性

Caption 属性（即"标题"属性）用于设置或返回窗体的标题内容。该属性的值用于简要描述窗体的功能，如：系统登录、中药信息查询等。

说明：属性 Name 和 Caption 的缺省值是相同的；两者的功能是不同的（图 2-5）。

图 2-5 Name 属性和 Caption 属性的功能差异

（3）Visible 属性

Visible 属性用于指定窗体在运行时是否"可见"。该属性的值为逻辑值（即 True 或 False），其中，属性值及其功能如下：

① True（缺省值）：在运行时，窗体是"可见"的。

② False：在运行时，窗体是"不可见"的。

例如，若将窗体 Form1 变为"不可见"，则相应的功能语句为：Form1.Visible=False。

问题：若将窗体 FrmTest 变为"可见"，则如何设计相应的功能语句？

知识链接

逻辑值（Logical Value）是指在某种程度上一个事实是否成立的判定结果。逻辑值只能取 True（真值）和 False（假值）两者之一。

逻辑值的主要用途在于：①表示"是 / 否、可以 / 不可以"等截然相反的两种状态。例如，若 Visible 属性值为 True，则窗体处于"可以"看见的状态。②表示"成立 / 不成立、满足 / 不满足"的条件（或关系）判断结果。例如，若变量 a 的值为 4，则关系 a>2 的判断结果为 True（即"大于"关系成立）。

（4）Enabled 属性

Enabled 属性用于指定窗体在运行时是否"可用"（即能否响应鼠标或键盘操作）。该属性的值为逻辑值，其中，属性值及其功能如下：

① True（缺省值）：窗体能够响应鼠标或键盘操作（即"可用"状态）。

② False：窗体无法响应鼠标或键盘操作（即"不可用"状态）。

例如，若将窗体 Form1 变为"不可用"，则相应的功能语句为：Form1.Enabled=False。

说明：若窗体是不可用（或不可见）的，则窗体上的控件均不可用（或不可见）。

（5）Width 属性、Height 属性、Left 属性、Top 属性

四种属性用于设置或返回窗体的大小及其在屏幕上的位置（图 2-6）。

① Width 和 Height：设置或返回窗体的宽度和高度。

② Left 和 Top：设置或返回窗体的左边框 / 上边框和屏幕

图 2-6 窗体的大小 / 位置属性特征

显示区的左边界／上边界之间的距离。

> **说明：缇（Twip）**是上述四种属性的单位。1英寸 =1440缇。
>
> **问题：**在程序运行后，若窗体被"向上"移动，则哪一个属性的值会发生变化?

（6）BorderStyle 属性

BorderStyle 属性用于设置或返回窗体的边框样式。表 2-1 给出了该属性值的情况。

表 2-1　BorderStyle 属性值说明表

属性值	基本功能	基本用途
0-None	无边框窗口。不含标题栏和边框，不能移动位置和改变大小	创建"图片式"窗口，如：图 3-1
1-FixedSingle	固定、单边框窗口。能移动位置，在默认情况下不能改变大小	创建"固定大小"的窗口，是本书的常用窗体
2-Sizable	可调整、双边框窗口。能移动位置和改变大小	为缺省值，创建普通的窗口
3-Fixed Dialog	固定对话框。仅含【关闭】按钮，不能改变大小	创建对话框
4-Fixed ToolWindow	固定、工具窗口。仅含【关闭】按钮，不能改变大小，并用缩小的字体显示标题栏	创建"固定大小"工具窗口
5-Sizable ToolWindow	可调整、工具窗口。仅含【关闭】按钮，能改变大小，标题栏显示为缩小字体	创建"可变大小"的工具窗口，如："工具箱"窗口

（7）BackColor 属性和 ForeColor 属性

两种属性用于设置或返回窗体的背景颜色和前景颜色。其中，**前景颜色（ForeColor）**是指在窗体上的文本和图形的颜色；**背景颜色（BackColor）**是指窗体中主区域的颜色。

两种属性的设置途径相类似。以 BackColor 属性为例，具体设置途径包括：

①"属性"窗口：单击该属性值单元格的下拉箭头 ▼ →在打开的列表项（图 2-7）中，利用两个选项卡，选择颜色项。其中，"调色板"选项卡提供了 48 种颜色项；"系统"选项卡提供了界面所常用的背景色和前景色。

> **说明：**在颜色被选定后，属性值的单元格将显示颜色的样式和十六进制值，如：
> ▉ &H00FFFFC0& ；相应地，十六进制值的直接输入也可以设置上述属性。

（a）"调色板"选项卡　　　　（b）"系统"选项卡

图 2-7　BackColor 属性设置

②"代码设计"窗口：利用常数和 RGB 函数（表 2-2）进行属性赋值。

表 2-2　属性 BackColor 和 ForeColor 的常用值说明表

序号	常数	RGB 函数	颜色	序号	常数	RGB 函数	颜色
1	vbBlack	RGB（0，0，0）	黑色	4	vbBlue	RGB（0，0，255）	蓝色
2	vbRed	RGB（255，0，0）	红色	5	vbYellow	RGB（255，255，0）	黄色
3	vbGreen	RGB（0，255，0）	绿色	6	vbWhite	RGB（255，255，255）	白色

其中，RGB 函数用于指定红、绿、蓝的强度值，生成特定颜色，其语法格式如下：

RGB（红色值，绿色值，蓝色值）

说明：在上述语法格式中，三个参数的取值（即强度值）范围均为：[0，255]。

例如，若将窗体 Form1 的背景颜色设置为：红色，则相应的功能语句如下：

Form1.BackColor=RGB（255,0,0）　　Form1.BackColor=vbRed

（8）其他属性

表 2-3 给出了窗体的其他常用属性情况。

表 2-3　窗体的其他常用属性说明表

属性名称	属性功能	属性值
FontName	指定对象上正文的字体类型	缺省值为：宋体，如：Form1.FontName=" 隶书 "
FontSize	指定对象上正文的字体大小	最大值为：2160，该属性值（即字号）的单位为：磅
FontBold	指定对象上正文是否是粗体	True：粗体，False：非粗体
FontItalic	指定对象上正文是否是斜体	True：斜体，False：非斜体
FontUnderline	指定对象上正文是否带下划线	True：带下划线，False：未带下划线
FontStrikethru	指定对象上正文是否加删除线	True：加删除线，False：未加删除线
MaxButton、MinButton	指定在运行时【最大化】、【最小化】按钮是否"可用"	True（缺省值）：相应按钮处于"可用"状态；False：相应按钮处于"不可用"状态
StartUpPosition	指定在程序运行后窗体"首次"显示的位置	0- 手动：手动设置窗体位置；1- 所有者中心：窗体位于所属项目的中央；2- 屏幕中心：窗体位于屏幕的中央；3- 窗口缺省（缺省值）：窗体位于屏幕的左上方

说明：若属性 MaxButton 和 MinButton 的值均为 False，则【最大化】、【最小化】按钮均"不可见"。

其中，FontName ～ FontStrikethru 等 6 种属性（统称为**字体属性**）用于指定窗体上显示内容的字体特征。

说明：在"尚未"添加控件之前，窗体的字体属性"预先"设置可以"统一"指定窗体上控件的该属性值（即作为控件的字体属性的缺省值），保证界面的美观度。

字体属性的设置途径包括：

①"属性"窗口：单击 Font 属性值单元格右侧的按钮▦→在打开的"字体"对话框（图 2-8）中，设置相应的字体属性。

②"代码设计"窗口：输入属性的赋值语句，如：

| Form1.FontBold=True | Form1.FontSize=22 | Form1.FontName="隶书" |

> **说明**：窗体的一些属性是公共属性，例如，Visible、Enabled、字体等属性均属于文本框、命令按钮等控件。因此，在下文中，此类属性将不再详细介绍。

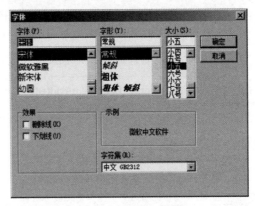

图 2-8　"字体"对话框

【**例 2-3**】窗体的属性设置问题。在【例 2-2】基础上，试完成：依照窗体的特征要求（表 2-4），设置窗体 Form2 的属性。

窗体的属性设置过程为：利用"属性"窗口，依照表 2-4，设置窗体 Form2 的属性，例如，StartUpPosition 属性设置为：2- 屏幕中心。

表 2-4　【例 2-3】的窗体特征设置说明表

序号	特征	设置要求	序号	特征	设置要求
1	名称	FrmTest1	5	高度	2010
2	标题内容	测试窗口	6	宽度	5200
3	边框样式	固定、单边框	7	显示位置	屏幕中心
4	字体大小	四号	8	背景颜色	蓝色，如图 2-7（a）所示

4. 常用方法

（1）Show 方法和 Hide 方法

两种方法用于显示和隐藏窗体，其中 Hide 方法仅使窗体从屏幕上消失（即窗体仍然保留在内存中）。

两种方法调用语句的一般语法格式如下：

| 窗体名称 .Show | 窗体名称 .Hide |

问题：结合窗体的上述知识内容，哪些途径能够将窗体 Form1 从屏幕上消失？

（2）Print 方法和 Cls 方法
两种方法用于在窗体上输出和清除文本内容。其调用语句的一般语法格式如下：

［窗体名称 .］Print［输出列表］	［窗体名称］.Cls

① 窗体名称 .：可选项，针对"当前窗体"而言，该项可被省略（或由 Me. 代替）。其中，**当前窗体**是指特定语句所处"代码设计"窗口对应的具体窗体。

② 输出列表：可选项，提供若干个文本内容。其中，不同文本内容可以由逗号（或分号）隔开。若该项被省略，则窗体常显示一个"空白"行。

说明：Print 方法的相关知识，详见第 4 章第 5 节的"Print 方法"的内容。

【例 2-4】窗体的方法调用问题。在【例 2-3】基础上，试完成：①控件添加：在窗体 FrmTest1 上，添加命令按钮 Command1 ～ Command6（图 2-9）；②功能设计：依照表 2-5，设计命令按钮的 Click 事件过程；③程序测试：在运行模式下，通过按钮的单击操作，观察并描述操作效果。其中，按钮的单击流程包括：

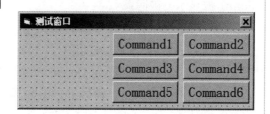

图 2-9 【例 2-4】的窗体

① 单击命令按钮 Command1 → Command2。

② 单击命令按钮 Command3 → Command4。

③ 单击命令按钮 Command3 → Command5 → Command3。

表 2-5 【例 2-4】的命令按钮功能说明表

对象名称	单击功能要求
Command1	显示窗体 Form1
Command2	隐藏窗体 Form1
Command3	在窗体 FrmTest1 上，输出文本内容：辨证论治
Command4	清除窗体 FrmTest1 上的文本内容
Command5	窗体 FrmTest1 的前景颜色、字体、字形、字号分别设置为：红色、隶书、加粗、24

1）控件添加
依照控件布局情况（图 2-9），在窗体上添加 6 个命令按钮。

问题：经过上述添加操作，命令按钮的 FontName 和 FontSize 属性值分别是什么？

2）功能设计
在窗体 FrmTest1 的"窗体设计"窗口中，双击某一个命令按钮→依照图 2-10，在该按钮的

Click 事件过程框架中，输入程序代码。

图 2-10 【例 2-4】的部分事件过程设计

> **说明：** 在图 2-10 中，Print 方法的调用语句省略了 "窗体名称."（即 FrmTest1.）项，这是因为该语句处于窗体 FrmTest1 的 "代码设计" 窗口。
>
> **问题：** 依据上述设计结果：①如何设计命令按钮 Command2 的 Click 事件过程？②在命令按钮 Command5 的 Click 事件过程中，为何 Me 能够调用窗体 FrmTest1 的属性？

3）程序测试

在程序运行后，命令按钮的逐一单击及其操作效果如下：

① 单击命令按钮 Command1 → Command2：窗体 Form1 被显示→被隐藏。

② 单击命令按钮 Command3 → Command4：窗体 FrmTest1 显示内容→内容被清除。

③ 单击命令按钮 Command3 → Command5 →

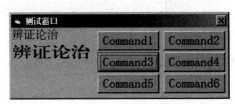

图 2-11 【例 2-4】的操作效果

Command3：见图 2-11，窗体 FrmTest1 显示内容（即窗体上的第 1 行内容）→设置窗体的 4 种属性→窗体 FrmTest1 显示内容（即窗体上的第 2 行内容）。

> **说明：** 程序代码执行的基本特点是：顺序执行（即按照语句的书写顺序，自上向下地逐句执行），详见第 5 章第 2 节的内容。例如，在图 2-10 中，针对命令按钮 Command5 的 Click 事件过程，语句 Me.FontBold=True 的执行 "先于" 语句 Me.FontSize=24。

5. 常用事件

（1）Load 事件

Load 事件（即**加载事件**）是指 "在窗体被载入内存时" 触发的事件。通常，Load 事件过程用于设置初始化信息，如：控件的属性初始值、变量的初始值等。

> **说明：** 在程序运行后，启动窗体被 "自动地" 载入内存。

（2）Unload 事件

Unload 事件（即**卸载事件**）是指 "在窗体从内存中退出时" 触发的事件。通常，Unload 事件过程用于完成 "在窗体即将被关闭时" 的相关任务，如：生成 "是否退出" 信息。

Unload 事件的触发方式包括：关闭窗体和 Unload 语句。Unload 语句的语法格式如下：

```
Unload 窗体名称
```

> **说明：** 若程序需要关闭当前窗体，则相应的功能语句可为：Unload Me。

（3）Click 事件和 DblClick 事件

两种事件（即单击事件和双击事件）是指"在窗体被单击和双击时"触发的事件。

【例 2-5】窗体的事件使用问题。在【例 2-4】基础上，试完成：①通过窗体 FrmTest1 的单击事件，实现命令按钮 Command3 的功能；②通过 Command6 的单击事件，卸载两个窗体。

图 2-12 给出了【例 2-5】的事件过程设计结果。

图 2-12 【例 2-5】的事件过程设计

问题： 依据上述设计结果：①若命令按钮 Command6 被单击，则哪个窗体先被卸载？②如何通过 FrmTest1 的双击事件，实现命令按钮 Command3 的功能？

（4）Activate 事件和 Deactivate 事件

两种事件（即激活事件和失活事件）是指"在窗体变为活动和非活动时"触发的事件。通常，Activate 事件过程用于设置焦点控件。

相关概念： ①**活动窗体（Active Form）** 是指在运行状态下的、能接受键盘操作的窗体。②**焦点控件** 是指能够接受鼠标（或键盘）操作的控件，如：虚线框所在的命令按钮（如：退出）、光标所在的文本框（如：中医药）。

说明： 通常，活动窗体的标题栏颜色为：蓝色；非活动窗体的标题栏颜色为：灰色。

SetFocus 方法用于设置焦点控件，其调用语句的语法格式如下：

> 对象名称 .SetFocus

例如，下述事件过程的功能在于：在程序运行后，命令按钮 Command6 为焦点按钮。

```
Private Sub Form_Activate（）
    Command6.SetFocus
End Sub
```

说明： 窗体显示遵循"先加载、后激活"原则，即"先 Load 事件、后 Activate 事件"。

2.2　命令按钮控件

命令按钮（CommandButton） 是用户向应用程序发送命令的主要部件，是"前台"界面操作和"后台"功能程序调用之间的常用媒介。

1. 常用属性

表 2-6 给出了命令按钮的常用属性情况。

表 2-6　命令按钮的常用属性说明表

属性名称	属性功能	属性值
Caption	设置或返回命令按钮上的文本内容	表征"单击"按钮所发出的命令内容，例如，按钮退出的 Caption 属性值为：退出
Enabled	指定命令按钮是否"可用"	False：命令按钮处于"不可用"状态（即按钮上的文字以"灰色"显示，如：退出）
Default	指定命令按钮是否为"默认按钮"	True：命令按钮为默认按钮
Cancel	指定命令按钮是否为"取消按钮"	True：命令按钮为取消按钮
Top	指定命令按钮的上端和容器的上端之间距离	
Left	指定命令按钮的左端和容器的左端之间距离	
Style	指定命令按钮的外观样式 为只读属性	1-Graphical：图形按钮，可设置背景颜色（BackColor 属性）和图片（Picture 属性） 0-Standard（缺省值）：标准 Windows 按钮

说明：Visible、Width、Height、字体等属性是命令按钮和窗体的公共属性，详见本章第 1 节的相关内容。

相关概念：①容器（Container）是指"能够包含控件、图形"的对象，如：窗体、图片框等。②默认按钮（Default Button）是指按 <Enter> 键，能够触发其 Click 事件的命令按钮。③取消按钮（Cancel Button）是指按 <ESC> 键，能够触发其 Click 事件的命令按钮。其中，上述两类按钮分别用于发送"确定性"命令和"取消性（或退出性）"命令。

（1）Caption 属性

Caption 属性能够设定命令按钮的访问键，以便解决"在鼠标不便操作情况下"命令按钮的使用问题。例如，【退出】按钮退出(E)的访问键为：E（或 e）。

相关概念：访问键（Access Key）是指键盘上的一个字母键。若命令按钮设置访问键，则 <Alt>+ 访问键（称为组合键，即同时按下 <Alt> 键和访问键）能够触发其 Click 事件。

针对访问键的设置，Caption 属性赋值语句的语法格式如下：

控件名称 .Caption= 文本内容（& 字母）

例如，针对命令按钮 Command1 退出(E)，其 Caption 属性的赋值语句如下：

Command1.Caption=" 退出（&E）"

问题：针对命令按钮退出(E)，如何使用该按钮的访问键，触发 Click 事件？

（2）Default 属性和 Cancel 属性

在一个窗体中，默认按钮和取消按钮均只能有一个，即仅能有一个命令按钮的 Default（或 Cancel）属性值为：True。

说明：在一个窗体上，若默认按钮和焦点按钮不是同一个按钮，则 <Enter> 键用于触发焦点按钮的 Click 事件。

【**例 2-6**】命令按钮的属性设置问题。在【例 2-5】基础上，试完成：①属性设置：依照图 2-13，设置 Caption 属性；依照表 2-7，设置其他属性；②功能设计：在窗体被载入内存时，命令按钮 Command6 的背景颜色为：黄色，且设置为：缺省按钮；③程序测试：在程序运行后，使用按钮的访问键。

图 2-13 【例 2-6】的窗体

表 2-7 【例 2-6】的命令按钮属性设置说明表

对象名称	属性名称					
	Default	Left ¹	Top	Height	Width	字号
Command1	True	2040	80			
Command2		3600				
Command3		2040	570	450	1455	五号
Command4		3600				
Command5		2040	1070			
Command6		3600				

说明：为了保证窗体的美观度，多个对象的"同名"属性具有相同的值（表 2-7）。相应地，若多个对象被"统一地"选定为当前对象（即多个对象的选择），则在"属性"窗口中，"同名"属性可被"一次性地"设置。其中，多个对象的选择操作过程为：在"窗体设计"窗口中，选择一个对象→按下 <Ctrl> 键→逐一地单击所需对象→松开 <Ctrl> 键。另外，通过单击窗体的其他位置，上述选择状态将被取消。

1）属性设置

以 Height 属性为例，其设置过程为：选择 6 个命令按钮→在"属性"窗口中，输入 Height 属性值（即 450）。另外，以命令按钮 Command5 为例，其 Caption 属性值为：调整字体（&M）。

2）功能设计

依照上述的功能设计要求，窗体的 Load 事件过程设计结果如下：

```
Private Sub Form_Load（ ）
    Command6.BackColor=vbYellow
    Command6.Cancel=True
End Sub
```

问题：BackColor 属性的有效性受限于 Style 属性值情况（表 2-6）。因此，针对上述设计结果，命令按钮 Command6 的 Style 属性须"预先"设置成何种值？

3）程序测试

在程序运行后，程序测试如下：

① 背景颜色：命令按钮 Command6 的背景颜色为：黄色。这是因为在窗体 FrmTest1 被载入内存时，Load 事件被触发，相应地，BackColor 属性的赋值语句被执行。

② 访问键：以命令按钮 Command3 为例，<Alt>＋<P>组合键可触发按钮的 Click 事件。

问题：针对上述设计结果，在程序运行后，<Enter>键和<Esc>键分别能够触发哪一个命令按钮的 Click 事件？

2. 常用事件

Click 事件是命令按钮的核心事件，是命令按钮发挥作用的关键途径，参见上述案例。

2.3 标签控件

标签（**Label**）用于提供提示性信息。在"工具箱"窗口中，标签控件的图标为：**A**。

例如，在图 2-1 中，**用户名：**是一个标签控件，用于提示：该控件"后面"的文本框功能（即用于接收"用户名"信息）。

表 2-8 给出了标签的常用属性情况。

表 2-8 标签的常用属性说明表

属性名称	属性功能	属性值
Caption	设置或返回标签上的文本内容	"其他控件的功能"提示信息
Alignment	指定标签上文本内容的对齐方式	0–Left Justify（缺省值）：左对齐 1–Right Justify：右对齐 2–Center：居中对齐
AutoSize	指定标签的大小能否随内容的长度而变化	True：自动调整大小，以适应内容长度 False（缺省值）：无法自动调整大小
BackStyle	指定标签的背景是否为透明的	0–Transparent：透明的 1–Opaque（缺省值）：不透明的

说明：标签的透明状态保证控件的背景与其"后面"的背景色（或图片）之间的一致性（图 2-1）。

2.4 文本框控件

文本框（**TextBox**）是接收和显示信息的重要控件。

1. 常用属性

（1）Text 属性

Text 属性用于设置或返回文本框的文本内容，是文本框的核心属性。

相关概念：字符（Character）是指计算机中使用的字母、数字、汉字和符号。相应地，文本内容为：字符序列（又称字符串），例如，在文本框 中国 中，文本内容包含两个字符。

利用文本框的内容和 Text 属性值之间的一致性，程序能够接收和显示信息。

① 信息接收：若文本框 Text1 的内容为：中医药，则 Text 属性将被赋予相应的值。

② 信息显示：若文本框 Text1 的 Text 属性被赋值为：我的祖国，则该文本框的内容被设置为相应的文本内容（即 我的祖国 ），其中，Text 属性的赋值语句如下：

> Text1.Text=" 我的祖国 "

说明：以文本框 Text1 为例，"空白"状态设置途径包括：①在"属性"窗口中，清空 Text 属性值；②语句 Text1.Text=" "（其中，" "为空字符串，即不含任何内容）。

（2）MultiLine 属性和 ScrollBars 属性

两种属性用于解决文本框的"多行文本"显示和接收问题。

MultiLine 属性用于指定文本框"能否"接收多行的文本内容和"以多行形式"显示文本内容。其属性值及其功能如下：

① False（缺省值）：单行文本框，即只能接收和显示单行的文本内容。

② True：多行文本框，即能够接收和显示多行的文本内容。

ScrollBars 属性用于指定文本框的滚动条样式。其属性值如表 2-9 所示。

表 2-9　ScrollBars 属性值说明表

属性值	基本功能	备　注
0–None	没有滚动条	该属性值为缺省值
1–Horizontal	带有水平滚动条	三种属性值的有效条件均为：MultiLine 属性值为 True（即多行文本框）
2–Vertical	带有垂直滚动条	
3–Both	带有水平滚动条和垂直滚动条	

（3）PasswordChar 属性

PasswordChar 属性用于指定文本框的内容能否真实显示。其属性值及其功能如下：

① 一个字符："真实"内容显示成该字符（即屏蔽文本框中的真实信息）。

② 空白（缺省值）：显示"真实"文本内容。

说明：PasswordChar 属性值仅能控制文本框内容的显示特点，不影响 Text 属性值，即 Text 属性依然"真实地"存储文本框的内容。

例如，若文本框 Text1 的内容采用星号 * 显示形式，则相应的功能语句如下：

> Text1.PasswordChar=" * "

问题：针对上述语句，若文本框 Text1 所接收的信息为：19190504，则文本框的显示内容和 Text 属性值分别是什么？

（4）MaxLength 属性

MaxLength 属性用于指定文本框所能接收的最大字符数。其属性值及其功能如下：

① 大于 0 的整数：指定文本框所能接收的最大字符数。

② 0（缺省值）：没有要求最大字符数，多行文本框的最大字符数约为 32KB。

问题：若文本框 Text1 只能接收 5 位以内的密码，则如何设计相应的功能语句？

（5）Locked 属性

Locked 属性用于指定文本框的内容能否被编辑。其属性值及其功能如下：

① False（缺省值）：在程序运行状态下，文本内容能够被编辑，如：复制、粘贴、直接修改等。

② True：在程序运行状态下，文本内容不能被编辑。

说明：Locked 属性值仅影响文本内容的编辑，Text 属性的赋值语句依然有效。

（6）SelStart 属性、SelLengh 属性和 SelText 属性

三种属性（统称为**编辑属性**）用于设置或返回文本框的内容编辑状态。表 2–10 给出了三种属性的编辑功能情况。

表 2–10　文本框的编辑属性说明表

编辑操作	属性名称	属性功能
复制	SelStart	设置或返回所选内容的"左侧、首字符"的位置 其中，在文本框中，"左侧"首字符的位置为：0
	SelLength	设置或返回所选内容的长度（即字符数）
	SelText	返回所选内容
剪切	SelStart	同上
	SelLength	同上
	SelText	返回或清除所选内容； 在剪切过程中，该属性的终值应设置为：" "，以便清除所选内容
粘贴	SelStart	设置内容粘贴的起始位置（即插入点的位置）
	SelText	设置粘贴的内容

问题：针对文本框 病毒性感冒 ：① 若属性 SelStart 和 SelLength 的值分别为：0 和 3，则 SelText 属性值是什么？② 若利用鼠标选定感冒，则上述三种属性值分别是什么？

针对文本内容的编辑，Windows 系统提供了剪贴板，支持复制 / 剪切操作和粘贴操作之间的信息传输。相应地，在 Visual Basic 中，Clipboard 对象用于访问剪贴板（表 2–11）。

表 2-11 Clipboard 对象的方法说明表

方法名称	方法功能	案 例
SetText	设置剪贴板的内容	语句 Clipboard.SetText Text1.SelText 的功能在于：将文本框 Text1 的所选内容存入剪贴板，即复制操作
GetText	返回剪贴板的内容	语句 Text1.SelText=Clipboard.GetText 的功能在于：将剪贴板的内容插入文本框 Text1 的文本中，即粘贴操作
Clear	清除剪贴板的内容	语句 Clipboard.Clear 的功能在于清除剪贴板的内容 该语句常用于 SetText 方法的调用语句之前（即"先清除、后设置"）

知识链接

剪贴板（Clipboard） 是指系统预留的内存空间，用于暂存被复制（或剪切）的内容。剪贴簿查看器用于查看剪贴板的内容，如图 2-14 所示。在 Windows XP 操作系统中，在 C:\Windows\System32 路径下，可执行文件 clipbrd.exe 能够调用剪贴簿查看器。

图 2-14 剪贴簿查看器

【例 2-7】文本框的编辑属性使用问题。为了获取症状描述中的主要症状，试完成：①窗体设计：如图 2-15 和表 2-12 所示；②功能设计与程序测试：如表 2-13 所示。

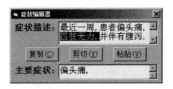

图 2-15 【例 2-7】的界面操作示意图

表 2-12 【例 2-7】的对象属性设置说明表

序号	对象	属性	属性值	序号	对象	属性	属性值
1	窗体 Form1	Caption	症状编辑器	3	标签 Label1	Caption	症状描述：
		Borderstyle	1-FixedSingle	4	标签 Label2	Caption	主要症状：
		Font	大小：四号	5	命令按钮 Command1	Caption	复制（&C）
2	文本框 Text1 和 Text2	MultiLine	True	6	命令按钮 Command2	Caption	剪切（&X）
		ScrollBars	2-Vertical	7	命令按钮 Command3	Caption	粘贴（&V）

表 2-13 【例 2-7】的设计任务说明表

案例任务	具体要求	
功能设计	初始化症状描述：设置"在窗体显示后"文本框 Text1 的初始内容（图 2-15）	
	设置焦点控件：在窗体显示后，文本框 Text1 为焦点控件	
	编辑文本：利用按钮，复制/剪切文本框 Text1 的所选内容，并粘贴到文本框 Text2 中	
程序测试	测试编辑功能：利用按钮的单击操作，测试所选内容的复制、剪切和粘贴功能	
	测试访问键功能：利用访问键，测试编辑功能	

1）窗体设计

文本框 Text1 和 Text2 分别置于标签 Label1 和 Label2 的后面。

2）功能设计

图 2-16 给出了【例 2-7】的事件过程设计结果。

图 2-16 【例 2-7】的事件过程设计

以命令按钮 Command2 的 Click 事件过程为例，依据程序代码的顺序执行特点，剪切实现过程为：清空剪贴板→将文本框 Text1 的所选内容存入剪贴板→清除所选内容。

问题：针对上述设计结果：①Load 事件过程的功能是什么？②复制功能的实现过程是怎样的？③如何设计窗体的 Activate 事件过程，设置文本框 Text1 为焦点控件。

3）程序测试

① 编辑功能：以复制和粘贴为例，测试过程为：在文本框 Text1 中选定：四肢无力（图 2-15）→单击【复制】按钮→在文本框 Text2 中，设定插入点（如：在逗号后单击鼠标）→单击【粘贴】按钮。

问题：在上述测试过程中，在单击【复制】按钮后，文本框 Text1 的属性 SelLength 和 SelText 的值分别是什么？

说明：在文本框的文本粘贴过程中，若插入点被设置，则 SelText 属性值出现在插入点的后面；否则，SelText 属性值出现在文本框的文本末尾。

② 访问键功能：以【复制】按钮为例，<Alt>+<C>组合键可以复制所选内容。

> **说明**：请在每一次复制和剪切后，打开剪贴簿查看器，观察其内容的变化。

2. 常用事件

Change 事件是指"在文本框内容改变时"触发的事件。通常，Change 事件过程用于监测文本框内容的变动情况（或协调控件之间数据一致性）。

例如，针对【例 2-7】，若在文本框 Text2 内容改变时，系统显示"信息被更新"消息框（图 2-17），则 Change 事件过程设计结果如下：

图 2-17 消息框

```
Private Sub Text2_Change ( )
    MsgBox " 信息被更新 "
End Sub
```

> **说明**：MsgBox 是消息框的生成语句（或函数），详见第 4 章第 5 节的"消息框"的内容。

2.5 案例实现

方剂信息系统是方剂信息收集、整理、存储、共享的一种应用软件。

"如何保证软件的信息安全"是软件开发的重要任务之一。身份验证是软件使用权限的确认过程，是信息安全的首要保障。

相关概念：软件（Software）是指与计算机系统操作有关的程序、数据和文档的集合。程序设计是软件开发的核心任务。

1. 功能分析

在方剂信息系统中，登录界面用于实现用户的身份验证，其基本功能包括：

（1）信息接收

获取身份信息（如：用户的名称和密码），并生成当前信息。

（2）信息判定

判定当前信息与合法信息之间的"等同性"，其中，判定条件为：当前的用户名"等于"合法的名称，并且，当前的密码"等于"合法的密码。

（3）结果反馈

若判定条件成立（即验证成功），则进入软件使用环境；否则，提示错误信息。

2. 窗体设计

为了保证登录界面的实用性和美观度，窗体设计需要合理地添加控件和设置属性。

（1）对象的添加

① 控件的添加：如图 2-1 所示，控件包括：两个文本框、三个标签和两个命令按钮。

② 窗体的添加：工程需要添加一个窗体，这是因为在验证成功后，用户应能够进入软件使用环境（即应用程序需要打开一个新的窗口）。

（2）属性的设置

表2-14和表2-15分别给出了对象的相同属性值和其他属性值情况。

表2-14　对象的属性设置说明表（相同属性值部分）

对象	属性	属性值	对象	属性	属性值
命令按钮 Command1 和 Command2	Style	1-Graphical	标签 Label1 和 Label2	AutoSize	True
	BackColor	第2行、第5列的颜色项			

说明：针对上述的 BackColor 属性值，行和列是指"调色板"选项卡中颜色项的位置。例如，图2-7（a）所选的颜色项为："第1行、第6列"颜色项。

表2-15　对象的属性设置说明表（其他属性值部分）

对象	属性	属性值	对象	属性	属性值
窗体 Form1	名称	FrmLogin	标签 Label3	Caption	空白
	Caption	系统登录		BackColor	第1行、第7列的颜色项
	BorderStyle	1-Fixed Single		Font	粗体、四号
	StartUpPosition	1-所有者中心	文本框 Text2	PasswordChar	*
	BackColor	第1行、第3列的颜色项		MaxLength	6
窗体 Form2	名称	FrmMain	命令按钮 Command1	Caption	确定（&O）
标签 Label1	Caption	用户名：	命令按钮 Command2	Caption	退出（&E）
标签 Label2	Caption	密码：		Default	True

问题：结合表2-15：①为何将标签 Label2 的 Caption 属性设置为：密码：？②文本框 Text2 的 PasswordChar 和 MaxLength 两种属性的设置目的是什么？③命令按钮 Command2 的访问键是什么？④命令按钮 Command2 的 Default 属性的设置目的是什么？⑤在运行状态下，用户能否改变窗体 FrmLogin 的大小？

3. 功能设计

依据登录界面的基本功能，图2-18给出了事件过程设计结果。

（1）窗体的事件过程分析

①Load 事件过程：设置两个文本框"空白"状态和标签 Label3 的"不可见"状态，如图2-19所示，其中，标签 Label3 用于显示"错误提示"信息（图2-20）。

②Activate 事件过程：设置文本框 Text1 为焦点控件（图2-19中光标 | 的位置）。

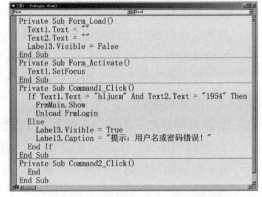

```
Private Sub Form_Load()
    Text1.Text = ""
    Text2.Text = ""
    Label3.Visible = False
End Sub
Private Sub Form_Activate()
    Text1.SetFocus
End Sub
Private Sub Command1_Click()
    If Text1.Text = "hljucm" And Text2.Text = "1954" Then
        FrmMain.Show
        Unload FrmLogin
    Else
        Label3.Visible = True
        Label3.Caption = "提示：用户名或密码错误！"
    End If
End Sub
Private Sub Command2_Click()
    End
End Sub
```

图2-18　"登录界面"的事件过程设计

 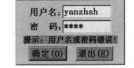

图 2-19 "登录界面"初始状态   图 2-20 "登录界面"信息判定

（2）命令按钮的 Click 事件过程分析

① 命令按钮 Command2 的 Click 事件过程：退出程序（即结束程序运行状态）。

说明：End 语句用于停止程序执行（即关闭应用程序），详见 5.4.4 的相关内容。

② 命令按钮 Command1 的 Click 事件过程：假设合法的用户名和密码分别为 hljucm 和 1954，判定当前信息（即文本框 Text1 和 Text2 的内容）与合法信息之间的等同性，并给出判定结果的反馈。该事件过程的程序代码解读如下：

```
If Text1.Text= "hljucm" And Text2.Text= "1954" Then
如果（If）文本框 Text1 的当前内容（Text1.Text）等于（=）合法名称（"hljucm"）且
（And）文本框 Text2 的当前内容（Text2.Text）等于（=）合法密码（"1954"），那么
（Then）
    FrmMain.Show
    Unload FrmLogin
    首先，显示窗体 FrmMain，之后，卸载窗体 FrmLogin
Else
否则
    Label3.Visible=True
    Label3.Caption=" 提示：用户名或密码错误 !"
    首先，显示标签 Label3，之后，设置标签 Label3 的内容
End If
结束如果
```

其中，If 是一种选择语句（即 If 语句）的起始标识，End If 为该语句的结束标识（详见第 5 章第 3 节的 "If 语句" 的内容）。If 语句的基本功能在于：若 If 和 Then 之间的条件成立，则执行 Then 和 Else 之间的程序代码；否则，执行 Else 和 End If 之间的程序代码。

说明：上述的 If 语句能够实现两个程序代码段的选择执行。

小 结

1. 窗体用于承载界面所需的控件。窗体设计涉及窗体的标题内容、边框样式、大小等特征设置。程序设计常需要利用 Load 事件和 Unload 事件，实现在窗体载入和退出内存时所需完成的任

务。另外，窗体的添加用于满足"多窗体"工程设计，相应地，Show 方法和 Hide 方法用于显示和隐藏窗体。

2. 命令按钮用于发送和执行特定功能程序的调用命令。命令按钮设计涉及命令内容、大小、字体、可用性、默认性、缺省性等特征设置任务。Click 事件过程是命令实现的基本途径。

3. 文本框用于接收和显示信息。文本框设计涉及内容的设置和获取、真实内容的屏蔽、内容的编辑等任务。为了设置信息接收的等待状态，SetFocus 方法用于将光标移至文本框中。

4. 标签用于显示提示性信息。标签常位于特定控件（如：文本框）前面，提示控件的基本用途。

5. 本章主要概念：启动窗体、活动窗体、加载事件、卸载事件、激活事件、失活事件、默认按钮、取消按钮、焦点控件、访问键。

习题 2

1. 试述窗体、命令按钮、文本框和标签的基本用途。

2. 试设计功能语句，实现表 2–16 所示的功能要求。

表 2–16　功能要求说明表

序号	对象	要求	序号	对象	要求
1	窗体 Form1	隐藏窗体	3	标签 Label1	标签的显示内容为：中药名称
		显示窗体	4	文本框 Text1	设置为：焦点控件
		背景颜色为：红色			文本框的显示内容为：甘草
		字体为：幼圆、23、加粗			用字符 # 隐藏"真实"内容
2	命令按钮 Command1	设置为："不可用"状态			文本框的内容不能编辑
		设置为：默认按钮			将该文本框的内容，显示到文本框 Text2 中
		按钮样式为：查询(Q)			

3. 在创建一个工程之后，试完成：下述任务要求。

（1）窗体的添加与删除。利用"添加窗体"对话框，添加：登录对话框，删除窗体 Form1。

（2）启动窗体的设置。将登录对话框设置为：启动窗体。

（3）对象及其属性的识别与设置。结合登录对话框的预先设计情况，试回答下述问题。

① 登录对话框包含了哪几类控件？窗体和所有控件的 Name 属性值分别是什么？

② 除了文本框之外，其他对象的 Caption 属性值分别是什么？

③ 默认按钮和取消按钮分别是哪一个命令按钮？

（4）事件过程的重新设计。试修改登录对话框的事件过程，实现下述功能要求。

①【确定】按钮：假设合法的用户名称和密码分别为：Admin 和 1975，通过该按钮的 Click 事件过程，实现用户的身份验证。即若用户是合法的，则显示"合法用户"消息框（图 2–21），否则，显示"非法用户"消息框（图 2–22）。

②【取消】按钮：退出程序（即关闭应用程序）。

图 2-21 "合法用户"消息框   图 2-22 "非法用户"消息框

3

Visual Basic 应用程序设计步骤

【学习目标】

通过本章的学习，你应该能够：掌握 Visual Basic 应用程序设计的基本步骤，熟悉 Visual Basic 应用程序设计的基本特点。

【章前案例】

欢迎界面是用户与应用程序之间初次接触的"标题性"窗口。针对"方剂信息系统"的欢迎界面（图 3–1），试解决下述问题：①欢迎界面应具有哪些功能？②为了实现欢迎界面的基本功能，Visual Basic 应用程序设计需要哪些基本步骤？

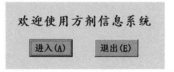

图 3–1 "系统欢迎界面"

Visual Basic 应用程序设计是构造 Windows 应用程序的过程，以便解决实际问题。这种过程既是按照若干个步骤、遵循一定次序的"流程式"过程，也是若干步骤之间相互联系、相互作用的"往复式"过程。

本章将结合【章前案例】，介绍 Visual Basic 应用程序设计的基本步骤。

3.1 设计流程

"为了利用计算机解决实际问题，如何规划应用程序的设计工作"？

Visual Basic 应用程序设计的基本步骤包括：功能分析、界面设计、代码设计、程序运行/调试及文件保存。其中，界面设计、代码设计和程序运行/调试统称为**功能实现**（**Function Implementation**）；界面设计和代码设计统称为**功能设计**（**Function Design**）。

图 3–2 给出了程序设计流程。其中：

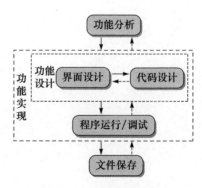

图 3–2 程序设计流程图

1. 实线箭头

表示步骤之间的正向性（即次序性），体现了流程式过程。

2. 虚线箭头

表示步骤之间的反向性（即逆向性），体现了往复式过程。

例如，在界面设计之后，代码设计将依据所创建的对象实施；同时，代码设计能够为界面设计提供反馈信息，以便进一步地完善界面设计。

3.2　功能分析

"如何将现实世界的实际问题转换成计算机世界的应用程序功能问题"？

功能（Function）是程序的作用和效能的一种描述形式。**功能分析（Function Analysis）**是从实际问题的描述入手，结合 Visual Basic 的特点，提取程序功能问题的过程。

功能分析主要包括提取功能问题、使用对象和描述分析结果。

1. 提取功能问题

针对 Windows 应用程序，功能问题主要包括：

（1）使用问题（Usage Problem）

使用问题是指从"程序的使用目的"角度所提取的功能问题，是功能分析的首要问题。

（2）美观问题（Esthetic Problem）

美观问题是指从"程序的使用便捷和视觉效果"角度所提取的功能问题（如：界面布局、控件外观等），是界面设计的重要问题。

2. 使用对象

包括对象的确定和对象三要素的调用。Visual Basic 是面向对象的程序设计语言，因此，对象的使用是 Visual Basic 应用程序功能分析的重要内容。

3. 描述分析结果

通常，**功能模块（Function Module）**用于描述程序的功能分析结果。一个完整的应用程序可视为若干个"既独立、又合作"的功能模块集合体。

【例 3-1】试分析欢迎界面的基本功能及其应用程序的主要功能。

欢迎界面的基本功能在于提供应用程序的名称和入口。相应地，表 3-1 给出了应用程序的功能分析结果。

表 3-1　功能分析表

功能模块	功能描述	对象	驱动事件
系统进入	打开"系统登录"界面，并关闭"系统欢迎"界面	命令按钮	Click 事件
界面退出	关闭欢迎界面	命令按钮	Click 事件
标题显示	显示欢迎性的标题信息（如：欢迎使用方剂信息系统）	标签	—

3.3　界面设计

"如何构建用户和应用程序之间沟通的、美观实用的可视化平台"？

　　界面是用户"接触"应用程序的最直接平台。界面设计结果的好坏将会影响用户对应用程序的满意度。

　　界面设计（Interface Design）是指依据功能要求，构建用户和应用程序之间交互接口的过程。界面设计的基本任务包括：美观问题分析、对象的创建及其属性设置。

> **说明：**对象的属性设置是美观问题的基本解决途径。

　　【例3-2】依据应用程序的功能分析结果（表3-1），试完成：欢迎界面的设计。

1）美观问题分析

结合欢迎界面的基本功能，主要分析结果如下：

① 窗体结构：简约化，即无需标题栏且不宜过大。

② 窗体背景：显示系统的基本特征，如：基于中医药特色的"绿色"主色调。

③ 窗体布局：采用"标题信息在上、按钮在下"布局风格（图3-1）和"居中"显示形式。

结合上述分析结果，表3-2给出了对象及其属性设置情况。

表3-2　对象的属性设置说明表

序号	对象	属性	属性值	序号	对象	属性	属性值
1	Form	名称	FrmWelcome	3	Command Button	名称	CmdAccess
		BorderStyle	0-None			Caption	进入（&A）
		Height	2700			Font	加粗，小二
		Width	6600			Top	1500
		BackColor	&H00C0FFC0&（即淡绿色）			Left	1000
						Height	700
		StartUpPosition	2-屏幕中心			Width	1800
2	Label	Caption	欢迎使用方剂信息系统	4	Command Button	名称	CmdExit
		BackStyle	0-Transparent			Caption	退出（&E）
		Font	楷体，加粗，一号			Font	加粗，小二
		AutoSize	True			Top	1500
		Top	500			Left	3700
		Left	500			Height	700
						Width	1800

> **问题：**依照表3-2：①标签的BackStyle和AutoSize两个属性的设置目的是什么？②如何"统一"设置两个命令按钮的大小？③两个命令按钮的访问键分别是什么？

2）对象创建

对象的创建过程为：创建工程→创建窗体及其控件。

在"标准EXE"工程被创建后，结合表3-2，欢迎界面所需对象的创建过程如下：

① 创建窗体：依据"系统进入"模块的功能要求，工程所需创建的窗体包括："系统欢迎"界面、"系统登录"界面。前者直接使用"自动添加"的窗体 Form1；后者在当前工程中，添加一个"空白"窗体 Form2。

> **说明：** 第 2 章第 5 节给出了"系统登录"界面的设计过程及其结果。

② 添加控件：在窗体 Form1 中，分别添加一个标签和两个命令按钮。

3）属性设置

依照表 3-2，利用"属性"窗口，设置窗体 Form1 及其所含控件的属性。

3.4 程序代码设计

"如何通过程序代码，实现具体的功能要求"？

程序代码设计是解决使用问题的关键工作。对象事件过程的设计是 Visual Basic 应用程序代码设计的首要任务，这是因为在 Visual Basic 应用程序中，事件是"前台"界面操作和"后台"应用程序之间沟通的一个桥梁（如：【例 2-4】）。

针对 Visual Basic 应用程序，**代码设计（Code Design）** 是指依据功能分析和界面设计结果，以对象的事件过程为主要关注点，利用"代码设计"窗口，准确地设计、有序地组织语句的过程。

【**例 3-3**】依据程序的功能分析与界面设计结果，试设计：欢迎界面的程序代码。

依照表 3-1，程序代码设计涉及命令按钮的 Click 事件过程。图 3-3 给出了 Click 事件过程的设计结果。

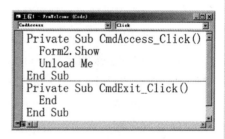

1）【进入】按钮的 Click 事件过程

显示"系统登录"窗体 Form2 →卸载"系统欢迎"窗体 FrmWelcome。

图 3-3 命令按钮的事件过程设计

2）【退出】按钮的 Click 事件过程

关闭应用程序。

3.5 程序运行与调试

"应用程序设计结果是否准确和完整？能否有效解决功能问题与意外问题"？

界面和程序代码的设计仅仅是在"预想的"（甚至"理想的"）状态下完成的，设计结果需要验证。例如，尽管程序代码包含了正确的语句 Form2.Show，但是，若窗体 Form2 未被创建，则在程序运行时，上述"正确的程序代码"将导致"错误运行结果"（图 1-14）。

> **说明：** 为了及时发现问题，"边编写、边运行、边调试"是十分必要的。

应用程序的运行和调试过程是检验功能设计的准确性、完整性和有效性的重要途径。其中，

程序运行和调试（Program Run & Debug）是指在程序运行后，围绕功能问题，使用程序、发现错误和缺陷、修正程序等过程。

其中，功能问题及其运行／调试任务包括：

1. 美观问题

在运行状态下，感知界面的视觉效果（如：界面色彩、控件外观等）及其使用便捷性（如："相同功能"控件的集中性、习惯操作流程的适应性等）。

2. 使用问题

通过界面的操作和程序代码的执行，进行程序测试，发现并解决错误和缺陷。

> **说明：**Visual Basic 提供了错误排查途径，如：逐语句、逐过程、快速监视等。

知识链接

程序测试（Program Test）是指在程序被正式使用前的功能检测和错误排查。程序测试主要包括：①输入测试：测试合法／不合法输入（如：文本框只接收数字输入）和边界情况（如：数据的边界值）；②模块测试：检验功能模块的正确性及其与其他模块之间相互作用的有效性；例如，数据测试（如：数据类型的错误使用）、执行路径测试（如：顺序执行过程的变量值变化）等；③错误处理测试：检测"在程序运行过程中"错误的发现和处理能力（如："除数为 0"运算的发现和处理）。

【例 3-4】在上述设计结果基础上，试完成：欢迎界面的应用程序运行和调试。

1）启动程序

除了【启动】按钮之外，Visual Basic 应用程序的启动途径还包括：按 <F5> 键，或者在菜单栏中，选择"运行"→"启动"命令。

2）调试程序

① 美观问题。在界面操作效果方面，为了完善界面的键盘操作能力，【进入】按钮应为：默认按钮（即按 <Enter> 键，能够直接进入系统）；因此，在"属性"窗口中，将命令按钮 CmdAccess 的 Default 属性设置为：True。

> **说明：**请将命令按钮 CmdExit 设置为：取消按钮。

② 使用问题。在程序运行状态下，通过"前台"界面的操作和"后台"程序代码的执行，进行模块测试。针对"系统进入"模块，单击【进入】按钮、使用 <Alt> + <a> 组合键和 <Enter> 键，均能显示"系统登录"窗口。针对"界面退出"模块，单击【退出】按钮、使用 <Alt> + <e> 组合键和 <Esc> 键，均能结束应用程序的运行状态（即关闭"系统欢迎"窗口）。

> **问题：**如何消除【进入】按钮和【退出】按钮的访问键?

3.6 文件保存

"如何持久地存储应用程序？如何将应用程序设计结果转变为可执行文件"？

文件（File） 是程序设计所生成的各类信息的集合，是应用程序的一种存在形式。Visual Basic 提供了基于文件形式的应用程序保存功能。

1. 常用文件的保存

在程序设计过程中，工程文件和窗体文件的保存是必不可少的工作任务。这是因为一个 Visual Basic 应用程序至少包含上述两类文件。

> **说明：** 为了便于查找、修改和管理，一个应用程序的所有文件应保存在"同一个"文件夹中。因此，应用程序文件夹应"预先"被建立，以便存储所有相关的文件。

【例 3-5】 试完成：欢迎界面的应用程序文件的保存。

应用程序文件的保存过程如下：

1）调用保存对话框

在"标准"工具栏中，单击【保存工程】按钮■（或在菜单栏中，选择"文件"→"保存工程"命令）。

2）保存窗体文件

在打开的"文件另存为"对话框（图 3-4）中，选择文件的存储路径→输入窗体文件的名称→单击【保存】按钮。

3）保存工程文件

在"工程另存为"对话框（图 3-5）中，输入工程文件的名称→单击【保存】按钮。

图 3-4 "文件另存为"对话框

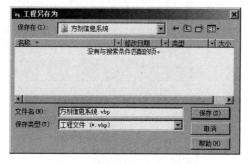

图 3-5 "工程另存为"对话框

经过上述操作，在"工程资源管理器"窗口的文件显示区中，"已保存"对象的文件项将包含相应的文件扩展名称（详见第 1 章第 1 节的"集成开发环境的组成"的相关内容）。

> **说明：** 针对"尚未保存修改"的对象，若集成开发环境被关闭，则在环境退出之前，系统显示一个消息框（图 3-6），提示文件的保存。

图 3-6 "保存提示"消息框

2. 文件的添加

一个完整的应用程序是若干个"既独立、又合作"的功能模块集合体。因此，为了提高程序设计工作效率，功能模块的独立设计和有机整合是必要的。

文件添加（File Addition）是指将"现存"文件添加到当前工程中，实现文件的集成。例如，在"系统欢迎"界面设计前，"系统登录"界面可提前设计，并保存文件。相应地，在"系统欢迎"界面设计过程中，"系统登录"界面的窗体文件可被添加到工程中。

> **说明：**窗体文件添加（简称窗体添加）用于添加窗体对象及其所含的后台程序。

【**例 3-6**】假定"系统登录"界面设计（见第 2 章第 5 节的内容）已保存文件，其中，窗体文件名称分别为：FrmLogin.frm 和 FrmMain.frm。试完成：将上述窗体添加到当前工程中。

以窗体文件 FrmLogin.frm 为例，其添加过程如下：

1）复制窗体文件

将该窗体文件复制到当前工程所在的文件夹中，以便统一管理。

2）添加窗体

调用"添加窗体"对话框→在"现存"选项卡中，选择"FrmLogin.frm"项（图 3-7）→单击【打开】按钮。

经过上述过程，窗体文件 FrmLogin.frm 被添加当前工程中，相应地，在"工程资源管理器"窗口中，文件显示区将显示该窗体的文件项，如图 3-8 所示。

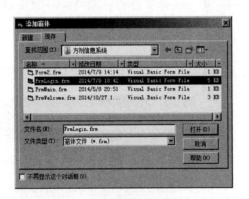

图 3-7　"添加窗体"对话框　　　　　　图 3-8　当前工程的文件项

> **问题：**①如何将窗体文件 FrmMain.frm 添加到当前工程中？为何需要添加该窗体？②在窗体 FrmLogin 被添加后，如何修改【进入】按钮的 Click 事件过程，显示该窗体。

3. 文件的移除

随着应用程序设计的不断深入，当前工程中的一些"现存"文件可能处于"无用"状态。文件的移除能够精简工程的文件量，提高程序运行效率。

【**例 3-7**】在"系统登录"界面的窗体文件被添加后，窗体 Form2 将处于"无用"状态。试完成：窗体文件 Form2.frm 的移除。

文件的移除操作过程为：在"工程资源管理器"窗口中，右击 Form2 (Form2.frm)项→在打开的快捷菜单中，选择"移除 Form2.frm"项。

经过上述移除操作，相应的文件将从当前工程中被删除掉（即删除窗体 Form2），且文件项将不再显示到"工程资源管理器"窗口中。

> **说明：** 文件移除仅是工程的文件操作，并不是计算机上的文件操作（即被移除的文件依然保存在计算机系统中）。

4. 文件的使用

应用程序设计是一种"往复式"过程，即需要不断完善设计结果。

（1）工程文件（图标为：❤）打开

启动工程的集成开发环境，以便继续设计工程。

（2）窗体文件（图标为：🗋）打开

仅用于窗体的继续设计（即在"工程资源管理器"窗口仅显示该窗体的文件项）。

> **问题：** 为了完善特定对象的事件过程设计结果，如何打开"代码设计"窗口？

5. 可执行文件的生成和保存

可执行文件（Executable File） 是指能够脱离程序开发环境、直接在 Windows 环境下执行的一种应用程序文件。常用的可执行文件扩展名称为 exe。

在上述设计过程中，应用程序始终在 Visual Basic 的集成开发环境中运行。Visual Basic 提供了应用程序可执行文件的生成功能，以便直接使用程序。

【例 3-8】在上述设计结果基础上，试生成：应用程序的可执行文件。

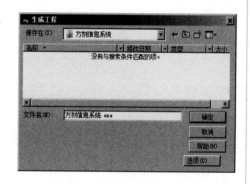

可执行文件的生成过程为：在菜单栏中，选择"文件"→"方剂信息系统 .exe"命令→在打开的"生成工程"对话框（图 3-9）中，输入可执行文件的名称。

经过上述操作，用户可以双击"方剂信息系统 .exe"文件，打开启动窗体，进行应用程序的使用。

图 3-9 "生成工程"对话框

> **说明：** 通常，可执行文件的生成是应用程序设计的最后一步。

小 结

1. 应用程序设计过程既是一种"流程式"过程，即"功能分析→功能实现→文件保存"过程，也是一种"往复式"过程，即设计结果的不断完善过程。

2. Visual Basic 应用程序设计的基本步骤包括：功能分析、界面设计、代码设计、程序运行 / 调试和文件保存。其中，界面设计和代码设计用于搭建用户和应用程序之间的交互平台；程序运行 / 调试用于保证程序功能的准确性、完整性和有效性；文本保存用于实现程序设计结果的可持久存储。

3. 在 Visual Basic 应用程序设计过程中，对象的创建及其三要素的使用是功能设计的关键任务，极大地降低了功能分析和实现的复杂度。

4.本章主要概念：功能分析、界面设计、代码设计、程序运行与调试、程序测试、可执行文件。

习题 3

1.试述 Visual Basic 应用程序的基本设计步骤。

2.依据 Visual Basic 应用程序的基本设计步骤，结合第 2 章的"系统登录"界面案例，试描述：系统登录的应用程序设计过程。

程序与
界面设计篇

Visual Basic 程序设计基础

【学习目标】

通过本章的学习，你应该能够：掌握变量和常量的使用，掌握运算符、内部函数和表达式的使用，掌握数据输入和输出的基本方法，熟悉数据类型的基本特点。

【章前案例】

数据处理是应用程序的核心部分。假定存在一张方剂信息表（表4-1），试解决下述数据处理问题：①如何将"出处"数据添加书名号？②如何确定"某一首方剂是否使用了某一味中药"？③如何获取"中药组成"数据所占用的字节数情况？

表4-1 方剂信息表

名称	出处	朝代	中药组成	录入日期
麻黄汤	伤寒论	东汉	麻黄（9g），桂枝（6g），杏仁（6g），甘草（3g）	2014-5-4
防己黄芪汤	金匮要略	东汉	防己（12g），甘草（6g），白术（9g），黄芪（15g）	2013-10-1

数据处理是计算机诞生和发展的原动力。计算机程序（简称程序）提供了数据处理问题的解决方案。相应地，程序设计是数据及其操作的描述过程。其中，**数据描述（Data Description）** 用于指定数据的类型及其使用方式，**操作描述（Operation Description）** 用于构建数据处理步骤。数据描述是操作描述的前期任务。

本章将主要介绍数据描述的基础知识，包括数据类型、变量、常量、表达式和数据输入/输出等内容。

4.1 数据类型

1. 基本概念

数据（Data） 是指程序所需处理的信息，如：数值、文本、图形等。**数据类型（Data Type）** 是指具有共同特征的数据所形成的种类；其中，特征可以从"值的范围"和"值上允许进行的操作"两个方面来综合地刻画。

例如，在 Visual Basic 中，**整型（Integer）** 数据的共同特征为：在［-32768，32767］范围内的整数值，可以参与算术运算操作。

针对数据类型的上述刻画方式，数据类型可视为：值集合和操作集合的总称。其中，**值集合**（**Value Set**）包含数据类型的所有数值；**操作集合**（**Operation Set**）包含数据类型的数值上所允许的操作。

2. 数据类型的划分

图 4–1 给出了数据类型的划分情况。

相关概念：基本数据类型是指系统预定义的数据类型；**自定义数据类型**是指在基本数据类型基础上，由用户定义的数据类型。

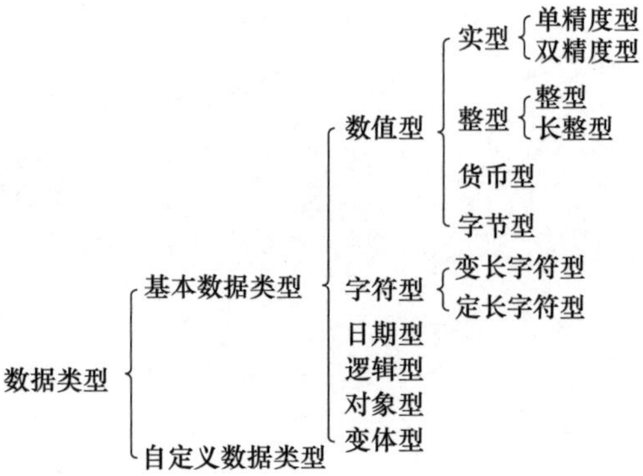

图 4–1　数据类型

4.1.1　基本数据类型

表 4–2 给出了 Visual Basic 的基本数据类型情况。

表 4–2　基本数据类型说明表

数据类型	关键字	占用空间（B）	表示范围
整型	Integer	2	–32768 ～ 32767
长整型	Long	4	–2147483648 ～ 2147483647
单精度型	Single	4	负数：–3.402823E38 ～ –1.401298E–45 正数：1.401298E–45 ～ 3.402823E38
双精度型	Double	8	负数：–1.79769313486232D308 ～ –4.94065645841247D–324 正数：4.94065645841247D–324 ～ 1.79769313486232D308
字节型	Byte	1	0 ～ 255
货币型	Currency	8	–922337203685447.5808 ～ 922337203685447.5807
日期型	Date	8	日期：100 年 1 月 1 日～9999 年 12 月 31 日
逻辑型	Boolean	2	True 和 False
变长字符型	String	主要由字符数而定	0 ～ 20 亿个字符，通常，一个字符占 2 个字节
定长字符型	String*n		1 ～ 65400 个字符，其中，n= 字符串长度（即字符数）
对象型	Object	4	任何对象引用
变体型	Variant	按需分配	除了定长字符型之外，上述范围之一

①关键字：数据类型的标识符，用于定义数据所属的数据类型。

②占用空间：特定类型的数据所占用的内存空间大小（单位为：字节）。

③表示范围：数据类型的值集合。若一个数据超出所定义的数据类型的表示范围，则程序将产生"溢出"错误，如图 4–2 所示。

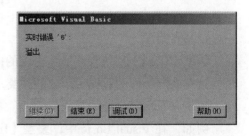

图 4–2　"溢出"错误消息框

相关概念：关键字（Keyword）是程序语言预定义、有特别意义的标识符，如：Long（长整型关键字）。在"代码设计"窗口中，关键字常为：蓝色字体。

问题：若年龄数据的数据类型为：字节型，则数据的占用空间和取值范围是什么？

知识链接

标识符（Identifier）是指对象、变量、常量、数据类型、数组、过程等名字的字符序列，包括预定义标识符（如：关键字、属性名称等）和自定义标识符。在 Visual Basic 中，自定义标识符的合法组成规则为：①可以包含字母、汉字、数字和下划线，且须由字母或汉字起始；②不能包含 #、@、$、.、&、%、! 等字符；③不能超过 255 个字符；④不能使用关键字，避免使用预定义标识符。合法的自定义标识符是指符合上述规则的标识符，例如，1a、a#2、Integer 是不合法的自定义标识符。

1. 数值型（Numeric）

数值型数据用于表示数量，由数字、小数点、正 / 负号和字母 E（或 e、D、d）组成。表 4-3 给出了数值型的基本用途情况。

表 4-3　数值型的基本用途说明表

数据类型	基本用途
Integer 和 Long	定义整数，其中，Integer 表示范围小、运算速度快
Single 和 Double	定义实数，其中，Double 表示范围大、精度高
Currency	定义货币数据（如：手术费、工资等），且最多保留 15 位整数和 4 位小数
Byte	定义 [0，255] 范围内的整数，如：年龄、脉搏等

说明：结合数据的实际特征，数据类型的恰当选择是十分必要的。以年龄数据为例，字节型是较为恰当的，这是因为其他数值型占用过大空间，且存在着错误隐患。例如，**整型（Integer）**的年龄数据可能导致"负整数"岁、千 / 万岁等严重错误。

在 Visual Basic 中，实数的表示形式如下：

（1）十进制数形式

由数字、小数点和正 / 负号组成；例如，-1.23、13. 是合法的。

（2）指数形式

在 m 和 n 均为数字（0<m<10，0 ≤ n<10）、a 为整数的约束下：

① 单精度型：±m.n…nEa 或 ±m.n…nea（即实际值为：±m.n…n×10ᵃ），例如，1.34E2 和 -1.34e2 是合法的，-10.34E2 和 0.1034e2 是不合法。

② 双精度型：依据上述形式，由 D（或 d）代替 E（或 e），如：-1.34D2、1.34d-2。

问题：数据 1.34E2 和 1.34D2 的实际值、数据类型和占用空间分别是什么？

2. 字符型（String）

字符型数据（又称为字符串）须由 "（即西文形式的双引号）括起来，用于表示文本内容，如："Chinese" " 中医药信息化 " 等。其中，" 称为字符型数据的界定符，且 " "（即紧邻的两个 "）表示：不含任何字符的空字符串。

字符型数据的案例语句如下：

| Text1.Text=" 伟大祖国 " | Print" 中医药信息化 " | Label1.Caption=" 病名 :" |

3. 逻辑型（Boolean，又称为布尔型）

逻辑型数据是用来表示二值逻辑中的"是"与"否"，或"真"与"假"两个状态的数值，又称为逻辑值。

逻辑型数据的案例语句如下：

| Command1.Enabled=True | Text1.Locked=False | Form1.Visible=True |

4. 日期型（Date）

日期型数据用于表示日期和时间，须由 # 括起来。日期型数据的表示形式如下：

| #mm/dd/yyyy〔hh：mm：ss AM〕# | #mm/dd/yyyy〔hh：mm：ss PM〕# |

| #mm–dd–yyyy〔hh：mm：ss AM〕# | #mm–dd–yyyy〔hh：mm：ss PM〕# |

例如，#10/1/1949 3：10：08 PM# 表示：日期 1949 年 10 月 1 日和时间 15：10：08。

5. 对象型（Object）

对象型数据用于引用应用程序所需的任何对象，如：窗体、控件、Word 文档等。对象型数据是以 4 个字节的内存空间来存储对象的地址，以便引用对象。

6. 变体型（Variant）

除了定长字符型和自定义数据类型之外，变体型可以包含任何数据类型的数据。

4.1.2 自定义数据类型

1. 自定义数据类型的用途

在程序设计过程中，某一类数据可能由若干个数据项（又称为**成员**、**元素**）组成。例如，"方剂"类型的数据包含名称、出处、中药组成等数据项。

自定义数据类型能够"封装"数据所含的成员，归类和统一使用成员。

2. 自定义数据类型的声明

自定义数据类型需要遵循"先声明、后使用"的原则。

Type 语句用于声明自定义数据类型，其一般语法格式如下：

```
［Private|Public］Type 自定义数据类型名称
    成员名称 1    As    数据类型
    …
    成员名称 n    As    数据类型
End Type
```

上述语法格式包括：起始部分、中间部分和结束部分。

（1）起始部分

即［Private|Public］Type 自定义数据类型名称，用于声明数据类型的名称及其使用范围。

① 自定义数据类型名称：即数据类型的标识符，须是合法的自定义标识符。

② Private：可选项，声明"私有的"自定义数据类型，即只能在"包含该 Type 语句"的模块中使用。

③ Public：可选项，声明"公用的"自定义数据类型，即可以在所有模块的任何过程中使用。

> **说明：**①在语法格式中，符号 | 表示多项中选择一项，如：Private|Public。②若 Type 语句属于窗体模块，则 Private 不能省略，且 Public 不能使用。③若 Type 语句属于标准模块，则 Public 和 Private 均可使用，且在省略情况下，系统默认地使用 Public。

（2）结束部分

即 End Type，是 Type 语句的结束标识。

（3）中间部分

即成员的声明部分，由若干条成员声明语句组成。

① As：用于连接成员的名称及其数据类型，详见第 4 章第 2 节的"变量的声明"的内容。

② 成员名称：即成员的标识符，须是合法的自定义标识符。

③ 数据类型：可以是基本数据类型（或"已声明"的自定义数据类型）。

【例 4-1】自定义数据类型的声明问题。一首方剂包括若干个数据项（表 4-1）。为了封装上述数据项，试完成：方剂数据类型 Fj 的声明。

图 4-3 给出了方剂数据类型的两种声明形式。

1）图 4-3（a）的 Type 语句

声明"私有的"自定义数据类型，即"只能在窗体 Form1 模块中使用"的数据类型 Fj。

2）图 4-3（b）的 Type 语句

声明"公用的"自定义数据类型 Fj。

> **说明：**针对图 4-3（b），标准模块 Module1 的添加过程为：在"标准"工具栏中，单击【添加窗体】按钮 右侧的下拉箭头 →选择"添加模块"命令，在打开的"添加模块"对话框中，选择"新建"选项卡→"模块"项→【打开】按钮。

（a）窗体模块　　　　　　（b）标准模块

图 4-3　自定义数据类型的声明案例

依据图 4-3，由上至下，数据类型 Fj 包含了 5 个成员，分别用于存储方剂的名称、出处、朝代、中药组成、录入日期等数据。

> **问题**：依据上述声明语句：①成员的数据类型分别是什么？②若该数据类型只在模块 Module1 中使用，则如何设计语句？③在图 4-3（a）中，关键字 Private 能否省略？

4.2　变量

变量和常量是数据的存储和使用形式，是数据处理的重要元素。**变量（Variable）** 用于存储和使用"可变的"数据；**常量（Constant）** 用于存储和使用"不变的"数据。

4.2.1　变量的声明

变量声明（Variable Declaration） 用于指定变量的名称及其数据类型，又称为**变量定义（Variable Definition）**。变量声明形式包括显式声明和隐式声明。

1. 显式声明

显式声明（Explicit Declaration） 是指"在变量被使用前"指定变量名称及其数据类型的一种声明形式。通常，Dim 语句用于显式声明变量，其一般语法格式如下：

> Dim 变量名称［As 数据类型］

（1）Dim

变量声明的关键字。

（2）变量名称

变量的标识符，须是合法的自定义标识符。

（3）As 数据类型

可选项，指定变量的基本数据类型（或自定义数据类型）。若该项被省略，则变量为变体型，如：语句 Dim x。

> **说明**：在变量的声明过程中，类型符可以直接指定变量的数据类型。其中，类型符是指表征数据类型的符号（表 4-4）。例如，语句 Dim x% 等同于 Dim x as Integer。

表 4-4　类型符说明表

序号	数据类型	类型符	序号	数据类型	类型符
1	字符型	$	4	单精度型	!
2	整型	%	5	双精度型	#
3	长整型	&	6	货币型	@

【例 4-2】变量的声明问题。结合患者的姓名、年龄、收入、疾病名称的数据特点，试完成：相应变量的声明，以便存储具体患者的相关数据。

患者数据的变量声明语句如下：

> Dim Name As String
>
> Dim Age As Byte
>
> Dim Income As Currency
>
> Dim Disease As String*40

说明：假设最长的疾病名称包含 40 个字符，相应地，变量 Disease 采用定长字符型。

另外，一条 Dim 语句可以声明多个变量，相应的语法格式如下：

> Dim 变量名称 1［As 数据类型］，…，变量名称 n［As 数据类型］

例如，为了减少程序代码的行数，【例 4-2】的变量声明可改为：

> Dim Name As String，Age As Byte，Income As Currency，Disease As String*40

问题：针对语句 Dim x，y As Integer，变量 x 和 y 的数据类型分别是什么？

2. 隐式声明

Visual Basic 允许在没有"事先"声明的情况下，直接使用变量（如：赋值、运算等）。

隐式声明（Implicit Declaration）是指"在变量使用过程中"指定变量名称及其数据类型的一种声明形式。通常，隐式声明的方式为：在第 1 次使用变量时，类型符用于指定变量的数据类型。例如，中药剂量的变量 Dose 的隐式声明语句如下：

> Dose!=1.3

说明：变量的直接使用也是隐式声明，这是因为直接使用指定了变量名称。例如，在"未事先声明"变量 Dose 情况下，语句 Dose=1.3 视为变量 Dose 的隐式声明。

4.2.2　变量的分类

1. 属性变量和内存变量

属性变量（**Property Variable**，简称属性）是指系统预定义、存储对象属性值的变量；**内存变量**（**Memory Variable**，简称变量）是指用户定义、由内存存储数据的变量。

2. 过程变量、模块变量和全局变量

三类变量的划分依据为：变量的作用域。其中，**作用域**（**Action Scope**）是指变量起作用的有效范围。表 4-5 给出了三类变量的特点情况。

表 4-5　过程变量、模块变量和全局变量说明表

变量类型	声明语句	声明位置	作用域
过程变量	Dim 语句，Static 语句	过程的内部	包含变量声明语句的过程
模块变量	Dim 语句，Private 语句	模块的"通用声明"部分	包含变量声明语句的模块
全局变量	Public 语句	模块的"通用声明"部分	当前工程中的所有模块

　说明：过程变量又称为局部变量；其中，过程包括事件过程和自定义过程（如：函数过程和子过程，详见第 5 章第 6 节的内容）。

在过程每一次被调用时，Dim 语句和 Static 语句所声明的过程变量特点如下：

（1）Dim 语句

变量被重新分配内存空间并赋予初始值（表 4-6），称为**动态变量**（**Dynasty Variable**）。

（2）Static 语句

变量继续占用内存空间并保留原值，称为**静态变量**（**Static Variable**）。

表 4-6　变量的初始值说明表

序号	数据类型	初始值	序号	数据类型	初始值
1	数值型	0	4	定长字符型（String*n）	由 n 个空格字符组成的字符串
2	逻辑型	False			
3	变长字符型	空字符串 " "	5	日期型	0：00：00

　问题：依据下述 Dim 语句，变量的初始值分别是什么？

> Dim a As Integer，b As Single，c As String，d As String*2，e As Boolean，f As Date

例如，依据下述事件过程的设计结果，若命令按钮 Command1 被单击三次，则文本框 Text1 和 Text2 的显示结果分别为：1 和 6。

```
Private Sub Command1_Click（ ）
    Dim x As Integer
    Static y As Integer
    x=x+1    y=y+2
    Text1.Text=x
    Text2.Text=y
End Sub
```

问题：若变量 x 用于累计命令按钮的单击次数，则如何改动上述程序代码?

4.2.3 变量的使用

在 Visual Basic 中，变量使用遵循"先声明、后使用"和"按名存取"的原则。

在变量使用过程中，变量名称能够间接地表征内存空间的地址，相应地，①变量名称的赋值：即数据的存储，如：语句 x=1；②变量名称的直接使用：即数据的使用，如：语句 y=3*x/2。

图 4–4 给出了"按名存取"的变量使用过程，其中，* 和 / 分别为：乘法符和除法符。

1. 基本数据类型变量的使用

【例 4–3】成绩的统计问题。试完成：①窗体设计：如图 4–5 所示；②功能设计：【个人统计】按钮用于统计和显示个人的总分和平均分，【班级统计】按钮用于统计和显示班级的平均分和"已录入"人数。

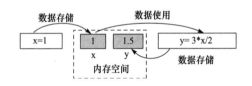

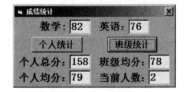

图 4–4 变量使用过程示意图

图 4–5 【例 4–3】的运行效果

图 4–6 给出了【例 4–3】的程序设计结果，程序代码的功能说明如下：

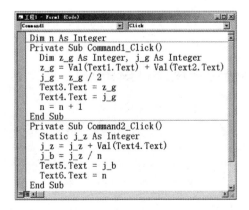

图 4–6 【例 4–3】的程序设计

1）"通用声明"部分

声明模块变量 n，以便存储"已录入"的人数。

> **说明：**上述模块变量声明的原因在于：窗体模块的两个 Click 事件过程均需要使用变量 n。

2）命令按钮 Command1 的 Click 事件过程

由上至下，声明两个过程变量 z_g 和 j_g，以便存储个人的总分和平均分→计算并存储个人的总分和平均分→文本框显示总分和平均分→统计"已录入"的人数。

> **说明：**① Val 是数据类型转换函数，详见第 4 章第 4 节的"内部函数"的内容，例如，Val（Text1.Text）将文本框内容转换为：数值型数据，以便进行算术运算。②语句 n=n+1 的功能为：在每一次执行 Click 事件过程后，变量 n 的当前值变为：n 的原值 +1（即累计"已录入"人数）。

3）命令按钮 Command2 的 Click 事件过程

由上至下，声明静态变量 j_z，以便存储班级的个人总平均分→计算班级的平均分→文本框显示班级的平均分和学生人数。

> **说明：**上述静态变量声明的原因在于：依据语句 j_z=j_z+Val（Text4.Text），变量 j_z 的原值用于该变量的新值计算（称为累加过程），因此，在命令按钮 Command2 的 Click 事件过程执行结束后，变量 j_z 的值需要被保留。

2. 自定义数据类型变量的使用

在自定义数据类型变量的使用过程中，变量所含的成员用于存储数据。

若一个变量被声明为自定义数据类型，则成员调用语句的语法格式如下：

> 变量名称 . 成员名称

依据上述语法格式，在输入符号 .（即逗点）后，系统将提供自定义数据类型所含的成员列表，供具体成员的选定，如：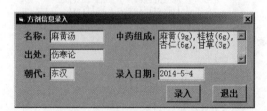。

【例 4-4】方剂信息录入问题。试完成：①窗体设计：如图 4-7 所示；②功能设计：在定义方剂数据类型基础上，【录入】按钮用于将方剂信息存入变量，【退出】按钮用于关闭应用程序。

图 4-7 【例 4-4】的运行效果

图 4-8 给出了【例 4-4】的部分程序设计结果。其中，命令按钮 Command1 的 Click 事件过程的功能在于：声明 Fj 型的变量 gfj →获取并存储方剂信息。

说明：在图 4-8 基础上，依照图 4-3（a），补充自定义数据类型 Fj（简称 Fj 型）的声明。

问题：针对【例 4-4】，若其他窗体需要使用变量 gfj 所存储的方剂信息，则数据类型 Fj 和变量 gfj 需声明为：公用的自定义数据类型和全局变量。如何实现上述声明？

3. 强制声明

强制声明用于强制"显式声明"模块（如：窗体）中的所有变量。

说明：在某一个模块被设置强制声明之后，若在该模块的程序运行遇到"尚未"显式声明的变量，则程序将产生"变量未定义"错误（图 4-9）。

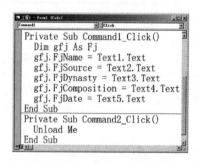

图 4-8 【例 4-4】的部分程序设计　　　　图 4-9 "变量未定义"错误消息框

强制声明的设置方式包括：

（1）菜单命令

在菜单栏中，选择"工具"→"选项"命令。在打开的"选项"对话框（图 4-10）中，选择"编辑器"选项卡→勾选"要求变量声明"项。

（2）Option Explicit 语句

用于设置强制声明。该语句的输入位置为："代码设计"窗口的"通用声明"部分，如图 4-11 所示。

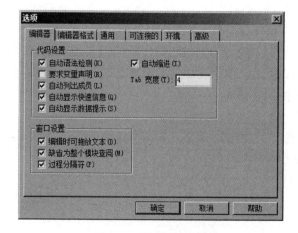

图 4-10 "选项"对话框　　　　图 4-11 强制声明的案例程序

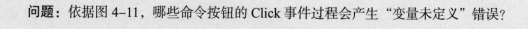

问题：依据图 4-11，哪些命令按钮的 Click 事件过程会产生"变量未定义"错误？

4.3　常量

常量用于解决"在程序运行过程中"始终保持不变的数据的存储和使用问题。

4.3.1　常量的分类

常量分为：普通常量和符号常量。其中，**普通常量（Ordinary Constant，简称常量）**是具体的数值，又称为**常数**；**符号常量（Symbolic Constant）**是由标识符表示的常量。

表4-7给出了基本数据类型的普通常量情况。

表4-7　普通常量说明表

常量类型	案 例
数值型	十进制常量：50、12.45 八进制常量（以 &O 起始）：&O67（即八进制 67） 十六进制常量（以 &H 起始）：&H34、&HAD
字符型	"1949" "China" " 中医药 " " "
逻辑型	True、False
日期型	#5-4-1919#（即 1919 年 5 月 4 日）

4.3.2　常量的声明

Const 语句用于声明符号常量，其一般语法格式如下：

> Const 符号常量名称［As 数据类型］= 普通常量

例如，若程序需要多次使用圆周率，则符号常量 Pi 可以统一表达和使用圆周率，相应地，圆周率的符号常量声明语句如下：

> Const Pi As Double=3.14　　　　Const Pi=3.14

其中，常量 Pi 的重要用途在于：①常量 Pi 可以取代程序中的圆周率（如：3.14），提高程序的可读性；②针对其他圆周率（如：3.1415）的使用，程序设计只需修改上述声明语句，避免基于普通常量的"多处"修改操作，降低程序维护的复杂度。

> **说明：**①除了符号常量的声明语句之外，其他语句被禁止符号常量的赋值。② Visual Basic 提供了若干个以 vb 为前缀的符号常量（称为内部常量），如：vbRed。

4.3.3　常量的使用

若程序包含若干个相同的、固定不变的数值（即普通常量），则符号常量可以取代普通常量形式，保证程序的易维护性和可读性，如：上述的圆周率符号常量 Pi。

【例4-5】常量和变量的使用问题。试完成：依据文本框 Text1 所接收的半径，命令按钮 Command1 ～ Command3 用于计算圆形的周长、面积和球体的体积，且文本框 Text2 显示结果。

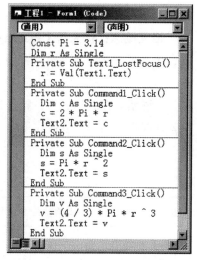

图4-12 给出了【例4-5】的程序设计结果。其中，文本框 Text1 的 LostFocus 事件过程用于变量 r 的赋值（即在文本框 Text1 失去焦点时，文本框的内容被转换为数值型数据，并赋予变量 r）。

相关概念：LostFocus 事件是指"在对象失去焦点时"触发的事件。例如，在文本框 Text1 中输入内容后，若鼠标操作其他对象，则该文本框将失去焦点，其 LostFocus 事件被触发。

图4-12 【例4-5】的程序设计

说明： 符号 ^ 用于幂运算，例如，r^2 表示为：r^2。

问题： 在图4-12 中：①为何变量 r 被声明为：模块变量？②符号常量 Pi 的声明语句能否移至 Click 事件过程中？③程序代码使用了哪些普通常量？④依据表达式（4/3）*Pi*r^3，球体的体积公式是什么？

4.4 表达式

运算问题是程序设计的重要组成部分。表达式是运算问题解决规则的一种描述形式，用于实现综合运算，并生成单值的返回结果。

在 Visual Basic 中，**表达式（Expression）** 是按照一定的书写规则，由变量、常量、运算符、函数、圆括号等内容组成的式子，用于实现程序设计中的综合运算。

4.4.1 运算符

在 Visual Basic 中，运算符主要包括：算术、字符、逻辑和关系等四种运算符。

1. 相关概念

运算符（Operator） 是描述运算操作的特殊符号；其中，**运算操作（Operation，简称运算）** 是数据处理的一种过程。**操作数（Operand）** 是参与运算的数据。

依据操作数的数量不同，运算符的类型包括：

（1）单目运算符

仅有一个操作数的运算符，如：-（取负）运算符。

（2）双目运算符

包含两个操作数的运算符，如：*（乘法）运算符。

2. 算术运算符

算术运算符用于数值计算，返回结果为：数值型数据，如表4-8 所示。

算术运算符的优先级为：幂运算符→取负运算符→乘运算符／除运算符→整除运算符→取余

运算符→加运算符 / 减运算符。

相关概念：**优先级（Priority）**是指"在综合运算过程中"多种运算符之间的运算次序。例如，表达式 6+3*4 的运算次序为：乘运算 *→加运算 +，其返回结果为：18。

说明：在表达式中，括号能够改变运算符的优先级，即"先算括号内、后算括号外"的运算规则，例如，表达式（6+3）*4 的返回结果为：36。

表 4-8 算术运算符说明表

算术运算符	运算类型	基本功能	案例
+	加运算	加法运算	10+3 结果为：13
−	减运算、取负运算	若该运算符存在左操作数，则进行减运算，否则，进行取负运算	4−1 结果为：3 −2+1 结果为：−1
*	乘运算	乘法运算	2*3 结果为：6
/	除运算	除法运算	10/4 结果为：2.5
\	整除运算	a\b 的结果为："a 除以 b 所得"商的整数部分	10\4 结果为：2 2\5 结果为：0
^	幂运算	a^b 的结果为：a^b	2^3 结果为：8 27^（1/3）结果为：3
Mod	取余运算	a Mod b 的结果为："a 除以 b"的余数；可以用于判定：两个数是否存在"整除"关系	10 Mod 3 结果为：1 3 Mod 10 结果为：3 6 Mod 3 结果为：0

说明：在算术运算过程中，逻辑型数据将被自动地转换为数值型数据。表 4-9 给出了"逻辑型数据向数值型数据"转换的基本情况。

表 4-9 数据转换说明表（逻辑型数据→数值型数据）

逻辑型数据	数值型数据		案 例
False	0		表达式 False+2 的值为：2
True	字节型	255	设字节型变量 a 的值为：True，表达式 a+3 的值为：258
	其他数值型	−1	设整型变量 a 的值为：True，表达式 a+3 的值为：2

（1）加、减运算符

日期型数据可以参与加、减运算，具体情况如下：

① 获取两个日期的间隔天数：日期型数据的减运算，例如，针对香港回归和我国建国的时间间隔问题，表达式 #7/1/1997#−#10/1/1949# 的返回结果为：17440。

② 获取特定日期增加（或减少）若干天的日期：日期型数据和整型（或字节型）常量的加、减运算，例如，表达式 #10/27/2009#−75 的返回结果为：#8/13/2009#。

（2）整除运算符

针对"操作数是否为整数"情况，以 a\b 为例，整除运算规则如下：

①a 和 b 均为整数：计算"a 除以 b"的商→返回商的整数部分。

②a 和 b 存在非整数："非整数"的操作数被"四舍五入"取整→进行上述运算。例如，表达式 5.8\3 的返回结果为：2。

> 问题：表达式 6\3.86 的返回结果是多少？

（3）取余运算符

针对"操作数是否为整数及其正负性"情况，以 a Mod b 为例，取余运算规则如下：

①a 和 b 均为正整数：a 除以 b→返回余数。

②a 和 b 存在负整数：求负整数的绝对值→进行上述情况的运算→设置返回结果和 a 的"正/负"一致性。例如，表达式 5 Mod –3 的返回结果为：2。

③a 和 b 存在非整数："非整数"的操作数被"四舍五入"取整→进行上述两种情况的相应运算。例如，表达式 25.28 Mod 6.95 的返回结果为：4。

> 问题：表达式 –5 Mod 3 和 –5.6 Mod 3 的返回结果分别是多少？

【例 4–6】算术运算符的使用问题。为了获取正整数所含的数字，试完成：利用命令按钮的 Click 事件过程，处理文本框 Text1 所接收的三位正整数，获取并显示每一位上的数字。

图 4–13 给出了【例 4–6】的事件过程设计结果，其中，变量 o、t 和 h 分别存储个位、十位和百位上的数字。

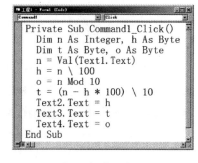

> 问题：如何获取四位正整数所含的数字？

图 4–13 【例 4–6】的事件过程设计

3. 字符运算符

通常，字符运算符用于完成字符型数据的连接操作和匹配操作。

（1）连接运算符

连接运算符用于连接两个字符串，并返回一个新的字符串。

连接运算符包括 & 和 +。表 4–10 给出了两种连接运算符的功能比较情况。

表 4–10 运算符 & 和 + 的功能比较说明表

操作数的数据类型	运算符的基本功能	案 例
均为字符型	两种运算符的功能和结果相同	"1919" + " 五四 " 和 "1919" & " 五四 " 的结果均为："1919 五四"
数值型和"数值型"的字符型	&：数值型转换为字符型，进行连接运算 +：字符型转换为数值型，进行加法运算	"19" & 49 和 19 & 49 的结果为："1949" "19" + 49 的结果为：68
数值型和"非数值型"的字符型	&：数值型转换为字符型，进行连接运算 +：产生"类型不匹配"错误（图 4–14）	"China" & 49 的结果为："China49" "China" + 49 的结果为：导致语法错误

图4-14　"类型不匹配"错误消息框

说明："数值型"的字符型数据是指数值型数据被 " 括起来的一类数据，如： "2" "-2" "1.3e2" 等。相应地，表达式 "1.3e2"+2 的结果为：132。

连接运算符的使用注意事项如下：

① +：既是字符型的连接运算符，又是数值型的加法运算符。通常，为了避免该运算符运算功能的混淆，& 用作连接运算符，+ 用作加法运算符。

② &：既是字符型的连接运算符、又是长整型的类型符（表4-4）。因此，为了区分上述情况，连接运算符 & 和两个操作数之间须输入一个空格，如： " 中 " & " 医 "。

说明：除了加法运算之外，"数值型"的字符型数据在参与其他算术运算时，将被自动地转换为数值型数据，例如，表达式 "2" * "5" 的结果为：10。

（2）匹配运算符

匹配运算符用于字符型数据之间的比较运算，其返回结果为：逻辑型数据。

Like 运算符是一种常用的匹配运算符，其一般语法格式如下：

> ［变量名称 =］字符型数据 Like 匹配模式

Like 运算符的基本功能在于：若字符型数据和匹配模式"相匹配"，则结果为 True；否则，结果为 False，并将返回结果赋予变量。其中，匹配模式为：字符型数据。

例如，下述语句的功能在于：获取"文本框 Text1 的内容与 hljucm 之间"匹配结果。

> Result=Text1.Text Like "hljucm"

说明：通常，利用通配符，Like 运算符实现在字符型数据中的模糊查询（表 4-11）。

相关概念：①**通配符（Wildcard）**是指用于代替一个或多个真正字符的特殊字符。②**模糊查询（Fuzzy Query）**是指完整信息内容中"关键部分"的查找过程。

表4-11　通配符说明表

通配符	基本功能	案　例
*	代替任何零个或多个字符	"homeland" Like " *m*n* " 的结果为：True "homeland" Like " m*n* " 的结果为：False
?	代替任何一个字符	"homeland" Like " *m？n " 的结果为：False "homeland" Like " *m？l* " 的结果为：True
#	代替任何一个数字（0～9）	"1949" Like "##49" 的结果为：True "1949" Like "#49" 的结果为：False

【例4-7】Like 运算符的使用问题。依据方剂信息（表4-1），假设变量 composition 已存储某一首方剂的中药组成数据，试完成：某一味中药在"中药组成"中的查询。

以中药"黄芪"为例，模糊查询的功能语句如下：

> result=composition Like " * 黄芪 * "

上述语句用于确定："黄芪"文本内容是否出现在变量 composition 的值中。

> **问题**：依据表4-1，若变量 composition 存储着"麻黄汤"的中药组成数据，则在上述语句被执行后，变量 result 的值是什么？

4. 关系运算符

关系运算符用于判断两个操作数之间是否满足指定的关系形式，其返回结果为：逻辑型数据（其中，True 和 False 表示：操作数"满足"和"不满足"关系形式，见表4-12）。

表 4-12　关系运算符说明表

关系运算符	运算类型	案　例
>	"大于"关系运算	98>74 的结果为：True
>=	"大于或等于"关系运算	74>=98 的结果为：False；97>=97 的结果为：True
<	"小于"关系运算	34<67 的结果为：True
<=	"小于或等于"关系运算	23<=45 的结果为：True
<>	"不等于"关系运算	15<>19 的结果为：True
=	"等于"关系运算	15=19 的结果为：False

> **说明**：①= 既是关系运算符，又是赋值运算符（简称赋值符）。②关系运算符的优先级是相同的。

> **问题**：在图 2-18 中，程序代码包含多少个赋值运算符？多少个"等于"关系运算符？

依据操作数的数据类型，关系运算的基本规则如下：

（1）两个操作数均为数值型

比较数值的大小关系。

（2）两个操作数均为日期型

均被视为"yyyymmdd"数值，并进行比较，例如，表达式 #9/18/1931#<#7/7/1937# 的返回结果为：True。

（3）两个操作数存在逻辑型

转换为数值型数据（表4-9），并进行比较，例如，表达式 False<4 的返回结果为：True。

（4）两个操作数均为字符型

依据字符的 ASCII 码值，由左至右，判断第 1 个"不相同"字符之间的关系，例如，表达式 "learn" > "least" 的返回结果为：False。

说明：常用字符的 ASCII 码值顺序特点为：" 空格 " <数字字符 <大写字母 <小写字母 < 任何汉字，即 " 空格 " <"0" < "1" <…< "9" < "A" < "B" <…< "Z" < "a" < "b" <…< "z" < 任何汉字。

【例 4-8】关系运算问题。试运算：① 10<=3<20；② "idea" < "ideal"。

① 10<=3<20 的结果为：True。其运算过程为：10<=3<20 → False<20 → 0<20 → True。

② "idea" < "ideal" 的结果为：True。这是因为由左至右，左操作数的全部字符和右操作数的前四个字符相同，且右操作数存在"剩余"字符。

5. 逻辑运算符

逻辑运算符用于表示条件之间的相互关系，返回结果为：逻辑型数据，如表 4-13 所示（其中，变量 a 和 b 均为：逻辑型数据）。

表 4-13　逻辑运算符说明表

逻辑运算符	运算类型	语法格式	运算规则
Not	非运算	Not a	若 a 的值为：True，则 Not a 的结果为：False，反之结果为：True
And	与运算	a And b	若 a 和 b 的值均为：True，则 a And b 的结果为：True 若 a 或 b 的值为：False，则 a And b 的结果为：False
Or	或运算	a Or b	若 a 和 b 的值均为：False，则 a Or b 的结果为：False 若 a 或 b 的值为：True，则 a Or b 的结果为：True

说明：在逻辑运算过程中，数值型数据将被自动地转换为逻辑型数据（表 4-14）。

表 4-14　数据转换说明表（数值型数据→逻辑型数据）

数值型数据	逻辑型数据	案　例
0	False	设变量 a 为逻辑型、值为：0，则表达式 a And True 的结果为：False
非 0	True	设变量 a 为逻辑型、值为：3，则表达式 a Or False 的结果为：True

逻辑运算符的优先级为：Not → And → Or，其中，Not 为：单目运算符。

【例 4-9】基于逻辑运算符的条件表达问题。依据表 4-15，试设计：查询条件表达式。

表 4-15　【例 4-9】的查询条件说明表

查询条件描述	变量说明
"年龄小于 45 岁"且"疾病为中风病"	患者的年龄变量 age、疾病变量 disease
"疾病为中风病"且"症状为半身不遂或言语不利"	患者的疾病变量 disease、症状变量 symptom
"朝代不为宋代"且"中药组成包含甘草"	方剂的朝代变量 dynasty、中药组成变量 composition

依据表 4-15，条件 1 ～条件 3 的表达式设计结果如下：

（age<45）And（disease=" 中风病 "）

（disease=" 中风病 "）And（symptom=" 半身不遂 " Or symptom=" 言语不利 "）

Not（dynasty=" 宋代 "）And（composition Like "* 甘草 *"）

说明： 针对上述表达式，其返回值表示：相应变量的当前值"是 / 否"满足查询条件。例如，条件 1 的表达式返回值 True 意味着：变量 age 和 disease 的当前值满足条件 1。

4.4.2 内部函数

内部函数（Internal Function） 是指程序语言预定义、具有数据处理功能的程序段。

Visual Basic 提供了大量的内部函数；其中，预先定义的内容主要包括：内部函数的名称及其参数的数量、数据类型和返回值范围。相应地，在实际使用过程中，上述内容必须被充分考虑，以便准确地完成数据处理。例如，Sqr（x）用于返回参数 x 的平方根值，Sqr（2）是合法的，Sqr（–2）、Sq（2）、Sqr（2，5）均是不合法的。

说明： ①在表达式中，函数的优先级高于运算符，即"先函数、后运算符"，例如，3*Sqr（4）的结果为：6。②用户可以设计自定义函数，详见第 5 章第 6 节的"函数过程"的内容。

1. 数学函数

数学函数用于解决数值型数据的处理问题，返回结果为：数值型数据。

表 4–16 给出了常用的数学函数（其中，x 表示函数参数）。

表 4–16 常用的数学函数说明表

函数格式	函数功能	案 例
Sqr（x）	返回 x（x ≥ 0）的平方根值	Sqr（4）的结果为：2
Abs（x）	返回 x 的绝对值，即 |x|	Abs（–4）的结果为：4
Exp（x）	返回 e 的 x 次幂，即 e^x	Exp（4）的结果约为：54.598
Log（x）	返回以 e 为底、x（x>0）的自然对数 ln（x）值	Log（4）的结果约为：1.386
Rnd	返回［0，1）区间内的一个随机数	Rnd 的结果为：［0，1）区间内一个随机数
Sgn（x）	返回 x 的"正 / 负号"值 若 x>0，则结果为：1；若 x<0，则结果为：–1	Sgn（4）和 Sgn（–4）的结果分别为：1 和 –1 Sgn（0）的结果为：0
Sin（x）、Cos（x）	返回 x 弧度的正弦值、余弦值	Sin（0）的结果为：0；Cos（0）的结果为：1
Tan（x）、Atn（x）	返回 x 弧度的正切值、反正切值	Tan（0）的结果为：0；Atn（0）的结果为：0

（1）三角函数

三角函数包括 Sin、Cos、Tan 和 Atn 等四种函数，其参数的单位为：弧度。例如，在 Visual Basic 程序设计过程中，Sin30°必须被转换为：Sin（30*3.14/180）。

问题： 在 Visual Basic 应用程序中，数学公式 $Cos60° -|x+3|+e^2$ 应转换为何种形式？

（2）Log 函数

Log（x）对应着数学公式中的自然对数 lnx。例如，数学公式 $x^3+2lnx-lg4$ 必须被转换为：

> x^3+2*Log（x）–Log（4）/Log（10）

问题： 上述表达式的运算顺序是怎样的？

（3）Rnd 函数

表达式 Int（Rnd*（b-a+1））+a 用于返回［a，b］区间内的一个随机整数（其中，参数 a 和 b 均为：整数）。

例如，若程序需要生成［2，9］区间内的一个随机整数，则相应的表达式如下：

> Int（Rnd*（9–2+1））+2   Int（Rnd*8）+2

问题： 表达式 Int（Rnd*31）+20 能够生成何种区间内的一个随机整数？

Rnd 函数的基本功能在于："从随机数生成器中"随机地获取一个种子值。相应地，Randomize 语句用于初始化 Rnd 函数的随机数生成器，生成新的随机数种子值。

【例 4-10】数学函数的使用问题。假设两条平行线 l_1：$Ax+By+C_1=0$ 和 l_2：$Ax+By+C_2=0$，试完成：①窗体设计：如图 4-15 所示；②功能设计：【随机参数 C】按钮用于生成［0，100］区间内的两个随机整数，并赋予参数 C_1 和 C_2；【距离计算】按钮用于计算平行线之间的距离。

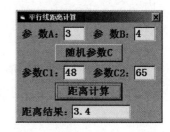

图 4-15 【例 4-10】的运行效果

说明： 平行线 l_1：$Ax+By+C_1=0$ 和 l_2：$Ax+By+C_2=0$ 之间的距离公式为：$d=\dfrac{|C_1-C_2|}{\sqrt{A^2+B^2}}$。

图 4-16 给出了【例 4-10】的程序设计结果。

```
Dim C1 As Integer, C2 As Integer
Private Sub Command1_Click()
    Randomize
    C1 = Int(Rnd * (100 - 1 + 1)) + 1
    C2 = Int(Rnd * (100 - 1 + 1)) + 1
    Text3.Text = C1
    Text4.Text = C2
End Sub
Private Sub Command2_Click()
    Dim d As Single, A As Single, B As Single
    A = Val(Text1.Text)
    B = Val(Text2.Text)
    d = Abs(C1 - C2) / Sqr(A ^ 2 + B ^ 2)
    Text5.Text = d
End Sub
```

图 4-16 【例 4-10】的程序设计

问题：参照【例4-3】的"程序代码的功能说明"，试说明上述程序代码的功能。

2. 日期和时间函数

日期和时间函数用于解决日期型数据处理问题，返回结果为：日期型（或数值型）数据，如表4-17所示（其中，x：日期型变量、常量等，并假设系统的当前日期为汶川地震时间：#5/12/2008 2：28：04 PM#）。

表4-17　日期和时间函数说明表

函数格式	函数功能	案例
Date	返回系统的当前日期	Date 的结果为：2008/5/12
Time	返回系统的当前时间	Time 的结果为：14：28：04
Now	返回系统的当前日期和时间	Now 的结果为：2008/5/12 14：28：04
Year（x）	返回 x 中"年"的数据	Year（Now）的结果为：2008
Month（x）	返回 x 中"月"的数据（范围为：[1, 12]）	Month（Now）的结果为：5
Day（x）	返回 x 中"日"的数据（范围为：[1, 31]）	Day（Now）的结果为：12
Weekday（x）	返回"x是星期几"的整数（范围为：[1, 7]，对应着：星期日、星期一、……、星期六）	Weekday（#7/1/2014#）的结果为：3（即星期二）
Hour（x）	返回 x 中"小时"的数据（范围为：[0, 23]）	Hour（Now）的结果为：14
Minute（x）	返回 x 中"分"的数据（范围为：[0, 59]）	Minute（Now）的结果为：28
Second（x）	返回 x 中"秒"的数据（范围为：[0, 59]）	Second（Now）的结果为：4

例如，假设变量 DateAdm 存储着患者的入院时间，若程序需要获取入院时间的"年"数据，则表达式为：Year（DateAdm）。相应地，若患者信息的查询条件为：2005 年之前入院，则表达式为：Year（DateAdm）>2005。

3. 字符串函数

字符串函数用于解决字符型数据处理问题，返回结果为：字符型（或数值型）数据，如表4-18所示（其中，x 和 y：字符型数据；m 和 n：数值型数据；符号□：空格字符）。

说明：由于空格字符被显示为"空白"形式，难以识别。因此，在本书中，□用于表示空格字符，例如，字符串 "be　a" 被表示成："□be□□a"。

表4-18　字符串函数说明表

函数格式	函数功能	案例
Len（x）	返回 x 的长度	Len（"信息"）的结果为：2
LenB（x）	返回 x 的字节数	LenB（"信息"）的结果为：4
Left（x, n）	从 x 的左侧，截取 n 个字符	Left（"中医药", 2）的结果为："中医"
Right（x, n）	从 x 的右侧，截取 n 个字符	Right（"中医药", 1）的结果为："药"

续表

函数格式	函数功能	案例
Mid（x，m，n）	从 x 的左侧第 m 个字符开始，截取 n 个字符	Mid（"中医药"，2，1）的结果为："医"
Ltrim（x）	删除 x 的左侧空格字符	Ltrim（"□fly□"）的结果为："fly□"
Rtrim（x）	删除 x 的右侧空格字符	Rtrim（"□fly□"）的结果为："□fly"
Trim（x）	删除 x 的左、右两侧空格字符	Trim（"□b□e□"）的结果为："b□e"
InStr（[n，]x,y）	从 x 的左侧"第 n 个"字符位置开始，返回 y 在 x 中"首次"出现的位置。其中： ① 若 n 被省略，则从 x 的左侧"首字符"位置开始，查找 y "首次"出现的位置 ② 若 x 没有包含 y，则返回：0 ③ 若 y 为"空"字符串，则返回：1	InStr（6，"Chinese"，"e"）的结果为：7 InStr（"Chinese"，"e"）的结果为：5 InStr（"Chinese"，"in"）的结果为：3 InStr（"Chinese"，"ie"）的结果为：0 InStr（"Chinese"，""）的结果为：1
UCase（x）	将 x 的小写字母转换成大写字母	UCase（"China"）的结果为："CHINA"
LCase（x）	将 x 的大写字母转换成小写字母	LCase（"idEa"）的结果为："idea"
Space（n）	返回由 n 个空格字符组成的字符串	Space（2）的结果为："□□"
String（n，x）	返回由 n 个 x 的"首字符"组成的字符串	String（3，"drug"）的结果为："ddd"

【例 4-11】字符串函数的使用问题。参照"知识链接"部分，试完成：利用疾病代码变量 code，分别设计"是否患有癫狂病"和"是否患有心系疾病"的判断表达式。

癫狂病和心系疾病的判断表达式设计结果如下：

Left（code，5）= "BNX07"　　　　Left（code，3）= "BNX"

问题：①在上述表达式中，符号 = 是何种运算符？②利用 Like 运算符，如何设计上述条件的表达式？

知识链接

《中医病证分类与代码》规定了中医病名及证候的分类原则和编码方法。例如，癫狂病属于内科的心系疾病，包括癫病和狂病，癫狂病代码 BNX070 表征：病名标识符 B、内科类 N、心系疾病 X、癫狂病序号 07 和尾码 0。进一步地，癫病代码 BNX071 和狂病代码 BNX072 的后三位含义为：上一级疾病的序号（07）和自身尾码（1 和 2）。

利用上述编码规律来识别患者的疾病信息，是病案数据处理的重要任务。例如，针对【例 4-11】，利用癫病和狂病的代码（即变量 Code 的可能值），前 5 位（即 BNX07）可以确定癫狂病，前 3 位（即 BNX）可以确定心系疾病，以便统计癫狂病（或心系疾病）患者的人数、分析用药规律等。

4. 转换函数

转换函数用于数据及其数据类型的转换处理。

（1）常用转换函数

表 4-19 给出了常用转换函数的基本情况（其中，x：字符型数据，n：数值型数据）。

表4–19　常用的转换函数说明表

函数格式	函数功能	案例
Val（x）	返回由x中左侧的"数值型"数据	Val（"–7.2a4b"）的结果为：–7.2 Val（"A4"）的结果为：0，Val（"12"）的结果为：12
Int（n）	返回"不大于n"的最大整数	Int（–3.5）的结果为：–4，Int（3.5）的结果为：3
Fix（n）	返回n的整数部分（即直接取整）	Fix（–3.5）的结果为：–3
Str（n）	返回由n组成的字符串 若n≥0，则自动添加一个空格字符	Str（–3.5）的结果为："–3.5" Str（3.5）的结果为："□3.5"
Chr（n）	返回"ASCII码值为n"的字符	Chr（65）的结果为："A"
Asc（x）	返回x中"首字符"的ASCII码值	Asc（"a"）和Asc（"abc"）的结果均为：97

通常，Val函数用于处理文本框（或输入对话框）所接收的数据，以便参与算术运算。例如，若文本框Text1和Text2分别接收：19和49，则下述两条语句的功能存在着差异。

s=Text1.Text+Text2.Text	s=Val（Text1.Text）+Val（Text2.Text）

其中，前者的运算过程为："19" + "49" → "1949"，即连接运算，后者的运算过程为：Val（"19"）+Val（"49"）→ 19+49 → 68，即加法运算。这是因为Text属性值为：字符型。

问题： 针对【例4–3】，语句z_g=Text1.Text+Text2.Text能否实现总分的计算？

（2）Format函数

Format函数（即格式化函数）能够将数据转换为特定格式的字符型数据，其返回结果为：字符型数据。通常，该函数用于格式化数值型、字符型、日期型等类型的数据。

Format函数的一般语法格式如下：

Format 数据表达式，格式表达式

① 数据表达式：指定被格式化的数据。

② 格式表达式：指定格式特征；是由格式符（表4–20）组成的字符串。

表4–20　数值型数据的常用格式符说明表

格式符	基本功能	案例
0	若数据表达式的数字位数小于格式符数，则0用于补齐	Format（5，"00"）的结果为："05"（即两位整数格式） Format（12.54，"0"）的结果为："13"（即整数格式）
#	若数据表达式的数字位数小于格式符数，则无需补齐操作	Format（5，"##"）的结果为："5" Format（12.54，"#"）的结果为："13"
.	用于整数和小数的格式化 如：整数转换为小数、基于"四舍五入"原则的小数位数处理等	Format（5，"##.00"）的结果为："5.00"（即两位小数格式） Format（5，"0#.00"）的结果为："05.00" Format（31.6，"#.00"）的结果为："31.60" Format（31.65，"#.0"）的结果为："31.7"（即一位小数格式）
%	用于百分数形式的格式化	Format（0.2165，"##%"）的结果为："22%" Format（0.2165，"##.0%"）的结果为："21.7%"

> **说明：**针对小数和百分数形式的格式化，Format函数采用"四舍五入"的数据处理原则。

Format函数的使用注意事项如下：

① 格式符的使用。通常，#用于整数位处理（即无需补齐"高位"整数）；0用于小数位处理（即由0补齐"低位"小数）。例如，针对数据1.65，"整数"格式的语句为：Format（1.65，"#"），"一位小数"格式的语句为：Format（1.65，"#.0"）。

> **问题：**针对【例4-10】，利用Format函数，如何将距离结果处理成整数格式？

② 返回结果的处理。为了参与算术运算，程序需要利用Val函数，将返回结果转换为：数值型数据。例如，依据下述语句，变量s的值为：21.7，且为字符型数据。

> s=Format（1.65，"#"）+Format（1.65，"#.0"）

> **问题：**如何修改上述语句，实现两个Format函数返回结果的加法运算？

5. 其他函数

IsNumeric函数用于判断数据是否为数值型数据（或"数值型"的字符型数据），返回结果为：逻辑型数据。该函数的语法格式如下：

> IsNumeric（参数）

针对上述语法格式，若IsNumeric函数的返回值为True，则参数是数值型数据（或"数值型"的字符型数据）。例如，IsNumeric(-12)、IsNumeric("1.2")和IsNumeric("1e2")的结果均为：True；IsNumeric（a2）和IsNumeric（"1a2"）的结果均为：False。

> **说明：**关于"数值型"的字符型数据，详见第4章第4节的"运算符"的相关内容。

通常，IsNumeric函数用于判定对象（如：文本框）所接收的数据是否符合算术运算的基本要求，避免程序的运算错误。

【例4-12】数值型数据的判断问题。针对【例4-10】，为了禁止"文本框Text1和Text2接收非数值型数据"的距离计算和显示，试完善：命令按钮Command2的Click事件过程。

问题的解决途径：实现"计算和显示距离"程序段的"有条件"执行，即若文本框Text1和Text2均接收数值型数据，则计算并显示距离，否则，生成一个消息框（图4-17）。

图4-18给出了【例4-12】的事件过程设计结果。

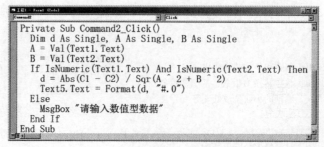

图4-17　消息框　　　　　　　　图4-18　【例4-12】的事件过程设计

1）执行条件的表达

表达式 IsNumeric（Text1.Text）And IsNumeric（Text2.Text）。

问题： 在何种情况下，上述表达式的返回结果为 True（即条件满足）？

2）程序段的"有条件"执行控制（即 If 语句）

若"If 和 Then 之间"表达式的结果为 True（即条件满足），则"Then 和 Else 之间"的程序段被执行（即计算和显示距离），否则，"Else 和 End If 之间"的程序段被执行（即执行 Msgbox 语句）。

问题： 依据上述设计结果，若文本框 Text1 和 Text2 分别接收 1a 和 2，则在命令按钮 Command2 被单击后，程序代码的执行过程是怎样的？

问题： 依据【例 4-12】的解决途径和设计结果，如何完善上述设计结果，进一步地禁止 "变量 A 或 B 的值为 0"的距离计算和显示？

4.4.3 表达式设计

为了保证表达式的准确性，表达式设计需要考虑：书写规则和运算符的优先级。

1. 表达式的书写规则

在书写规则方面，数学公式和 Visual Basic 表达式之间存在着差异。因此，数学公式需要被转换为"合法的"表达式。

表 4-21 给出了 Visual Basic 表达式书写规则的基本情况。

说明： 在表达式中，圆括号必须配对使用，例如，表达式 a/（2*（b-1））是不合法的。

表 4-21　表达式的书写规则说明表

序号	书写规则内容	案例
1	乘运算符不能被省略	3+2a 应转换为：3+2*a
2	方括号［ ］和花括号｛ ｝不能出现 且统一采用圆括号（ ）	a÷［2×(b-1)］应转换为：a/（2*（b-1））
3	数学中的特殊符号（如：α、β、Σ、$\prod$ 等） 须被转换为恰当的表达形式	α 和 β：可由变量 Alpha 和 Beta 表示 Σ 和 $\prod$：由连续求和、求积的程序实现（如：【例 5-12】）
4	数学中的有界区间须被转换	$x \in$［10，20）应转换为：x>=10 And x<20 $0 \leqslant x \leqslant 20$ 应转换为：（x>=0）And（x<=20）
5	运算符和内部函数须被合理地使用 以便转换数学公式	三角形面积公式 $S=\sqrt{p(p-a)(p-b)(p-c)}$ 应转换为： S=Sqr（p*（p-a）*（p-b）*（p-c））

2. 表达式的运算顺序

通常，表达式包含多种运算符和函数。为了保证多种运算之间的运算次序性，Visual Basic 规定了不同类型运算符和函数的运算优先级，即函数→算术运算符→字符运算符→关系运算符→逻辑运算符→赋值运算符。

例如，在【例4-11】基础上，若程序需要查询癫病和狂病患者，则表达式设计如下：

```
code="BNX071"Or code="BNX072"
```

问题： 若变量 disease 和 symptom 存储患者的疾病和症状，则下述表达式的功能是什么？

```
（disease="中风病"）And（symptom="半身不遂"）Or（symptom="言语不利"）
```

通常，圆括号用于改变上述优先级或划分表达式的子功能。例如，假设年份变量为 n，且闰年是指 n 能被 4 整除且不能被 100 整除，或能被 400 整除。闰年判定的语句如下：

```
result=（（n Mod 4=0）And（n Mod 100＜＞0））Or（n Mod 400=0）
```

问题： 依据上述的判定语句设计结果：①该语句的运算顺序（即执行过程）是怎样的？②若变量 n 的值为 1998，则该语句的执行结果是什么？

3. 表达式的分类

依据表达式所含的运算符类型，表达式包括：算术、字符、关系和逻辑等表达式。

若表达式包含多种类型的运算符，则可以依据优先级低的运算符，界定表达式的类型。例如，闰年判断的上述表达式可视为逻辑表达式。

4.5 数据输入与输出

通常，程序代码设计的基本流程为：变量 / 常量声明→数据输入→数据处理→结果输出。相应地，Visual Basic 提供了多种数据输入和输出途径，如：文本框、赋值语句等。

本节将主要介绍赋值语句、输入对话框、Print 方法和消息框等数据输入和输出途径。

4.5.1 赋值语句

赋值语句用于利用赋值运算符（即符号 =），将数据（如：常量、变量、函数的值、表达式的返回值等）赋予变量。其常用的语法格式如下：

```
变量名称 = 数据
```

1. 在数据类型方面

变量和数据的数据类型应尽量一致，否则，程序产生"类型不匹配"错误，或导致数据"失真存储"。其中，数值型数据可赋予字符型变量。

2. 在数值范围方面

数据应属于变量的取值范围，否则，程序产生"溢出"错误。

问题： 针对下述程序：①变量 a 和 b 能否"真实地"存储 25.5 和 12？②变量 c 和 d 的赋值语句将会产出何种错误？

```
Dim a As Integer，b As String，c As Byte，d As Single
a=25.5
b=12
c=269
d=Mid（" 中医药 "，1，2）
```

4.5.2 输入对话框

输入对话框的基本用途在于：接收并返回一个字符型数据，如图 4–19 所示。

图 4–19 输入对话框示意图

1. 输入对话框的组成

结合图 4–19，表 4–22 给出了输入对话框的组成情况。

表 4–22 输入对话框的组成说明表

组成部分	基本功能
标题栏	由标题内容和【关闭】按钮组成，其中，标题内容用于描述对话框的功能
提示信息	提示输入数据的特点
文本框	接收数据
缺省值	在对话框弹出后，文本框的初始内容
输入确认按钮	【确定】按钮：返回文本框中的数据；【取消】按钮：返回一个空字符串

2. 输入对话框的生成

InputBox 函数用于生成一个输入对话框，其调用语句的语法格式如下：

> 变量名称 =InputBox（提示信息 [，标题内容] [，缺省值]）

上述语句的执行过程为：生成一个输入对话框→等待输入数据→在"输入确认按钮"被单击后，返回文本框的内容（或空字符串）→自动地关闭输入对话框→返回值被赋予变量。

例如，针对图 4–18 所示的输入对话框，相应的功能语句如下：

> number=InputBox（" 请输入患者编号（6位）:"，" 患者编号输入 "，"000000"）

通常，Val 函数用于将 InputBox 函数的返回值转换为：数值型数据，以便输入对话框的返回值参与算术运算。相应地，InputBox 函数调用语句的语法格式如下：

> 变量名称 =Val（InputBox（提示信息 [，标题内容] [，缺省值]））

4.5.3 消息框

消息框的用途在于：提供信息和按钮，并依据用户所单击的按钮，返回一个数值。

1. MsgBox 语句

MsgBox 语句用于生成一个消息框，其语法格式如下：

> MsgBox 提示信息［，样式］［，标题内容］

针对上述格式，表4-23给出了3个参数的功能情况。

表4-23　**MagBox 语句的参数说明表**

参数	基本功能
提示信息	消息框内显示的文本内容
样式	可选项，是按钮、图标和默认按钮三类样式（表4-24）的参数值、由＋连接的组合式。若该项被省略，则消息框只显示【确定】按钮
标题内容	可选项，即标题栏的文本内容。若该项被省略，则标题内容为：当前工程的名称

说明： 样式和标题内容的省略情况，参见图4-18中MagBox语句和图4-17的消息框。

表4-24　**样式的参数值说明表**

样式类型	内部常量	值	功　能
"按钮"样式	vbOKOnly	0	仅显示【确定】按钮
	vbOKCancel	1	显示【确定】、【取消】按钮
	vbAbortRetryIgnore	2	显示【终止】、【重试】、【忽略】按钮
	vbYesNoCancel	3	显示【是】、【否】、【取消】按钮
	vbYesNo	4	显示【是】、【否】按钮
	vbRetryCancel	5	显示【重试】、【取消】按钮

说明：若该样式参数被省略，则消息框仅显示【确定】按钮。

样式类型	内部常量	值	功　能
"图标"样式	vbCritical	16	显示"关键"图标，如：⊗
	vbQuestion	32	显示"咨询"图标，如：❓
	vbExclamation	48	显示"警告"图标，如：⚠
	vbInformation	64	显示"信息"图标，如：ⓘ

说明：若该样式参数被省略，则消息框不显示图标。

样式类型	内部常量	值	功　能
"缺省按钮"样式	vbDefaultButton1	0	第1个按钮为：缺省按钮
	vbDefaultbutton2	256	第2个按钮为：缺省按钮
	vbDefaultbutton3	512	第3个按钮为：缺省按钮

说明：若该样式参数被省略，则第1个按钮为缺省按钮。

例如，为了提高系统的友好度，针对"系统登录"界面（图2-1），若【退出】按钮被单击，则程序需要生成"退出提示"消息框（图4-20），相应的功能语句如下：

> MsgBox " 您退出登录吗？ "，vbYesNo+vbQuestion+vbDefaultButton2，" 退出提示 "

MsgBox " 您退出登录吗？ "，4+32+256，" 退出提示 "

问题：若程序需要生成一个"输入提示"消息框（图4-21），且缺省按钮为：【忽略】按钮（即第3个按钮），则如何设计相应的功能语句？

图4-20　"退出提示"消息框　　　图4-21　"输入提示"消息框

在 Msgbox 语句中，"样式"的组合式可以适当地取舍样式的参数值，例如，若程序需要利用消息框，显示变量 s 的值，则相应的功能语句如下：

> MsgBox " 计算结果为： " & s，vbInformation，" 结果显示 "

问题：针对上述语句，若变量 s 值为 4，请描述消息框的提示信息、样式和标题内容。

2. MsgBox 函数

通常，程序需要判断消息框的按钮单击情况，以便进一步地执行相关的程序段。例如，在图4-20中，若用户单击【是】按钮，则应用程序将被关闭（即执行 End 语句）。

MsgBox 函数用于生成一个消息框，并返回按钮所对应的数值（如：内部常量或值，见表4-25），其调用语句的语法格式如下：

> 变量名称 =MsgBox（提示信息［，样式］［，标题内容］）

上述语句的执行过程为：生成一个消息框→等待单击按钮→在按钮被单击后，返回相应的数值→自动地关闭消息框→数值被赋予变量。

表 4-25　MagBox 函数的返回值说明表

序号	内部常量	值	含义	序号	内部常量	值	含义
1	vbOk	1	【确定】按钮被单击	5	vbIgnore	5	【忽略】按钮被单击
2	vbCancel	2	【取消】按钮被单击	6	vbYes	6	【是】按钮被单击
3	vbAbort	3	【终止】按钮被单击	7	vbNo	7	【否】按钮被单击
4	vbRetry	4	【重试】按钮被单击			说明：上述返回值可以赋予数值型变量	

【例 4-13】消息框的使用问题。针对"系统登录"界面（图 2-1），试完成：①若用户名或密码是错误的，则程序生成一个消息框（图 4-22）；②在消息框中，【重试】按钮用于清空文本框内容;【取消】按钮用于关闭应用程序。

图 4-22 "错误提示"消息框

图 4-23 给出了【确定】按钮的 Click 事件过程设计结果。其中，第 2 条 If 语句的功能在于：若【重试】按钮被单击（即关系表达式 result=vbRetry 的返回值为：True），则"依次地"清空两个文本框的内容，否则，关闭应用程序。

```
Private Sub Command1_Click()
    Dim result As Byte
    If Text1.Text = "hljucm" And Text2.Text = "1954" Then
        FrmMain.Show
        Unload FrmLogin
    Else
        result = MsgBox("用户名或密码错误！", vbRetryCancel + vbExclamation, "错误提示")
    End If
    If result = vbRetry Then
        Text1.Text = ""
        Text2.Text = ""
    Else
        End
    End If
End Sub
```

图 4-23 【例 4-13】的事件过程设计

问题：在图 4-23 中，若表达式 result=vbRetry 改为：result=vbCancel，则如何修改相应的程序段？

4.5.4 Print 方法

1. 基本功能

Print 方法用于在对象中输出信息，其调用语句的语法格式如下：

> ［对象名称 .］Print ［输出列表］

（1）对象名称

可选项，指定窗体、图片框的名称，或 Debug（"立即"窗口）、Printer（打印机）。若对象名称被省略，则 Print 方法将信息输出到当前窗体。

（2）输出列表

可选项，指定信息的内容及其显示位置。其中，信息内容的显示位置可由定位符、Tab 函数和 Spc 函数指定。

针对不同形式的输出列表，图 4-24 和图 4-25 分别给出了 Print 方法的测试程序和结果。例如，在图 4-24 中，第 2 条语句用于输出"数字"串（即图 4-25 的第 2 行信息），且在下述"输出列表的组成"内容中，这些数字用于识别其他行上信息内容的列位置。

说明：针对 Print 方法所属的对象，其信息显示区域被划分为若干个输出行和输出列。通常，一个字符占据一列，一个汉字占据两列，如图 4-25 所示。

2. 输出列表的组成

结合测试结果（图 4-25）及其程序代码（图 4-24），下面介绍输出列表的组成。

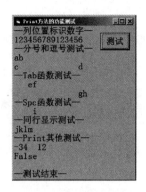

图 4-24 Print 方法的测试程序　　图 4-25 Print 方法的测试结果

（1）信息内容

指定输出内容，可以是常量、变量、表达式、函数等形式。例如，在图 4-25 中，第 1 行信息为：语句 Print "—列位置标识数字—" 的执行结果。

（2）定位符

定位字符的插入点。

① ;（分号）：将插入点定位在"前一个被显示"字符的后面（即紧凑显示），例如，第 4 行信息（即 ab）为：语句 Print "a"; "b" 的执行结果。

> **说明**：插入点用于指定信息的显示起始位置（即起始列）。

② ,（逗号）：将插入点定位在"下一个"打印区的起始位置上（即分区显示），例如，针对第 5 行信息，字符 d 处于第 15 列（即第 2 个打印区的起始位置）。

> **说明**：在对象的信息显示区中，每一个输出行包含若干个打印区，每一个打印区由若干个输出列组成。例如，在图 4-25 中，一个打印区由 14 个输出列组成。

（3）Tab（n）函数

将插入点定位在第 n 列上。

① ;（分号）：间隔该函数和信息内容，例如，语句 Print Tab（4）; "ef" 用于生成第 7 行信息，使得字符 e 处于第 4 列（即信息 ef 的显示起始列）。

> **问题**：若第 6 列为 ef 的显示起始列，则如何设计相应的功能语句？

② Tab：即不带参数，将插入点定位在"下一个"打印区的起始位置上。

> **问题**：针对第 8 行信息，为何字符 g 处于第 15 列？

（4）Spc（n）函数

输出 n 个空格字符（即插入点后移 n 列）。另外，;（分号）用于间隔该函数和信息内容。

问题： 针对第 10 行信息，为何字符 i 处于第 5 列？

针对定位符的位置和信息内容的形式，表 4-26 给出了 Print 方法使用的情况。

表 4-26 Print 方法的使用情况说明表

情况	基本功能	问题
定位符出现在 Print 方法调用语句的末尾	插入点继续定位在同一行上，即"同行显示"下一条 Print 调用语句的输出列表 例如，程序段 `Print "jk";` `Print "lm"` 用于输出信息：jklm	如何实现信息 jk 和 lm 的同行、分区显示？
定位符未出现在 Print 方法调用语句的末尾	插入点将定位在下一行上，即"换行显示"下一条 Print 调用语句的输出列表	在图 4-25 中，为何信息 ab 处于第 4 行？
数值型数据的信息内容	一个"空格"字符自动地添加到数据的后面且在正数被输出时，一个"空格"字符自动地添加到数据的前面，表征"正号"符号位	针对图 4-25 的第 14 行信息，为何 −34 和 12 间隔两列（即存在两个空格字符）？
表达式（或函数）的信息内容	输出表达式（或函数）的返回结果。例如，语句 Print 12>34 的输出结果为：False	语句 Print 10 Mod 3 使得当前窗体上显示什么信息？
输出列表被省略	输出一个"空白"行，如：语句 Print	在图 4-25 的最后一行信息的上方，为何是一个"空白"行？

【例 4-14】 Print 方法的使用问题。试完成：利用命令按钮的 Click 事件过程，实现"星塔"输出（图 4-26）和清除。

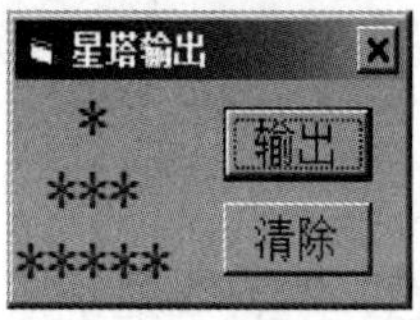

【例 4-14】的事件过程设计结果如下：

图 4-26 【例 4-14】的运行效果

```
Private Sub Command1_Click（）
    Print Tab（3）; "*"
    Print Tab（2）; "***"
    Print "*****"
End Sub
```

```
Private Sub Command2_Click（）
    Cls
End Sub
```

问题： 结合上述设计结果，如何实现四层"星塔" 的输出？

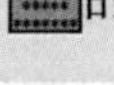

4.6 案例实现

本案例涉及了数据的格式、查询和占用空间计算等问题。

1. 功能分析

在信息录入（图 4-7）基础上，表 4-27 给出了上述问题的程序功能要求。

表 4–27 程序功能要求说明表

功能要求	功能描述
转换"出处"数据格式	若文本框 Text2 内容不包含书名号，则书名号被添加（图 4-27）
获取"中药组成"数据的占用空间	获取文本框 Text4 内容的内存空间大小，并显示结果（图 4-28）
查询中药	利用输入对话框（图 4-29）获取中药名称，并依据文本框 Text4 的内容（即"中药组成"数据），完成如下功能： ① 确定中药是否出现，并由消息框显示查询结果（图 4-30） ② "反白"显示查询结果（图 4-27）

说明： 中药查询用于获取中药的名称及其剂量的信息，如图 4-27 和图 4-30 所示。

图 4–27 案例的运行效果

图 4–28 "字节数提示"消息框

图 4–29 "药名输入"输入对话框

图 4–30 "中药查询提示"消息框

2. 窗体设计

图 4-27 给出了窗体设计结果，即在图 4-7 的基础上，添加三个命令按钮：Command3 ～ Command5，分别为：【格式转换】、【中药查询】和【信息占用空间】等按钮。

3. 功能实现

（1）数据格式的转换

图 4-31 给出了程序设计结果。其中，第 1 条 If 语句用于实现：若文本框 Text2 内容的"左端"字符不为：左书名号《，则该书名号被连接到内容中，并更新文本框的内容。

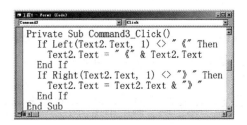

```
Private Sub Command3_Click()
    If Left(Text2.Text, 1) <> "《" Then
        Text2.Text = "《" & Text2.Text
    End If
    If Right(Text2.Text, 1) <> "》" Then
        Text2.Text = Text2.Text & "》"
    End If
End Sub
```

图 4–31 数据格式转换的程序设计

问题： 在图 4-31 中，第 2 条 If 语句的功能是什么？

（2）占用空间的获取

图 4-32 给出了程序设计结果。其中，MsgBox 语句用于生成"字节数提示"消息框。

```
Private Sub Command5_Click()
    Dim k As Integer
    k = LenB(Text4.Text)
    MsgBox "本首方剂的"中药组成"信息占用字节数为：" & k & "B", , "字节数提示"
End Sub
```

图 4-32　占用空间获取的程序设计

> **说明：** 在 MsgBox 语句中，"标题内容"参数为：第 3 个参数。因此，在图 4-32 中，MsgBox 语句的"提示信息"和"标题内容"参数之间包含了两个逗号（即省略了"样式"参数），避免"标题内容"参数被错误地设置为：第 2 个参数。

（3）中药的查询

图 4-33 给出了程序设计结果。其中，程序代码的功能分析如下：

① 第 2 行（即变量 drug 赋值）：利用输入对话框，接收中药名称，并赋予变量 drug。

> **问题：** 在图 4-29 中，针对两个按钮的单击操作，变量 drug 的值分别是什么？

② 第 3 行～第 5 行（即第 1 条 If 语句）：若变量 drug 的值为空字符串，则程序被跳转至"d1 行上"继续执行（即 GoTo 语句的功能）。

> **说明：** GoTo 语句能够将程序跳转至指定行上，详见第 5 章第 4 节的"其他控制语句"的相关内容。

③ 第 18 行（即 d1:）：设置该行的标识，以便支持"上面"GoTo 语句的跳转功能。

④ 第 6 行：利用 InStr 函数，返回"变量 drug 值在文本框 Text4 内容中"的起始位置，并将结果赋予变量 a。

> **问题：** 在图 4-29 中，若【确定】按钮被单击，则依据图 4-27，变量 a 的值是什么？

⑤ 第 7 行～第 14 行（即第 2 条 If 语句）：若变量 a 的值等于 0，则程序生成消息框；否则如下：

• 第 10、11 行：从变量 a 值"所对应"的字符位置开始，分别返回左、右括号"在文本框 Text4 的内容中"首次出现的位置，并将结果赋予变量 b 和 c。

> **问题：** 依据图 4-27，若变量 drug 的值为：甘草，则变量 b 和 c 的值分别是多少？

• 第 12 行：利用 Mid 函数，依据变量 b 和 c 的值，获取中药的剂量情况（即中药名称后面"括号内"的信息），并将结果赋予变量 dose。

• 第 13、14 行：利用文本框 Text4 的 SelStart 属性和 SelLength 属性，选取中药的名称及其剂量。

问题： 依据图 4-27，若变量 drug 的值为：甘草，则上述两个属性值分别是什么？

- 第 15 行：利用 SetFocus 方法，将文本框 Text4 设置为焦点控件（即"反白"显示所选内容，见图 4-27）。
- 第 16 行：利用 MsgBox 语句，生成一个消息框，显示查询结果（图 4-30）。

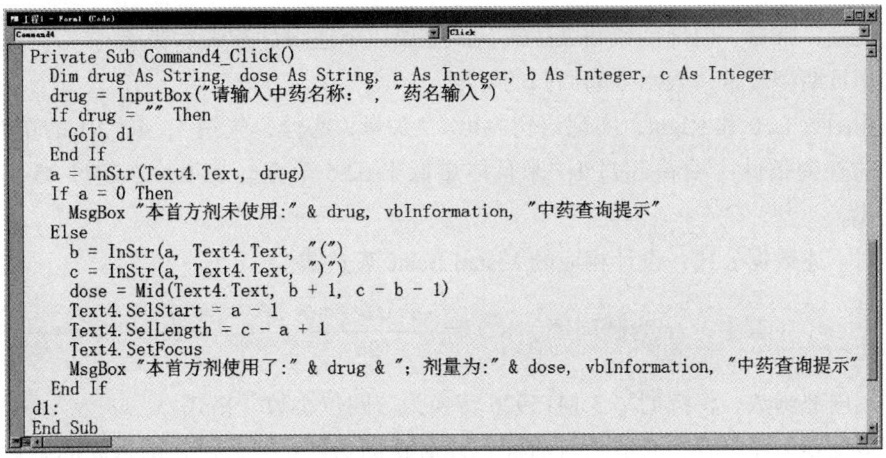

```
Private Sub Command4_Click()
  Dim drug As String, dose As String, a As Integer, b As Integer, c As Integer
  drug = InputBox("请输入中药名称：", "药名输入")
  If drug = "" Then
    GoTo d1
  End If
  a = InStr(Text4.Text, drug)
  If a = 0 Then
    MsgBox "本首方剂未使用:" & drug, vbInformation, "中药查询提示"
  Else
    b = InStr(a, Text4.Text, "(")
    c = InStr(a, Text4.Text, ")")
    dose = Mid(Text4.Text, b + 1, c - b - 1)
    Text4.SelStart = a - 1
    Text4.SelLength = c - a + 1
    Text4.SetFocus
    MsgBox "本首方剂使用了:" & drug & "；剂量为:" & dose, vbInformation, "中药查询提示"
  End If
d1:
End Sub
```

图 4-33　中药查询的程序设计

问题： 在图 4-33 中，若第 1 条 If 语句（即第 3 ～ 5 行的程序代码）被去掉，且输入对话框的【取消】按钮被单击，则哪一条 MsgBox 语句将被执行？

小　结

1. 数据类型用于描述数据的"值的范围"和"值上允许进行的操作"。在 Visual Basic 中，数据类型分为基本数据类型和自定义数据类型，其中，后者可视为前者的扩展。

2. 变量和常量是"可变""不可变"数据的存储和使用形式。变量声明能够指定变量的名称及其数据类型，依据存储的数据特点和不同的作用域，变量分为不同的类型。符号常量是普通常量的一种符号化表示形式，用于提高程序的可读性和易维护性。

3. 表达式用于描述运算问题的解决规则，其设计需要遵照一定的书写规则。表达式可由变量、常量、运算符、函数等组成。其中，运算符用于界定运算操作的特征，且优先级决定了运算符之间的运算次序。函数用于处理数据并返回处理结果。

4. 数据的输入和输出用于提供数据处理所需的原数据和显示处理结果。在 Visual Basic 中，数据输入和输出的基本途径包括：赋值语句、输入对话框和 Print 方法、消息框等。

5. 本章主要概念：数据、数据类型、标识符、变量声明、显式声明、隐式声明、内存变量、属性变量、作用域、动态变量、静态变量、普通常量、符号常量、表达式、运算符、优先级、通配符、内部函数。

习题 4

1. 试述变量的分类情况，以及相关变量的基本特点。

2. 试述基于"按名存取"原则的变量使用过程。

3. 试描述下列普通常量的数据类型：① 2.5E2；② 1.3d4；③ &H47；④ &O16；⑤ "1921"；⑥ #7/7/1937#。

4. 利用变量、常量、内部函数和表达式，试完成：下述设计和表示要求。

（1）利用日期型常量，表示香港回归的日期。

（2）利用函数 Left 和 Right，实现语句 Mid（"头晕，心悸，气短"，4，2）的功能。

（3）针对查询条件："身高超过 1.7 米且体重低于 62.5 千克，或年龄未超过 25 岁"，设计该条件的表达式。

（4）针对下述数据公式，设计相应的 Visual Basic 表达式。

$$① \ y=\frac{1}{\sqrt{2\pi}}e^{\frac{-x^2}{2}}（其中，\pi\ 为圆周率）\quad ② \ x=\frac{-b+\sqrt{b^2-4ac}}{2a}$$

（5）利用内部函数，将圆周率 3.1415926 转换为"四位小数"格式。

（6）假设变量 r 存储着患者的入院时间，针对查询条件："2 月份之前入院的患者"，设计该条件的表达式。

5. 假设一名学生包括：学号、姓名、性别、出生日期、籍贯、补助金、身高、体重等 8 个数据项（其中，学号的最长位数为：10 位），如表 4-28 所示。试设计 Visual Basic 应用程序，实现下述功能要求。

（1）声明"私有的"自定义数据类型（名称为：Student），封装上述数据项。

> **说明：** 结合数据项的数据特征，恰当地声明数据类型 Student 中成员的数据类型。

（2）声明一个模块变量 stu，其数据类型为：Student。

（3）利用命令按钮 Command1 的 Click 事件过程，依据表 4-28 中的案例数据，进行变量 stu 的赋值。

表 4-28　数据项及其案例数据说明表

学号	姓名	性别	出生日期	籍贯	补助金（元）	身高（米）	体重（千克）
2013201104	李爱国	男	1998 年 10 月 1 日	黑龙江省安达市	203.65	1.83	64

（4）利用命令按钮 Command2 的 Click 事件过程，通过 Print 方法，在窗体上显示变量 stu 所存储的数据。

6. 针对下述的事件过程设计结果，假设在程序运行后，单击命令按钮 Comannd1，并在 2 个输入对话框中分别输入 12 和 34，试描述：窗体的显示结果。

```
Private Sub Command1_Click（ ）
    x=InputBox（"请输入整数 x: "）
    y=InputBox（"请输入整数 y: "）
    Print x+y
End Sub
```

7. 利用命令按钮 Cmmoand1 的 Click 事件过程，试实现下述功能要求。

（1）随机产生［1，50］区间内的两个整数，并将数据显示到文本框 Text1 和 Text2 中。

（2）利用 If 语句，判断上述两个随机整数的最大数，并将结果显示到文本框 Text3 中。

8. 试完善【例 4-5】的程序设计结果，禁止计算"变量 r 值为负数和 0"的圆形的周长、面积和球体的体积。

9. 针对"系统登录"界面（图 2-1），试设计命令按钮 Command2（即【退出】按钮）的 Click 事件过程，实现下述功能要求。

（1）生成"退出提示"消息框（图 4-20）。

（2）在该消息框中，若【是】按钮被单击，则应用程序被关闭；否则，文本框 Text1 获取焦点。

5

结构化程序设计

【学习目标】

通过本章的学习，你应该能够：掌握顺序、选择和循环三种控制结构与数组、过程的使用方法，熟悉结构化程序设计的基本思路，了解其他控制语句的使用。

【章前案例】

假定存在一张某科室的患者情况表（表 5-1），试解决下述数据处理问题：①统计治愈的频数与频率；②统计不同区间（即 1000 以上、700 ~ 1000、100 ~ 700）的费用频数；③依据年龄进行降序排列；④查找最高和最低费用。

表 5-1 某科室的患者情况表

编号	性别	年龄	证候	费用（元）	疗效
001	男	65	肾气不固证	1275	好转
002	女	52	肾气亏虚证	1054	好转
003	女	49	肝阳上亢证	526	治愈
004	女	35	气滞血瘀证	821	治愈
005	男	76	肾气不固证	584	无效
006	女	79	气血两虚证	963	好转
007	女	71	肾气不固证	738	其他

在利用计算机程序解决实际问题过程中，结构化程序设计是一种有效的、一般性的方法。结构化程序包括三种基本控制结构，即顺序结构、选择结构和循环结构。基本控制结构与数组、过程的综合运用是数据操作描述的有效途径，以便实现结构化程序设计。

本章将介绍结构化程序设计的基本知识，包括结构化程序设计概述、基本控制结构、数组和过程等内容。

5.1 结构化程序设计概述

1. 基本概念

结构化程序设计（**Structured Programming**）是以"处理过程和模块化"设计为中心，采用

"层次性"流程控制架构的一种程序设计方法。该方法保证了程序结构的良好性。

结构化程序设计的主要原则在于：

（1）自顶向下

采用"先全局、后局部"分析过程，使问题和目标被不断地具体化。

（2）逐步求精

采用"由大到小"分解过程，将复杂的问题和功能分解成"易解决"的若干个子问题和子功能。

（3）模块化

以"单一入口、单一出口"的基本控制结构为单位，构造功能独立的模块，并通过模块之间的逻辑关系，形成处理过程明晰、结构联系紧密的结构化程序。

（4）限制使用 GoTo 语句

GoTo 语句的功能在于程序无条件地转移到过程中指定的行，详见第 5 章第 4 节的"其他控制语句"的内容。该语句的过多使用可能会导致程序执行流程复杂和混乱。

2. 语法规则

Visual Basic 提供了一定的语法规则，实现语句的有序组织。结合图 5-1，主要的语法规则如下：

（1）语句的书写必须遵循语法格式

例如，第 1 行语句是不合法的。

（2）单一语句常需"单行"书写

如：第 2、3 行的变量声明、赋值语句。

（3）简单的多条语句可以"同行"书写

冒号用于连接多条语句，例如，第 4 行包含两条 Text 属性的赋值语句。

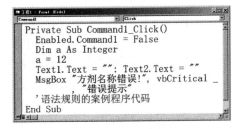

图 5-1 语法规则的案例程序

（4）较长的一条语句可以"换行"书写

在行的末尾处，下划线 _（即续行符）用于标识"下一行内容和该行属于同一行"，例如，第 6 行的内容属于第 5 行（即 MsgBox 语句）的部分内容。

> **说明**：在程序代码中，续行符和前一个字符之间需要输入一个空格，如图 5-1 所示。

（5）程序可以包含注释部分

单引号 ' 用于标识程序的注释部分，例如，第 7 行为注释部分，描述上述代码的用途。另外，Rem 语句也可以声明注释部分，其语法格式如下：

> Rem 注释文本内容

> **说明**：①注释部分用于描述语句（或程序段）的功能和用途，保证程序的可读性。②在程序执行过程中，注释部分不被执行。③注释部分常显示为绿色字体。
>
> **问题**：在图 5-1 中，利用 Rem 语句，如何声明注释部分？

5.2 顺序结构

顺序结构（Sequence Structure）是一种最基本、最常用的程序控制结构。顺序结构的基本执行特点在于：按照语句的书写顺序，自顶向下地逐句执行。

图 5-2 给出了顺序结构的流程图。相应地，顺序结构的执行过程为：在程序进入到顺序结构后（即进入虚线框），按照语句的先后顺序，依次地执行语句 1（即第 1 条语句）、语句 2，直到语句 n，最后，退出顺序结构（即退出虚线框）。

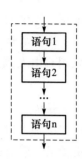

图 5-2 顺序结构流程图

知识链接

流程图（Flow Diagram）是程序控制流程和语句执行情况的一种图形表达方式。控制结构的流程图主要包括：一个虚线框（表示控制体）、一条入口线（即进入虚线框的有向线）、一条出口线（即退出虚线框的有向线），以及在虚线框内的矩形框（表示语句或语句组）、菱形框（表示判断条件）、有向线（表示执行次序）和有向线的标注（表示流程的条件，如：True 或 False）。通常，正规的流程图应该只有一条入口线和一条出口线，且有一条"由入口线到出口线"的通路。

> **说明：** 在控制结构流程图中，语句可以是简单语句（如：赋值语句），或基本控制结构的语句（如：选择结构的 If 语句）。

【例 5-1】顺序结构的执行特点问题。通过命令按钮的 Click 事件过程，试完成：利用字符型变量，将"信息化是中医药现代化的关键"内容显示到文本框 Text1 中。

图 5-3 给出了【例 5-1】的事件过程设计结果。依据顺序结构的基本执行特点，程序代码的执行过程为：声明字符型变量 a →变量 a 被赋值→将变量 a 显示到文本框 Text1 中。

> **问题：** 在图 5-3 中，若第 2、3 行的语句互换位置，则文本框 Text1 的内容是什么？

另外，一些语句能够改变顺序结构的"逐行、逐句"执行。例如，在【例 5-1】基础上，利用 GoTo 语句（图 5-4），窗体将显示：程序被跳转，且文本框的内容没有任何变化。

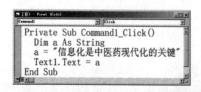

图 5-3 【例 5-1】的事件过程设计

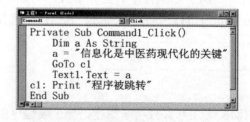

图 5-4 GoTo 语句的案例程序

5.3 选择结构

通常，一些问题需要根据特定条件的满足状态，选择相应的处理过程，如：分段函数的求解、人体发热的判断等。针对此类问题，选择结构提供了一种有效的解决途径。

选择结构（Selection Structure，又称为分支结构、判定结构）用于判断给定的条件，并依据不同的判断结果，选择性地执行不同的程序段，实现程序执行流程的控制。

Visual Basic 提供两种选择语句：If 语句和 Select Case 语句。

5.3.1 If 语句

为了解决不同分支问题，If 语句分为：If…Then、If…Then…Else 和 If 嵌套等形式。

1. 引例

【例 5-2】一元二次方程的求解问题。通过命令按钮 CmdEquation 的 Click 事件过程，利用 If 语句，试完成：依据给定的系数 a、b 和 c，求解一元二次方程 $ax^2+bx+c=0$（$a \neq 0$）。

> **说明：**实际问题的描述可能隐含一些条件和不同条件下的功能。因此，在问题分析过程中，条件及其相关要求的提取是必要的，以便设计条件表达式和相应程序段。

问题分析：依据判别式 ≥ 0 条件的满足状态，求根或提示无实根，即"双分支"问题。

图 5-5 给出了【例 5-2】的事件过程设计结果。其中，If 语句是以 If 起始、End If 结束的一种选择结构。依据判别式变量 dt 的当前值，If 语句的执行过程如下：

1）若表达式 dt>=0（即 If 和 Then 之间表达式）值为 True，则文本框 Text4 和 Text5 显示根的求解值（即执行 Then 和 Else 之间的语句组）。

2）否则（即表达式 dt>=0 的值为 False），程序生成一个消息框（即执行 Else 和 End If 之间语句），提示无实根。

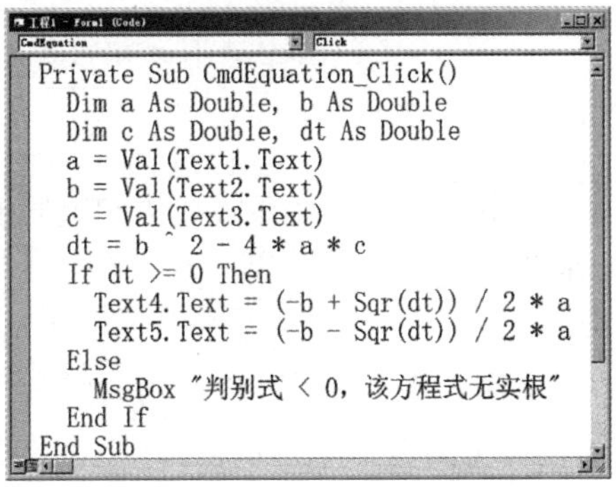

```
Private Sub CmdEquation_Click()
  Dim a As Double, b As Double
  Dim c As Double, dt As Double
  a = Val(Text1.Text)
  b = Val(Text2.Text)
  c = Val(Text3.Text)
  dt = b ^ 2 - 4 * a * c
  If dt >= 0 Then
    Text4.Text = (-b + Sqr(dt)) / 2 * a
    Text5.Text = (-b - Sqr(dt)) / 2 * a
  Else
    MsgBox "判别式 < 0，该方程式无实根"
  End If
End Sub
```

图 5-5 【例 5-2】的事件过程设计

> **问题：**依据上述设计结果，在程序运行后，若在文本框 Text1 ~ Text3 中分别输入 2、3、1，并单击命令按钮 CmdEquation，则程序代码的具体执行过程是怎样的？

2. If…Then 语句

If…Then 语句用于解决"单分支"问题，即"如果……那么……"问题。

（1）语法格式

If…Then 语句的一般语法格式如下：

```
If 条件表达式 Then
    语句组
End If
```

上述格式由三部分组成，具体包括：

① If 条件表达式 Then：条件表达式用于描述语句组被执行的条件，可以是关系（或逻辑）表达式，且表达式的返回值用于表征条件满足的状态。

② End If：If 语句的结束标志。

③ 语句组：在条件表达式返回值为 True 时，所需执行的若干条语句。

> **说明：** 若算术表达式用于描述条件，则"非 0"和"0"的返回值被转换为：True 和 False。

（2）执行过程

图 5-6 给出了 If…Then 语句的执行流程情况。相应地，该语句的执行过程如下：

① 首先，计算条件表达式。

② 之后，进行判断。若表达式的返回值为 True，则程序执行语句组→ End If 下面的语句，否则，程序跳过语句组，直接执行 End If 下面的语句。

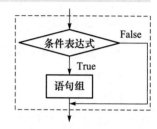

图 5-6　If…Then 语句的执行流程图

（3）其他书写形式

若语句组仅包含简单语句，则 If…Then 语句可采用"单行"形式，语法格式如下：

> If 条件表达式 Then 语句组

> **说明：** 冒号用于连接语句组的多条语句，实现多条语句的"单行"书写。

图 5-7　【例 5-3】的窗体

【例 5-3】人体发热的判断问题。利用 If…Then 语句，试完成：窗体设计（图 5-7）和功能设计（表 5-2）。

其中，依据人体的腋窝温度，成人的正常体温为：(36.5±0.7)℃，体温升高超出正常范围，称为发热。

表 5-2　【例 5-3】的对象功能说明表

对象	功　能
文本框 Text1 和 Text2	接收体温值，显示判断结果
【判断】按钮 Command1	依据文本框 Text1 接收的体温值，判断是否发热；文本框 Text2 显示结果
【清空】按钮 Command2	清空文本框 Text1 和 Text2 的内容
【退出】按钮 Command3	关闭应用程序

图 5-8 给出了【例 5-3】的事件过程设计结果。其中，针对命令按钮 Command1 的 Click 事件过程，其程序代码的主要说明如下：

1）第 3 行

变量 t 的赋值语句，获取体温值。

2）第 4 行

变量 result 被初始化为：非发热。

3）第 5～7 行（即 If…Then 语句）

若关系 t>37.2 成立，则变量 result 被赋值为：发热。

4）第 8 行

文本框 Text2 显示变量 result 值。

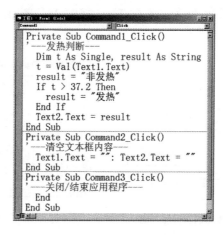

```vb
Private Sub Command1_Click()
'---发热判断---
    Dim t As Single, result As String
    t = Val(Text1.Text)
    result = "非发热"
    If t > 37.2 Then
        result = "发热"
    End If
    Text2.Text = result
End Sub
Private Sub Command2_Click()
'---清空文本框内容---
    Text1.Text = "": Text2.Text = ""
End Sub
Private Sub Command3_Click()
'---关闭/结束应用程序---
    End
End Sub
```

图 5-8 【例 5-3】的事件过程设计

> 问题：依据上述设计结果：①若在文本框 Text1 中输入 36.6，并单击【判断】按钮，则 If…Then 语句的执行过程是怎样的？②如何将 If…Then 语句改写为"单行"形式？

3. If…Then…Else 语句

If…Then…Else 语句用于解决"双分支"问题，即"如果……那么……否则……"问题。

（1）语法格式

If…Then…Else 语句的一般语法格式如下：

```
If 条件表达式 Then
    语句组 1
Else
    语句组 2
End If
```

（2）执行过程

图 5-9 给出了 If…Then…Else 语句的执行流程情况，相应地，该语句的执行过程如下：

① 首先，计算条件表达式。

② 之后，进行判断。若表达式的返回值为 True，则程序执行语句组 1 → End If 下面的语句，否则，程序执行语句组 2 → End If 下面的语句。

【例 5-4】利用 If…Then…Else 语句，试完成：【例 5-3】中的【判断】按钮功能要求。

问题分析：依据体温的正常范围，人体发热的"双分支"判断描述形式如下：

$$result = \begin{cases} 非发热 & t \leqslant 37.2 \\ 发热 & t > 37.2 \end{cases}$$

图 5-10 给出了【例 5-4】的事件过程设计结果。其中，If…Then…Else 语句用于解决"发热和非发热"判断问题。

问题：依据上述设计结果：①若语句 result = " 发热 " 和 result = " 非发热 " 互换位置，则如何设计 If 语句的条件表达式？②若文本框 Text1 接收 38，则 If 语句执行过程是怎样的？

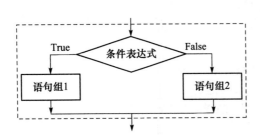

图 5-9 If…Then…Else 语句的执行流程图

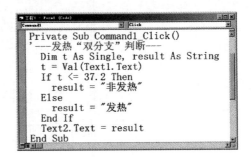

图 5-10 【例 5-4】的事件过程设计

4. If…Then…ElseIf 语句

If…Then…ElseIf 语句用于解决"多分支"问题，即"如果……那么……否则如果……"问题。

（1）语法格式

If…Then…ElseIf 语句的一般语法格式如下：

```
If 条件表达式 1 Then
    语句组 1
ElseIf 条件表达式 2 Then
    语句组 2
…
ElseIf 条件表达式 n Then
    语句组 n
Else
    语句组 n+1
End If
```

① ElseIf 条件表达式 Then：在上一个条件表达式的返回值为 False 时，判断条件。

② Else 语句组 n+1：在上面所有条件表达式的返回值均为 False 时，执行语句组 n+1。

（2）执行过程

图 5-11 给出了 If…Then…ElseIf 语句的执行流程情况。

由图 5-11 可知：If…Then…ElseIf 语句包含了多个分支，且仅有一个分支被选择（即仅有一个语句组被执行）。

问题：依据图 5–11，语句组 2 的执行条件是否仅为：条件表达式 2 的值为 True？

【例 5–5】人体发热程度的判断问题。依据发热程度的判断标准，在【例 5–3】基础上，试完成：利用【判断】按钮，判断人体的发热程度。

其中，依据人体的腋窝温度，发热程度的判断标准为：①低热：37.3～38℃；②中热：38.1～39℃；③高热：39.1～41℃；④超高热：41℃以上。

问题：依据上述发热程度的判断标准，如何设计"多分支"判断描述形式？

图 5–12 给出了【例 5–5】的事件过程设计结果。其中，Format 函数用于生成一位小数形式的体温值，这是因为依据上述判断标准，体温值的小数位数仅为 1。

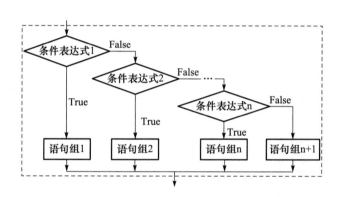

图 5–11　If…Then…ElseIf 语句的执行流程图

图 5–12　【例 5–5】的事件过程设计

问题：在图 5–12 中：①条件表达式 t>=37.3And t<=38 可否简化为：t<=38？请给出具体原因。②ElseIf t>41 Then 可否改写为：Else？

5. If 语句嵌套

If 语句嵌套是指在一条 If 语句中包含若干条 If 语句的一种多重选择结构，用于解决"多分支"问题，例如，"如果……那么'如果……那么……否则……'，否则'如果……那么……否则……'"的条件套用问题。

相关概念：嵌套（Nest）是指多个控制结构的综合使用形式，即在某一个控制结构中添加其他控制结构所形成的一种复合结构。

（1）语法格式

下述的语法格式给出了 If 语句的一种嵌套形式。

在该格式中，If 条件表达式 Then、Else 和 End If 三者之间存在着对应关系，以便构成一条完整的 If 语句。相应地，上述三者须配对使用（即从"最内层"开始，Else、End If 总是和上面"最近且未曾配对"的 If 配对）。例如，在上述格式中，最下面的 Else 和 If 条件表达式 3 Then 配对，最下面的 End If 和 If 条件表达式 1 Then 配对。

```
If 条件表达式 1 Then
    If 条件表达式 2 Then
        语句组 1
    Else
        语句组 2
    End If
Else
    If 条件表达式 3 Then
        语句组 3
    Else
        语句组 4
    End If
End If
```

（2）执行过程

图 5-13 给出了上述 If 语句嵌套的执行流程情况。

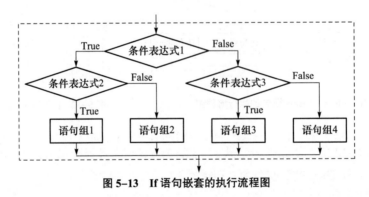

图 5-13　If 语句嵌套的执行流程图

问题：依据图 5-13，语句组 2 和语句组 3 的执行条件分别是什么？

【例 5-6】利用 If 语句的嵌套，试完成：【例 5-5】程序代码的修改，判断发热程度。

图 5-14 给出了【例 5-6】的事件过程设计结果。

问题：在图 5-14 中：①由下至上，每一个 End If 和 Else 分别与哪一个 If 配对？②语句 result=" 低热 " 和 result=" 高热 " 的执行条件分别是什么？

6. If 语句的其他用途

为了完善程序的合理性，If 语句用于实现某些语句（即程序段）的"有条件"执行。例如，人体的体温值具有合理范围（如：-6、5.8、76 等是不合理）。因此，针对不合理的体温值输入，发热判断程序须进一步地利用 If 语句，提供"错误提示、禁止判断"功能。

【例 5-7】发热判断程序的合理性问题。假设人体体温的最低和最高极限为：14.2℃ 和 46.5℃，在【例 5-4】基础上，试完成："不合理体温值"的提示功能，完善判断程序。

问题分析：在【例 5-4】程序代码中，"判断发热"程序段的执行条件应为：变量 t 属于 [14.2，46.5]，因此，在 If 语句的"外层"，程序须嵌套新的 If 语句，控制该程序段的执行。

图 5-15 给出了【例 5-7】的事件过程设计结果。其中，条件表达式 t>=14.2 And t<=46.5 用于限制执行"内嵌"If 语句和 Text 属性的赋值语句。

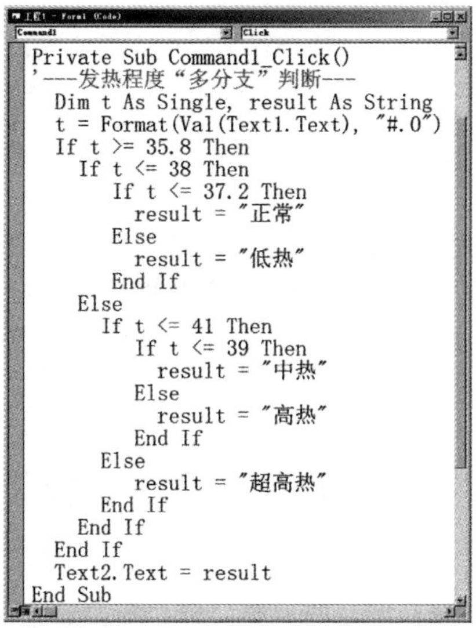

```
Private Sub Command1_Click()
'---发热程度"多分支"判断---
Dim t As Single, result As String
t = Format(Val(Text1.Text), "#.0")
If t >= 35.8 Then
    If t <= 38 Then
        If t <= 37.2 Then
            result = "正常"
        Else
            result = "低热"
        End If
    Else
        If t <= 41 Then
            If t <= 39 Then
                result = "中热"
            Else
                result = "高热"
            End If
        Else
            result = "超高热"
        End If
    End If
End If
Text2.Text = result
End Sub
```

图 5-14 【例 5-6】的事件过程设计

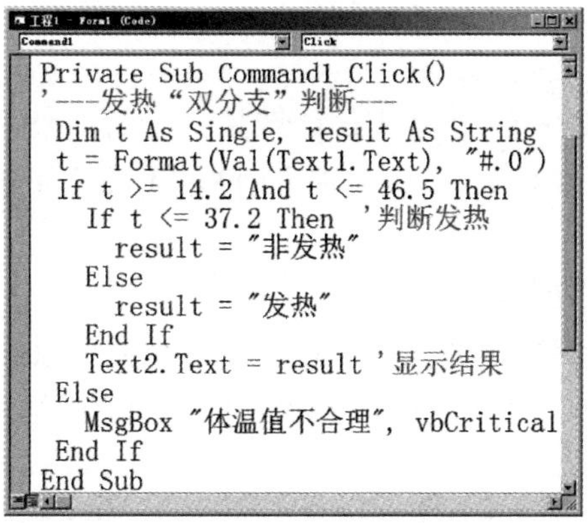

```
Private Sub Command1_Click()
'---发热"双分支"判断---
Dim t As Single, result As String
t = Format(Val(Text1.Text), "#.0")
If t >= 14.2 And t <= 46.5 Then
    If t <= 37.2 Then  '判断发热
        result = "非发热"
    Else
        result = "发热"
    End If
    Text2.Text = result '显示结果
Else
    MsgBox "体温值不合理", vbCritical
End If
End Sub
```

图 5-15 【例 5-7】的事件过程设计

问题：依据【例 5-7】的基本思想，如何完善【例 5-3】的程序代码？

5.3.2 IIf 函数

IIf 函数是 If…Then…Else 语句的一种简化途径，用于解决"双分支"问题。

说明：IIf 是 Immediate If 的缩写形式，可理解为：If 语句的直接形式。

1. 语法格式

IIf 函数的一般语法格式如下：

> 变量名称 =IIf（条件表达式，True 部分，False 部分）

（1）True 部分和 False 部分

IIf 函数的返回值，可以是表达式、变量或函数。

（2）变量名称

指定存储 IIf 函数返回值的变量，且变量和 True 部分、False 部分的数据类型需要保持一致。

依据上述格式，IIf 函数的基本功能在于：若条件表达式的返回值为 True，则函数返回 True 部分，否则，函数返回 False 部分。

【例 5-8】奇 / 偶数的判断问题。通过命令按钮 Command1 的 Click 事件过程，试完成：依据输入对话框所接收的数值，进行奇数、偶数的判断。

【例 5-8】的事件过程设计结果如下：

```
Private Sub Command1_Click（ ）
    Dim x As Long，result As String
    x=Val（InputBox（"请输入一个整数:"，"数据输入"，0））
    result=IIf（x Mod 2=0，"偶数"，"奇数"）
    Text1.Text=result
End Sub
```

问题：针对上述设计结果：①为何使用 Val 函数？②变量 result 可否声明为：整型？③利用 If 语句，如何实现【例 5-8】的功能要求？

2. 函数嵌套

为了解决"多分支"问题，IIf 函数可以嵌套使用，即函数的 True 部分和 False 部分可以使用 IIf 函数。例如，两个 IIf 函数嵌套的语法格式如下：

变量名称 =IIf（条件表达式 1，True 部分 1，IIf（条件表达式 2，True 部分 2，False 部分））

变量名称 =IIf（条件表达式 1，IIf（条件表达式 2，True 部分，False 部分 1），False 部分 2）

其中，前一种嵌套形式的功能在于：若条件表达式 1 的返回值为 True，则函数返回 True 部分 1，否则，依据条件表达式 2 的返回值，函数返回 True 部分 2 或 False 部分。

【例 5-9】利用 IIf 函数，试完成:【例 5-5】的"发热程度判断"功能要求。

图 5-16 给出了【例 5-9】的事件过程设计结果。

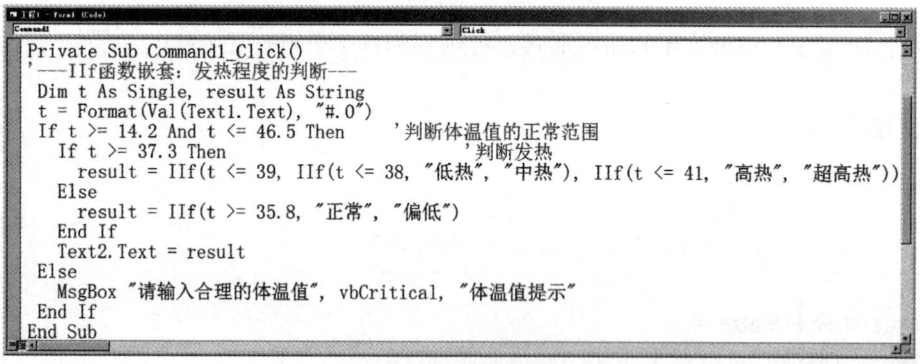

```
Private Sub Command1_Click()
'---IIf函数嵌套：发热程度的判断---
Dim t As Single, result As String
t = Format(Val(Text1.Text), "#.0")
If t >= 14.2 And t <= 46.5 Then        '判断体温值的正常范围
    If t >= 37.3 Then                  '判断发热
        result = IIf(t <= 39, IIf(t <= 38, "低热", "中热"), IIf(t <= 41, "高热", "超高热"))
    Else
        result = IIf(t >= 35.8, "正常", "偏低")
    End If
    Text2.Text = result
Else
    MsgBox "请输入合理的体温值", vbCritical, "体温值提示"
End If
End Sub
```

图 5-16 【例 5-9】的事件过程设计

问题：在图 5-16 中，函数 IIf（t<=41，"高热"，"超高热"）的执行条件是什么？

5.3.3 Select Case 语句

Select Case 语句用于解决"多分支"问题。与 If…Then…ElseIf 语句和 If 语句嵌套相比，

Select Case 语句的程序结构更清晰。

> 说明：Select Case 语句适用于依据一个变量（或表达式）的值，进行"多分支"选择。针对多个变量或复杂表达式（如：包含 And、Or 等）情况，程序应使用 If 语句。

1. 引例

【例 5-10】成绩等级的判定问题。通过命令按钮 Command1 的 Click 事件过程，利用 Select Case 语句，试完成：依据文本框 Text1 所接收的成绩，判定等级。

其中，成绩等级判定标准为：①优良：80 ～ 100；②中等：70 ～ 79；③及格：60 ～ 69；④不及格：0 ～ 59。

> 问题：依据上述成绩等级的判定标准，如何设计"多分支"判断描述形式？

图 5-17 给出了【例 5-10】的程序设计结果。其中，Select Case 语句是以 Select Case 起始、End Select 结束的一种选择结构。

```
Private Sub Command1_Click()
Dim x As Byte, y As String
x = Val(Text1.Text)
Select Case x
    Case 80 To 100
        y = "优良"
    Case 70 To 79
        y = "中等"
    Case 60 To 69
        y = "及格"
    Case 0 To 59
        y = "不及格"
    Case Else
        MsgBox "成绩不在合理范围"
End Select
Text2.Text = y
End Sub
```

图 5-17　【例 5-10】的程序设计

依据成绩变量 x（即 Select Case 后面的变量）的当前值（称为实例），Select Case 语句的执行过程如下：

1）针对第 1 个 Case，若变量 x 的值符合 80 To 100（称为实例表达式，即［80，100］范围）情况，则程序执行语句 y = "优良" → Text2.Text = y。

2）由上至下地，若变量 x 的值符合某一个 Case 后的实例表达式情况，则程序执行"该 Case 和下一个 Case"之间的语句 → End Select 下面的语句。

其中，最后一个 Case（即 Case Else）表示：若变量 x 的当前值不符合"上面"所有实例表达式的情况，则程序执行该 Case 和 End Select 之间的语句。

> 问题：①依据上述设计结果，若文本框 Text1 接收 71（或 105），则 Select Case 语句执行过程是怎样的？②利用 Select Case 语句，如何实现【例 5-5】的功能要求？

2. 语法格式

Select Case 语句的语法格式如下：

```
Select Case 测试表达式
    Case 实例表达式列表 1
        语句组 1
    Case 实例表达式列表 2
        语句组 2
        …
    Case 实例表达式列表 n
        语句组 n
    [ Case Else
        语句组 n+1 ]
End Select
```

相关概念：实例（Case）是指测试表达式的值，相应地，实例表达式描述了实例的范围。

上述格式由三部分组成，具体包括：

（1）Select Case 测试表达式

测试表达式是一个变量（或表达式），用于生成实例。

> **问题：** 在图 5-17 中，Select Case 语句的测试表达式是什么？

（2）End Select

Select Case 语句的结束标志。

（3）中间部分

包含若干个 Case 子句及其相应的语句组，其中，Case 子句由 Case 关键字和实例表达式列表（或 Else 关键字）组成，详见本节的下述内容。

> **说明：** Case Else 子句必须置于其他 Case 子句的下面，且该子句及其语句组为可选项。
>
> **问题：** 在图 5-17 中：① Select Case 语句包含了哪些 Case 子句？②每一个 Case 子句的实例表达式及其相应的语句组分别是什么？

依据上述格式，Select Case 语句的基本功能在于：依据测试表达式的值（即实例），在多个语句组中选择执行"实例所符合情况"的一个语句组。

3. Case 子句

Case 子句的功能在于：在程序执行到该子句时，若测试表达式的当前值"符合"实例表达式的情况，则程序执行该 Case 子句和下一个子句之间的语句组。

Case 子句通过实例表达式及其列表的形式，指定相应语句组被"选择"执行的若干个条件，如表 5-3 所示。例如，在图 5-17 中，语句 y = " 中等 " 的执行条件为：测试表达式 x 的当前值满足 [70，79] 范围（即符合"上面"Case 子句的实例表达式 70 To 79 的情况）。

说明：①在 To 关键字形式中，表达式 1 的值必须小于表达式 2 的值，例如，10 To 1 是不合法的。②Is 关键字形式无法指定"有界区间"范围，例如，Is＞=2 And Is＜=6 和 2＜Is＜6 均是不合法的。③逗号用于形成实例表达式列表（即表 5-3 中的逗号形式）。

表 5-3　实例表达式及其列表的表示形式说明表

表示形式类别		实例表达式 / 列表	基本功能	案例
To 关键字形式		表达式 1 To 表达式 2	指定"闭区间"数值范围，其中，表达式由常量（或变量）组成	Case 1 To 10 表示：［1，10］情况
Is 关键字形式		Is 关系运算符常量 Is 关系运算符变量	指定"单侧无界区间"数值范围	Case Is＞=10 表示： "大于等于 10"情况
逗号形式	简单形式	数值 1，…，数值 k	指定若干个具体数值	Case 1，3，5 表示： "1 或 3 或 5"情况
	复合形式	Is、To 关键字形式和上述简单形式的集成	指定若干个数值范围和具体数值	Case 1，6 To 10，Is＞50 表示：1、或［6，10］、或"大于 50"情况

4. 执行过程

图 5-18 给出了 Select Case 语句的执行流程情况。

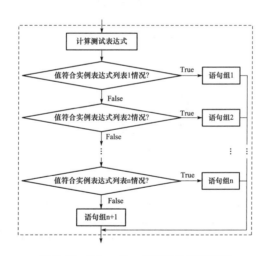

图 5-18　Select Case 语句的执行流程图

相应地，该语句的执行过程如下：

（1）首先，计算测试表达式的值（即实例）。

（2）之后，从第 1 个 Case 子句开始，自上而下地、逐一地判断实例是否符合 Case 子句所指定的情况。具体判断包括：

① 若实例符合某一个 Case 子句所指定的情况，则程序执行"该 Case 子句和下一个 Case 子句"之间语句组→End Select 下面的语句（即跳出 Select Case 语句）。

② 在 Case Else 子句未被省略情况下，若实例不符合"上面"所有 Case 子句所指定的情况，则程序执行该子句下面的语句组→End Select 下面的语句。

说明：在 Select Case 语句中，实例可能符合多个 Case 子句所指定的情况。程序将自上而下地选定第 1 个"实例符合的"Case 子句→执行相应的语句组。

问题：依据图 5-18，语句组 2 的执行条件是什么？

【例 5-11】人体肥胖的判断问题。依据人体肥胖的判断标准（见下面"知识链接"部分），试完成：窗体设计（图 5-19）和功能设计（表 5-4）。

图 5-19 【例 5-11】的运行效果

表 5-4 【例 5-11】的对象功能说明表

对象	功能
文本框 Text1 ～ Text4	接收身高值和体重值，显示 BMI 结果和判断结果
【判断】按钮 Command1	依据身高、体重和成人 BMI 的划分（表 5-5）判断肥胖情况，并将结果显示到文本框 Text3 和 Text4 中
【退出】按钮 Command2	关闭应用程序

知识链接

BMI（Body Mass Index，体质指数） 是衡量人体肥胖程度的一种常用指标。BMI 的计算公式为：体重 ÷ 身高的平方。其中，体重和身高的单位为：千克和米。

表 5-5 给出了成人 BMI 的划分情况。

表 5-5 世界卫生组织对成人 BMI 的划分

分类	BMI（kg/m^2）
体重过低	<18.5
体重正常	18.5 ～ 24.9
超重	≥ 25.0
肥胖前期	25.0 ～ 29.9
Ⅰ度肥胖	30.0 ～ 34.9
Ⅱ度肥胖	35.0 ～ 39.9
Ⅲ度肥胖	≥ 40.0

图 5-20 给出了【例 5-11】的命令按钮 Command1 的 Click 事件过程设计结果。其中，"第 8 ～ 21 行"程序代码（即 Select Case 语句）的功能在于：自上而下地，若变量 BMI 的值符合某

一个 Case 子句所指定的情况，则变量 result 被赋予相应的值。

> **说明：** 由于变量 BMI 的值是肥胖判断的唯一依据，因此，该变量作为测试表达式，即 Select Case BMI。
>
> **问题：** 依据上述设计结果：①若语句 BMI=Format（BMI，"#.0"）被省略，则在 BMI 值为 24.96 情况下，文本框 Text4 的内容是什么？②针对"体重过低、体重正常和超重"三种情况的判断，如何修改 Select Case 语句？

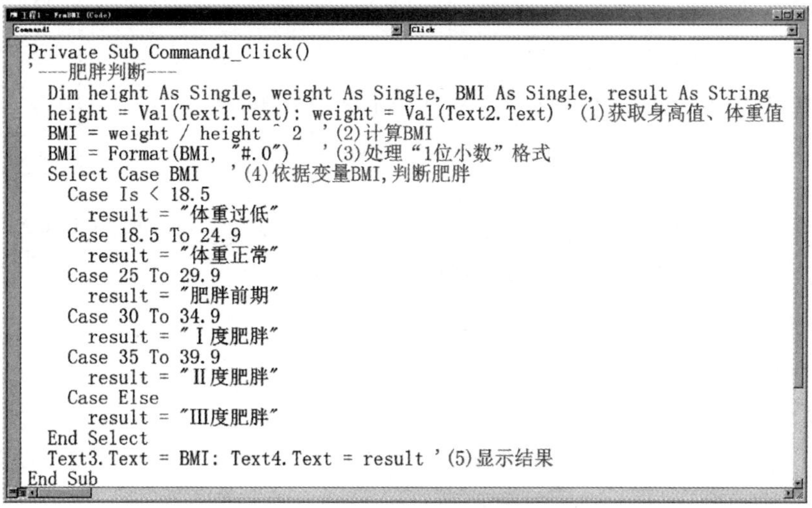

```
Private Sub Command1_Click()
'---肥胖判断---
Dim height As Single, weight As Single, BMI As Single, result As String
height = Val(Text1.Text): weight = Val(Text2.Text) '(1)获取身高值、体重值
BMI = weight / height ^ 2  '(2)计算BMI
BMI = Format(BMI, "#.0")  '(3)处理"1位小数"格式
Select Case BMI  '(4)依据变量BMI,判断肥胖
    Case Is < 18.5
        result = "体重过低"
    Case 18.5 To 24.9
        result = "体重正常"
    Case 25 To 29.9
        result = "肥胖前期"
    Case 30 To 34.9
        result = "I度肥胖"
    Case 35 To 39.9
        result = "II度肥胖"
    Case Else
        result = "III度肥胖"
End Select
Text3.Text = BMI: Text4.Text = result '(5)显示结果
End Sub
```

图 5-20　【例 5-11】的事件过程设计

5.4　循环结构

通常，程序需要重复执行"类似"的程序段，解决大量的"同一类"操作问题，如：连续数据的求和、阶乘的计算等。针对此类问题，循环结构提供了一种有效的解决方法。

循环结构（Loop Structure） 用于在循环条件的判断基础上，决定"是否重复"执行循环体，实现程序执行流程的控制。其中，**循环体（Loop Body）** 是指所需重复执行的若干条语句，**循环条件（Loop Condition）** 是指循环体被执行的条件。

Visual Basic 提供了 For…Next、While…Wend 和 Do…Loop 等循环语句。

5.4.1　For…Next 语句

For…Next 语句（简称 For 语句）利用"指定值区间内"的变量（称为计数器），控制循环体的执行。在循环体被执行一次后，变量的值将自动地增加（或减少）。

1. 引例

【例 5-12】 连续整数的求和问题。通过命令按钮 Command1 的 Click 事件过程，利用 For…Next 语句，试完成：[1，3] 区间内所有整数的求和。

问题分析：针对变量 i 的值从 1 至 3（即 For i=1 To 3），重复执行语句 sum=sum+i。

【例 5-12】 的事件过程设计结果如下：

```
Private Sub Command1_Click（ ）
    Dim i As Integer，sum As Integer
    sum=0
    For i=1 To 3
        sum=sum+i
    Next i
    Text1.Text=sum
End Sub
```

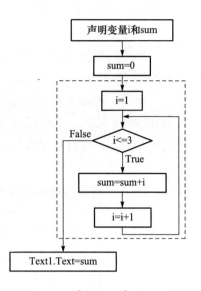

图 5–21 【例 5–12】的程序
执行流程图

其中，For…Next 语句是以 For 起始、Next 结束的一种循环结构，用于重复执行语句 sum=sum+i（即 For 和 Next 之间的语句，称之为循环体）。

图 5-21 给出了上述程序代码的执行流程情况。其中，虚线框的内容为：For…Next 语句的执行流程，具体执行过程如下：

1）初始化变量 i

执行语句 i=1，即变量 i 的值为：1。

2）判断循环条件

依据变量 i 的当前值和"To 后面"的数值（即 3），判断条件表达式 i<=3（即循环条件），结果为：True。

3）执行循环体

执行语句 sum=sum+i（即 sum=0+1）。

说明： 若上述判断结果为：False，则程序直接执行 Next i 下面的语句（即结束循环）。

4）自动修改变量 i 的当前值

执行语句 i=i+1（即 Next i 表征"下一个 i"），变量 i 的当前值变为：1+1=2。

5）重复执行

具体情况如下：

① 先后依据变量 i 的当前值 2 和 3，重复执行第②～④步，结果分别为：sum=1+2，i=2+1；sum=3+3，i=3+1。

② 最后，依据变量 i 的当前值 4，执行至第②步，由于循环条件的判断结果为：False，程序执行 Next i 下面的语句：Text1.Text=sum。

由上述执行过程可知：循环条件（即循环体被执行的条件）为：i ≤ 3。若 i 的当前值满足该条件，则程序执行循环体，否则，程序执行 Next i 下面的语句。

问题： 依据上述设计结果：①在 Click 事件过程执行结束后，变量 i 的最终值是多少？②针对［10，100］区间内整数的求和问题，如何修改上述的程序代码？

2. 语法格式

For…Next 语句的语法格式如下：

> For 控制变量名称 = 初值 To 终值［Step 步长］
>   语句组
> Next 控制变量名称

上述格式由三部分组成，具体包括：

（1）For 控制变量名称 = 初值 To 终值［Step 步长］

指定循环的控制变量及其初值、终值和步长，若 Step 步长被省略，则步长被默认为 1。

（2）语句组

即循环体。

（3）Next 控制变量名称

获取控制变量的下一个值（即控制变量 = 控制变量 + 步长）。

问题： 在【例 5-12】程序代码中，For 语句的控制变量及初值、终值和步长分别是什么？

相关概念： ①**控制变量（Control Variable）** 是指控制循环的变量。②**步长（Step Size）** 是指"在每一次循环结束后"控制变量值自动增加（或减少）的数值（表 5-6）。

表 5-6 For…Next 语句的步长说明表

步长特点	循环条件	初值和终值关系	案例
正数	控制变量 <= 终值	初值须小于终值	i=1 To 3 是合法的，且循环条件为：i<=3
负数	控制变量 >= 终值	初值须大于终值	i=3 To 1 Step –1 是合法的，且循环条件为：i>=1

说明： 若步长为 0，则 For…Next 语句将导致"死循环"（即程序无法退出循环）。

3. 执行过程

假设步长为正数，图 5-22 给出了 For…Next 语句的执行流程情况。相应地，该语句的执行过程如下：

（1）初始化控制变量

执行"控制变量 = 初值"。

（2）判断循环条件

依据控制变量的当前值，判断循环条件"控制变量 <= 终值"的返回值，决定是否执行循环体。具体情况如下：

① 若值为 False，则执行 Next 下面的语句。

② 若值为 True，则执行循环体→执行下一步。

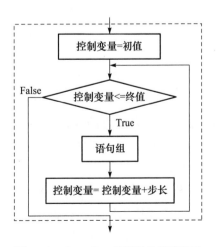

图 5-22 For…Next 语句的执行流程图

（3）自动修改控制变量的值

执行"控制变量＝控制变量＋步长"→返回上一步，继续判断循环条件。

由上述执行过程可知：循环体可能被重复地执行，直到控制变量的当前值超出（若步长为正数）或低于（若步长为负数）终值。

问题： 针对【例5-12】的程序代码，For i=1 To 3 改写为：For i=10 To 4 Step-1。①新的程序代码能够实现何种功能？②For 语句的执行过程是怎样的？

【例5-13】连续奇数的求和问题。通过窗体的 Click 事件过程，利用 For…Next 语句，试完成：[1，100]区间内奇数的求和。

【例5-13】的事件过程设计结果如下：

```
Private Sub Form_Click（ ）
    Dim i As Byte，sum As Integer
    sum=0
    For i=1 To 100 Step 2
        sum=sum+i
    Next i
    Print sum
End Sub
```

```
Private Sub Form_Click（ ）
    Dim i As Byte，sum As Integer
    sum=0
    For i=1 To 100
        If i mod 2< >0 Then sum=sum+i
    Next i
    Print sum
End Sub
```

问题： 依据上述设计结果：①若求解 [10，40] 区间内、能够被3整除的整数（即3的倍数）之和，则如何修改上述程序代码？②若将语句 Print sum 改写为：Print i，则在 Click 事件过程执行结束后，窗体的显示结果是什么？

4. 循环退出

在 For…Next 语句的循环体中，语句 Exit For 能够直接退出循环。通常，If 语句用于调用 Exit For 语句，实现"在满足一定条件时"循环的直接退出。

【例5-14】素数的判定问题。通过窗体的 Click 事件过程，试完成：依据输入对话框所接收的数值，进行素数判定，并利用消息框显示判定结果。

其中，针对自然数 n，素数的判定标准为：若 n 不能被某一个区间内的全部整数整除，则 n 为素数。其中，区间的表示形式包括 [2，n-1]、[2，Sqr（n）]、[2，n/2] 等。

图5-23 给出了【例5-14】的事件过程设计结果。其中，程序代码使用了控制结构的嵌套形式，如：For 语句和第2条 If 语句，第1条 If 语句和 For 语句、第3条 If 语句。

图5-23 【例5-14】的事件过程设计

问题： 依据上述设计结果：①若输入对话框接收 11（或 16），则程序代码的执行过程是怎样的？②针对第 3 条 If 语句，为何在表达式 i>Sqr（n）的返回值为 True 时，变量 n 的值就是素数？③若采用［2，n–1］区间形式，则如何修改上述程序代码？

5.4.2 While…Wend 语句

1. 引例

【例 5–15】阶乘的求解问题。通过命令按钮 Command1 的 Click 事件过程，利用 While…Wend 语句，试完成：特定自然数 n 的阶乘求解。

其中，自然数 n（n ≥ 1）的阶乘求解公式为：n!=1×2×…×n=（n–1）!×n。

图 5–24 给出了【例 5–15】的事件过程设计结果，其中，While…Wend 语句是以 While 起始、Wend 结束的一种循环结构。

图 5–25 给出了【例 5–15】的程序执行流程情况。其中，虚线框的内容为：While…Wend 语句的执行流程。该语句的功能在于：依据变量 i 的值，判断表达式 i<=n。若判断结果为 True，则执行循环体（即 While 和 Wend 之间语句），否则，执行 Wend 下面的语句。

问题： 依据上述设计结果：①利用 If 语句，如何完善程序代码，避免变量 n "在小于 1 情况下"的阶乘计算？②如何修改程序代码，实现［1，n］区间内的整数求和（n ≥ 1）。

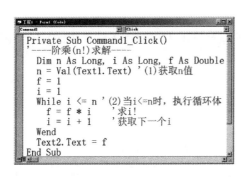

图 5-24 【例 5-15】的事件过程设计

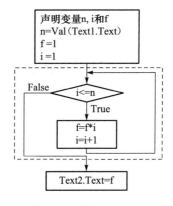

图 5-25 【例 5-15】的程序执行流程图

2. 语法格式和执行流程

While…Wend 语句的语法格式如下：

```
While 条件表达式
    语句组
Wend
```

图 5–26 给出了 While…Wend 语句的执行流程情况。

为了避免死循环，在 While…Wend 语句中，循环体常需要包含特殊的语句，以便实现：在每一次循环后，条件表达式的返回值不断地趋向于 False，直到变为 False 为止。例如，在【例

5-15】的程序代码中，语句 i=i+1 将不断增大变量 i 的当前值，直到循环条件 i<=n 不再成立。

问题：依照上述执行流程，循环体的执行条件是什么？循环结束的条件是什么？

【**例 5-16**】圆周率的求解问题。通过命令按钮 Command1 的 Click 事件过程，利用 While…Wend 语句，试完成：五位小数的圆周率的求解问题，并将结果显示到窗体上。

其中，在最后一项的绝对值小于 10^{-8} 的要求下，圆周率的求解公式为：

$$\frac{\pi}{4} = 1 - \frac{1}{3} + \frac{1}{5} \cdots + (-1)^{n} \frac{1}{n}$$

$$= \sum_{i=1}^{n} (-1)^{i+1} \frac{1}{2i-1}$$

图 5-27 给出了【例 5-16】的事件过程设计结果。

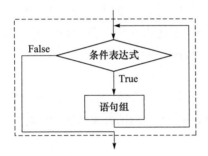

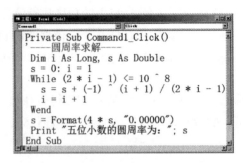

图 5-26 While…Wend 语句的执行流程图   **图 5-27 【例 5-16】的事件过程设计**

说明：上述程序代码的执行需要数十秒钟，这是因为在循环条件不再满足的情况下，变量 i 的当前值为：50000001。

5.4.3 Do…Loop 语句

通常，Do…Loop 语句和关键字 While 和 Until 一起使用。相应地，该语句包括两种形式："当型"循环语句和"直到型"循环语句。上述两种语句的主要区别在于：前者采用"当满足条件时进行循环"原则，后者采用"直到满足条件时不再进行循环"原则。

1."当型"循环语句

依据关键字 While 的不同位置，"当型"循环语句分为：Do While…Loop 语句和 Do…Loop While 语句。

上述两种语句的语法格式如下：

```
Do While 条件表达式
    语句组
Loop
```

```
Do
    语句组
Loop While 条件表达式
```

说明： Do While…Loop 语句和 While…Wend 语句具有相同的功能（见图 5-26）。

图 5-28 给出了 Do…Loop While 语句的执行流程情况。

在执行过程方面，Do…Loop While 语句为："先执行、后判断"（即语句组至少被执行一次），Do While…Loop 语句为："先判断、后执行"（即存在语句组"未被"执行的可能）。

例如，针对自然数 n（n ≥ 1）的阶乘求解，基于 Do…Loop While 语句的程序设计结果如下：

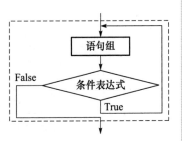

图 5-28　Do…Loop While 语句的执行流程图

```
Private Sub Command1_Click（ ）
    Dim n As Long，i As Long，f As Double
    n=Val（Text1.Text）
    If n>=1 Then
        f=1：i=1
        Do
            f=f*i
            i=i+1
        Loop While i<=n
        Text2.Text=f
    Else
        MsgBox " 请输入大于 0 的自然数 "
    End If
End Sub
```

问题： 利用 Do While…Loop 语句，如何实现自然数 m（m ≥ 1）的阶乘求解？

2."直到型"循环语句

依据关键字 Until 的不同位置，"直到型"循环语句分为：Do Until…Loop 语句和 Do…Loop Until 语句。

上述两种语句的语法格式如下：

```
Do Until 条件表达式
    语句组
Loop
```

```
Do
    语句组
Loop Until 条件表达式
```

图 5-29 和图 5-30 分别给出了上述两种语句的执行流程情况。

问题： ①针对循环体的执行条件，"当型"和"直到型"两种循环语句的差异是什么？
②利用 Do…Loop Until 语句和 Do Until…Loop 语句，如何实现【例 5-15】的功能？

【例 5-17】进制转换问题。通过命令按钮 Command1 的 Click 事件过程，利用语句 Do…Loop Until 和 Do…Loop While，试完成："非负"十进制整数向二进制转换。

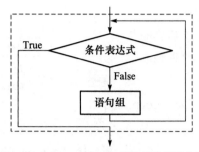

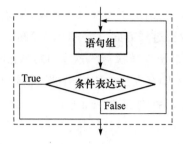

图 5-29　Do Until…Loop 语句的执行流程图　　图 5-30　Do…Loop Until 语句的执行流程图

其中，"非负"十进制整数向二进制转换过程为：整数除以 2，留余数→商的整数部分除以 2，留余数→……→直到商的整数部分为 0，最后，按相反次序，排列余数。例如，十进制 11 对应着二进制 1011，其转换过程如下：

图 5-31 给出了【例 5-17】的事件过程设计结果。其中，关系表达式 n=Int（n）用于确定：变量 n 是否为整数。

> **问题：**利用 Do Until…Loop 语句和 Do While…Loop 语句，如何实现上述的进制转换？

（a）Do…Loop Until 语句　　　　　（b）Do…Loop While 语句

图 5-31　【例 5-17】的事件过程设计

5.4.4　其他控制语句

1. GoTo 语句

GoTo 语句用于将程序"无条件地"跳转到过程中指定的语句行，其语法格式如下：

```
GoTo 行号
```

其中，行号是指在包含 GoTo 语句的过程中，某一程序行的字符序列。相应地，在该语句的"下面"程序代码中，输入行号和一个冒号，以便指定程序无条件地跳转位置。

例如，本章第 2 节给出了 Goto 语句的案例程序（图 5-4）。

2. Exit 语句

Exit 语句用于退出 For 语句、Do…Loop 语句、Sub 过程等程序段，如表 5-7 所示。

表 5-7 Exit 语句的常用形式说明表

语句形式	功能	退出特点
Exit For	退出 For…Next 循环	程序跳转至关键字 Next 下面的语句，如图 5-23 所示
Exit Do	退出 Do…Loop 循环	程序跳转至关键字 Loop 下面的语句
Exit Sub	退出包含该语句的 Sub 过程	程序跳转至"Sub 过程调用语句"下面的语句

问题：如何利用 Do…Loop While（或 Do…Loop Until）语句，实现素数的判断？

3. End 语句

End 语句用于关闭一个应用程序和结束一个过程（或控制结构）。该语句的常用形式包括：End、End Sub、End If、End Select、End Function、End Type 等。

5.4.5 循环结构嵌套

循环结构嵌套是指在一条循环语句中包含若干条循环语句，解决"多重循环"问题。

【**例 5-18**】在【例 5-14】基础上，试完成：[10，20] 区间内所有素数的查找，并将结果连续地显示到"立即"窗口中。

【例 5-18】的事件过程设计结果如下：

```
Private Sub Form_Click（）
    Dim i As Integer，j As Integer
    For i=10 To 20
        For j=2 To Sqr（i）
            If i Mod j=0 Then Exit For
        Next j
        If j>Sqr（i）Then Debug.Print i；
    Next i
End Sub
```

其中，"外层"For 语句利用变量 i，连续地获取 [10，20] 区间内的数据。同时，其循环体包含了一条"内层"For 语句，实现"变量 i 当前值"的素数判断和显示。

说明：在 For 语句嵌套中，不同 For 语句须使用不同的控制变量，如：上述 For 语句。

5.5 数组

数组能够集成多个相同类型的变量，实现多个变量的一次性声明、连续性存储和统一性使用，提高数据处理效率。

数组（Array）是指名称相同、数据类型相同、按照一定顺序排列的一组变量的集合。表5-8给出了数组的相关概念。

表5-8 数组的相关概念表

概念名称	概念内容
数组元素（Element）	数组中的每一个变量
数组名称（Name）	每一个元素的统一名称
数组下标（Subscript）	元素在数组中逻辑位置的数值，简称下标
数组维数（Dimension）	数组下标的数量
数组长度（Length）	数组元素的个数，常由下标界限来确定

结合上述概念，数组元素的表示形式为：数组名称（下标），如：a（1）、a（1，2）等。

说明： 数组是一种特殊变量，采用统一的名称实现若干个变量（即元素）集成。

5.5.1 数组分类

依据数组的维数和长度，数组分为不同的类型，如表5-9所示。

表5-9 数组的分类说明表

分类依据	分类结果	基本用途
数组的维数	一维数组：仅包含一个下标的数组，如：数组a（3）	存储"线性相对位置"的数据；例如，n个数据可顺序地存入元素a（1）、a（2）、…、a（n）
	多维数组：包含一个以上下标的数组，如：二维数组a（1，2）、三维数组a（1，3，2）	存储多维空间的数据；例如，二维数组a（m，n）可存储m行、n列的表格数据，即元素a（i，j）存储"第i行、第j列"数据
数组的长度（即元素个数）是否固定不变	静态数组：元素个数固定不变的数组，又称为固定数组	最为常用的一种数组类型
	动态数组：元素个数可以改变的数组	依据实际需要，可以适当地增加（或减少）数组的元素数量，以便提高存储空间的使用效率

说明： 对于n维数组而言，数组的第i维对应着第i个下标（1≤i≤n）。

5.5.2 数组声明

数组声明用于指定数组的名称、数据类型、维数、下标界限等特征。

1. 静态数组的声明

（1）一维数组

通常，一维数组声明语句的语法格式如下：

> Dim 数组名称（下标界限）As 数据类型

① 数组名称：数组的标识符。

② 下标界限：指定数组下标的取值范围，其表示形式为：下界值 To 上界值，用于指定［下界值，上界值］的下标值范围，其中，下界值须小于上界值，且下界值常为：0 或 1；若"下界值 To"被省略，则指定［0，上界值］的下标值范围（即缺省的下界值为：0）。

> **说明：**依据上述声明格式，一维数组的长度为：上界值 – 下界值 +1。

③ As 数据类型：指定数组的数据类型。

> **说明：**数组及其元素的数据类型是一致的。

例如，若一维数组 age 用于存储 10 位患者的年龄数据，则该数组的声明语句如下：

> Dim age（9）As Byte　　　　Dim age（1 To 10）As Byte

依据上述两种声明语句，数组 age 包含了不同的元素。其中，前一条语句所声明的数组包括：age（0）、age（1）、…、age（9）等 10 个元素。

> **问题：**针对 10 位患者的年龄数据存储，语句 Dim age（10）As Byte 是否妥当？

另外，Option Base 语句用于设置"特定模块中所声明"数组的下标的缺省下界值，以便统一多个数组的下标的下界值，其一般语法格式如下：

> Option Base n

其中，参数 n 用于设置数组下标的缺省下界值，其取值为：0 和 1。

> **说明：**Option Base 语句须写在模块的"通用声明"部分。

（2）多维数组

n 维数组（n ≥ 2）声明语句的语法格式如下：

> Dim 数组名称（下标界限 1，下标界限 2，…，下标界限 n）As 数据类型

其中，逗号用于间隔不同下标的下标界限。

例如，假设一张表格存储着 2 首方剂的 5 类信息情况（表 4-1），二维数组可以存储该表格的数据，相应地，二维数组 table 的声明语句如下：

> Dim table（1 To 2，1 To 5）As String

上述语句的主要声明结果如下：

① 数组长度：2×5=10。

② 数组的具体元素：table（1，1）、…、table（1，5）、table（2，1）、…、table（2，5）。

③ 数组元素 table（i，j）：存储第 i 首方剂的第 j 类信息情况（1 ≤ i ≤ 2，1 ≤ j ≤ 5）。

问题：针对 table（1 To 5，1 To 2），如何利用数组 table 的元素存储表 4-1 的信息？

2. 动态数组的声明

若一个数组的元素个数"暂时"无法确定，则该数组应声明为动态数组。

动态数组声明语句的语法格式如下：

> Dim 数组名称（ ）As 数据类型

说明：依据上述格式，动态数组的声明不需要给出数组的下标界限。

例如，表 4-1 的方剂数不是固定的，因此，数组 table 应为动态数组，声明语句如下：

> Dim table（ ）As String

说明：在动态数组使用前，程序必须指定数组的下标界限，详见第 5 章第 5 节的"数组使用"的相关内容。

5.5.3　数组使用

数组使用是指数组的数据输入、处理和输出，以及其下标界限和大小的获取等过程。

通常，利用数组下标的连续性特点，循环语句（如：For 语句）用于具体元素的数据输入、输出和处理。其中，数组的下标界限（或大小）用于控制循环过程。

1. 数据输入和输出

【例 5-19】数组的数据输入 / 输出问题。依据患者的疗效情况（表 5-10），试完成：①窗体设计：窗体包含 6 个命令按钮和 1 个图片框（图 5-32）；②功能设计：见表 5-11，并在窗体被载入内存时，将"疗效指标"名称赋予数组 head。

说明：①在"工具箱"窗口中，图片框（**PictureBox**）的图标为：▨。② Print 方法和 Cls 方法可以用于图片框的文本内容输出和清除。

图 5-32　【例 5-19】的窗体

表 5-10 某科室出院患者的疗效情况表（2011 年～2013 年）

年份	治愈	好转	无效	未治	死亡	其他
2011	246	151	5	3	6	19
2012	379	124	7	2	4	11
2013	501	179	12	6	5	13

表 5-11 【例 5-19】的命令按钮功能说明表

对象	功能
【指标名称】按钮 Command1	将数组 head 的数据显示到图片框 Picture1 中
【数据输入】按钮 Command2	使用数组 data：利用输入对话框，将"2011 年～2012 年"疗效数据（表 5-10）输入到数组 data 中，并将数据显示到图片框 Picture1 中

1）窗体设计

针对图片框 Picture1，Appearance 属性值设置为：0-Flat。

2）功能设计

图 5-33 给出了【例 5-19】的程序设计结果。

① "通用声明"部分：设置数组下标的缺省下界值，并声明数组 head、data 和 sum。

问题：依据数组的维数和长度特征，数组 head、data 和 sum 分别属于哪一类数组？

② 窗体的 Load 事件过程：将指标名称赋予数组 head。

③ 命令按钮 Command1 的 Click 事件过程：利用 For 语句，"同行、分区"显示一维数组 head 的数据。

④ 命令按钮 Command2 的 Click 事件过程：利用 For 语句嵌套，实现二维数组 data 的数据输入和输出。其中，控制变量 i 和 j 分别控制数组 data 的两个下标。

图 5-34 给出了在单击【指标名称】按钮→【数据输入】按钮后，程序的运行效果。

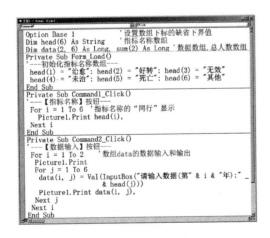

图 5-33 【例 5-19】的程序设计

图 5-34 【例 5-19】的运行效果

问题： 依据上述设计结果：①数组 head 是否包含元素 head（0）？②数组 head、data 和 sum 的作用域是什么情况？

2. 数据处理的函数和语句

（1）LBound 函数和 UBound 函数

两个函数分别返回数组下标的下界值和上界值，其语法格式如下：

LBound（数组名称 [，维]）	UBound（数组名称 [，维]）

其中，参数"维"（可选项）用于指定返回"哪一维"的下界值和上界值。若该参数被省略，则上述两个函数将返回第 1 维（即第 1 个下标）的下界值和上界值。

说明： 对于 n 维数组而言，参数"维"的取值范围为：[1，n]。

例如，针对【例 5-19】，函数 UBound（data，2）的返回值为：6。

问题： 针对【例 5-19】，函数 LBound（data，2）和 UBound（data）的返回值分别是多少？

【例 5-20】数组的数据处理问题。在【例 5-19】基础上，试实现：【总人数】按钮和【指标比例】按钮分别用于统计并显示每一个年度的出院患者人数和疗效指标百分比。

图 5-35 给出了【例 5-20】的事件过程设计结果。其中，在 For 语句中，函数 LBound 和 UBound 的返回值分别作为：控制变量的初值和终值，以便依次处理数组 data 的数据。

图 5-36 给出了在单击【指标名称】按钮→【数据输入】按钮→【总人数】按钮→【指标比例】按钮后，程序的运行效果。

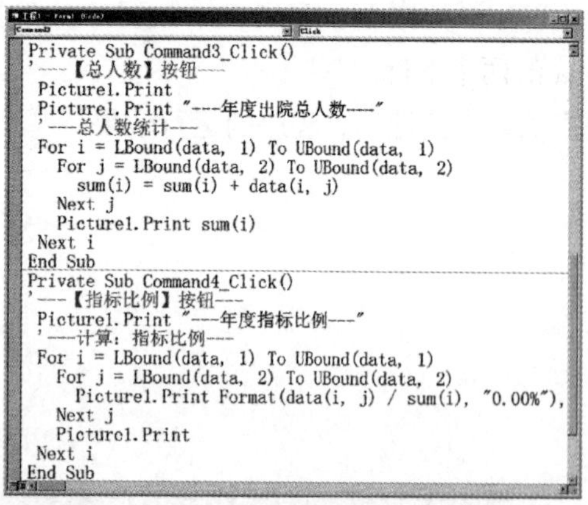

```
Private Sub Command3_Click()
'---【总人数】按钮---
Picture1.Print
Picture1.Print "---年度出院总人数---"
'---总人数统计---
For i = LBound(data, 1) To UBound(data, 1)
  For j = LBound(data, 2) To UBound(data, 2)
    sum(i) = sum(i) + data(i, j)
  Next j
  Picture1.Print sum(i)
Next i
End Sub
Private Sub Command4_Click()
'---【指标比例】按钮---
Picture1.Print
Picture1.Print "---年度指标比例---"
'---计算：指标比例---
For i = LBound(data, 1) To UBound(data, 1)
  For j = LBound(data, 2) To UBound(data, 2)
    Picture1.Print Format(data(i, j) / sum(i), "0.00%"),
  Next j
  Picture1.Print
Next i
End Sub
```

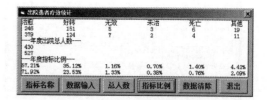

图 5-35 【例 5-20】的事件过程设计　　　　**图 5-36** 【例 5-20】的运行效果

说明： 比较图 5-35 和图 5-33，函数 LBound 和 UBound 取代了下标界限的数值形式，旨在：避免下标界限的"数值记忆错误"，并适应动态数组下标界限的变化。

（2）Erase 语句

Erase 语句用于初始化静态数组，或释放动态数组的存储空间，其语法格式如下：

> Erase 数组列表

其中，数组列表由若干个数组名称组成，并由逗号隔开。

例如，若静态数组 data 的数据类型为：数值型，则语句 Erase data 能够将数组 data 的数据初始化为：0。

> **说明：** 若 Erase 语句处理动态数组，则在该数组再次使用之前，程序必须用 ReDim 语句进行数组的重新定义。

【例 5-21】数组的数据清除问题。在【例 5-20】基础上，试完成：在数据输入后，【数据清除】按钮（Command5）用于清除数组 data 的数据和图片框的文本内容。

【例 5-21】的事件过程设计结果如下：

```
Private Sub Command5_Click（）
    Erase data: Picture1.Cls
End Sub
```

（3）ReDim 语句

在动态数组使用之前，ReDim 语句用于指定动态数组的下标界限，其语法格式如下：

> ReDim［Preserve］数组名称（下标界限）［As 数据类型］

① As 数据类型：可选项，数据类型须与动态数组"已定义"的数据类型保持一致。

② Preserve：可选项，若关键字 Preserve 未被省略，则 ReDim 语句将保留数组的原有数据，且只能改变多维数组中"最后一维"的大小，否则，该语句将初始化数组的数据（即数组的原有数据丢失），且可以改变数组中任意维的大小。

> **说明：** 通过 ReDim 语句的反复使用，程序能够"按需"指定动态数组的下标界限（即大小），提高了存储空间的使用效率。

例如，针对下述事件过程，第 1 条 ReDim 语句是在语句 a（1,1）=2 前，指定数组 a 的大小。第 2 条 ReDim 语句保留数组 a 的原有数据，改变第 2 维（即最后一维）的上界值。

```
Private Sub Command1_Click（）
    Dim a（）As Integer
    ReDim a（1 To 2, 1 To 2）
    a（1, 1）=2
    ReDim Preserve a（1 To 2, 1 To 3）
    Print a（1, 1）
    ReDim Preserve a（1 To 4, 1 To 4）
End Sub
```

问题：依据上述程序代码：①若第 2 条 ReDim 语句省略 Preserve，则语句 Print a（1，1）的运行结果是什么？②第 3 条 ReDim 语句是否正确？

【例 5-22】动态数组的使用问题。为了处理更多年度的数据，在【例 5-19】基础上，试完成：动态数组的恰当声明；【数据输入】按钮获取年度数量，并输入疗效数据。

图 5-37 给出了【例 5-22】的程序设计结果。其中，命令按钮 Command2 的 Click 事件过程的新增功能在于：利用一个输入对话框，接收年度数量，并赋予变量 n；利用 ReDim 语句，指定动态数组 data 和 sum 的下标界限。

说明：为了控制"数据输入→人数统计"的操作流程，在图 5-37 中，命令按钮 Command2 的 Click 事件过程将自身变为"不可用"，且【总人数】按钮（Command3）变为"可用"。

```
Option Base 1              '设置数组下标的缺省下界值
Dim head(6) As String      '指标名称数组
Dim data() As Integer, sum() As Integer    '数据数组、总人数数组
Private Sub Command2_Click()
'---【数据输入】按钮---
  Dim n As Integer       '年度数变量
  n = Val(InputBox("请输入年度数：", "年度数输入", 1))
  ReDim data(n, 6), sum(n)    '指定动态数组的下标界限
  For i = 1 To n             '数组data的数据输入和输出
    Picture1.Print
    For j = 1 To 6
      data(i, j) = Val(InputBox("请输入数据(第" & i & "年):" & head(j)))
      Picture1.Print data(i, j),
    Next j
  Next i
  Command2.Enabled = False: Command3.Enabled = True
End Sub
```

图 5-37 【例 5-22】的程序设计

问题：为了保证患者疗效统计流程的合理性，依据表 5-12：①如何完善【例 5-19】～【例 5-21】的程序设计结果？②患者的疗效统计流程是怎样的？

表 5-12 命令按钮的可用性设置说明表

相关事件	命令按钮的可用性设置
窗体的 Load 事件	Command2 ～ Command4：不可用
命令按钮 Command1 的 Click 事件	自身：不可用，Command2：可用
命令按钮 Command3 的 Click 事件	自身：不可用，Command4：可用
命令按钮 Command4 的 Click 事件	自身：不可用，Command1：可用
命令按钮 Command5 的 Click 事件	Command1：可用，Command2 ～ Command4：不可用

（4）Split 函数

Split 函数用于分解一个字符串，并返回一个一维数组。其中，一维数组存储着"分解而成"的子字符串，且下标的下界值为 0。该函数调用语句的一般语法格式如下：

> 变量名称 =Split（字符型数据，分隔符数据，数量，比较方式）

① 变量名称：指定"存储函数返回值"的一维数组，数组为：字符型动态数组。

② 字符型数据：包含若干个子字符串和分隔符，可以是字符型的常量、变量等。

③ 分隔符数据：包含分隔符的字符型数据，如："，"（即逗号分隔符）。

④ 数量：指定返回的字符串数量，其中，–1 表示：返回所有的子字符串。

⑤ 比较方式：指定"判别子字符串时"使用的比较途径，如表 5–13 所示。

表 5–13　Split 函数的常用比较方式说明表

字符常量	值	功能
vbBinaryCompare	0	执行二进制比较
vbTextCompare	1	执行文字比较
vbDatabaseCompare	2	执行 Microsoft Access 数据库信息比较

例如，针对中药组成数据：麻黄，桂枝，下述的程序代码功能在于：利用 Split 函数，分割中药组成，实现每一味中药的"单独"存储。相应地，数组 a 包含元素 a(0)、a(1)，依次存储：麻黄和桂枝。

> Dim a（ ）As String
> a=Split（"麻黄，桂枝"，"，"，–1，1）

> **问题**：针对上述程序代码，若赋值语句改为：a=Split（"麻黄，桂枝，杏仁"，"，"，2，1），则数组 a 包含哪些元素？分别存储哪些数据？

（5）Join 函数

Join 函数用于连接一维数组中的字符串，并返回"连接而成"的一个字符串。其中，一维数组的数据类型为：字符型。该函数调用语句的一般语法格式如下：

> 变量名称 =Join（一维数组名称，分隔符数据）

① 变量名称：指定"存储函数返回值"的字符型变量。

② 分隔符数据：指定字符串连接的分隔符，为字符型数据。

例如，假设一维数组 a 的两个元素分别存储：麻黄、桂枝，若程序需要利用数组 a，生成一个字符串（即"麻黄，桂枝"），并赋予字符型变量 b，则 Join 函数的调用语句如下：

> b=Join（a，"，"）

【例 5–23】函数 Split 和 Join 的使用问题。依照中风病疗效评定标准（见下面"知识链接"部分），试完成：依据多组患者的治疗前 / 后积分，判定并显示疗效（图 5–38）。

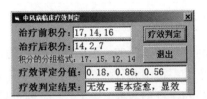

图 5-38 【例 5-23】的运行效果

图 5-39 给出了【例 5-23】的程序设计结果。

1）Split 函数

依据"逗号"分隔符，提取每一个分组所含的治疗前、后积分，并赋予一维数组 b 和 a。

2）Join 函数

连接数组 score 和 effect 的数据，生成分值和结果的字符串（图 5-38）。

```
Private Sub Command1_Click()
  Dim b() As String, a() As String            '治疗前、治疗后积分数组
  Dim effect() As String, score() As String   '疗效数组、评定分值数组
  b = Split(Text1.Text, ",", -1, 1)  '--(1)积分的分割、提取--
  a = Split(Text2.Text, ",", -1, 1)
  If UBound(b) <> UBound(a) Then     '--(2)判定治疗前、后积分的组数--
    MsgBox "请输入等同数量的积分", vbCritical
    GoTo d1
  End If
  '--(3)指定动态数组effect和score的大小--
  ReDim effect(LBound(b) To UBound(b)): ReDim score(LBound(b) To UBound(b))
  For j = LBound(b) To UBound(b)     '--(4)判定临床疗效--
    score(j) = Format((b(j) - a(j)) / b(j), "0.00") '(4.1)计算评定分值
    Select Case Val(score(j))        '(4.2)判定疗效结果
      Case Is >= 0.85
        effect(j) = "基本痊愈"
      Case Is >= 0.5
        effect(j) = "显效"
      Case Is >= 0.2
        effect(j) = "有效"
      Case Else
        effect(j) = "无效"
    End Select
  Next j
  Text3.Text = Join(score, ","): Text4.Text = Join(effect, ",") '(4.3)显示结果
d1:  '--(5)设置goto语句的跳转行--
End Sub
```

图 5-39 【例 5-23】的程序设计

问题：依据上述设计结果，结合图 5-38 中的数据：①数组 b 和 a 包含了哪些数据？②If 语句和 Select Case 语句的执行过程是怎样的？

知识链接

《中药新药临床研究指导原则》（中华人民共和国卫生部，现名中华人民共和国卫生健康委员会）是已上市中成药临床再评价的主要依据；其中，"中药新药治疗中风病的临床研究指导原则"部分提出：在"疗效满分 28 分、起点分最高不超过 18 分"条件下，中风病疗效评定分数计算公式为：[（治疗前积分 – 治疗后积分）÷ 治疗前积分]×100%。依据疗效评定分数，中风病疗效评定标准为：基本痊愈（≥85%）、显效（≥50%）、有效（≥20%）和无效（<20%）。

5.5.4 控件数组

通常，界面设计需要"在同一个窗体中"使用若干个相同类型、类似属性值（或操作）的控件。针对上述情况，控件数组提供了一种便捷的控件创建和程序设计途径。

相关概念：控件数组（Control Array）是类型相同、名称相同的一组控件的集合，其中，每一个具体的控件称为控件数组的元素。

例如，若窗体需要部分属性（如：Height、Width、Font 等）值一致的若干个文本框，且程序需要处理这些文本框所接收的数据，则文本框控件数组能够实现若干个文本框的集成，以及多个属性的"一次性"设置和 Text 属性值的"批量"处理。

1. 控件数组创建

（1）创建过程

通常，控件的复制和粘贴操作用于创建控件数组。

控件数组的创建过程为：创建控件数组的第 1 个控件→设置控件的属性→复制控件→选定控件数组所在的容器（如：窗体、框架）→进行粘贴操作→在"控件数组创建"消息框（图5-40）中，选择【是】按钮→重复进行粘贴操作，直至控件数量满足设计所需。

图 5-40 "控件数组创建"消息框

（2）创建结果

在控件数组创建后，系统依据第 1 个控件的名称，创建"同名"的控件数组，依据该控件的一些属性值（如：Height、Width 等），设置控件数组中其他控件的属性缺省值。

另外，系统依据创建的先后顺序，依次地进行每一个控件的 Index 属性赋值。

说明： 在控件数组中，第 1 个控件的 Index 属性值为 0，即 Index 属性的起始值为：0。

【例 5-24】控件数组的创建问题。在第 4 章第 6 节的窗体 Form1（图 4-27）基础上，依据表 5-14，试完成：窗体 Form1 的文本框重新创建，窗体 Form2 的添加和设计（图 5-41）。

表 5-14 【例 5-24】的控件数组说明表

窗体名称	控件数组类型	控件数组名称	用途
Form1	文本框	Text1	依次接收名称、出处、朝代、中药组成和录入日期
Form2	标签	Lable1	依次标识文本框的信息类型
	文本框	Text1	依次显示名称、出处、朝代、中药组成和录入日期
	命令按钮	Command1	依次用于查询"下一首"方剂信息和退出程序

图 5-41 【例 5-24】的窗体 Form2

> **说明：** 在上述用途的描述中，"依次"是指控件数组中控件的 Index 属性值顺序，例如，在窗体 Form2 中，"Index 属性值为 0 和 1"的两个文本框 Text1 用于显示"名称""出处"信息。

针对【例 5-24】的窗体设计，以窗体 Form2 为例，大致说明如下：

1）创建控件数组 Text1

利用上述创建过程，创建文本框控件数组 Text1。

2）设置控件数组的控件属性

以第 4 个文本框控件（即 Index 属性值为 3）的垂直滚动条设置为例，操作过程为：利用"属性"窗口，在对象下拉列表框的列表项中，选择 `Text1 (3) TextBox` 项→在属性表中，设置属性 MultiLine 和 ScrollBars。

2. 控件数组使用

（1）具体控件的识别

在控件数组中，Index（索引）属性用于标识每一个控件。具体控件的表示形式如下：

> 控件数组名称（Index 属性值）

例如，针对【例 5-24】的控件数组 Text1，具体控件包括：Text1（0）、Text1（1）、…；第 1 个控件的 Text 属性调用语句为：Text1（0）.Text。

（2）事件过程的设计

在控件数组中，具体控件共享同一个事件过程。控件数组的事件过程语法格式如下：

> Private Sub 控件数组名称 _ 事件名称（Index As Integer）
>   程序代码
> End Sub

其中，参数 Index 用于确定"触发该事件"的具体控件，即该控件的 Index 属性值。

例如，针对【例 5-24】的控件数组 Command1，【下一首】按钮的 Index 属性值为 0。若该按钮被单击，则其 Click 事件过程的 Index 参数值为：0。

> **说明：** 在程序代码中，选择语句用于依据 Index 的值，设计具体控件的事件过程。

【例 5-25】控件数组的使用问题。针对方剂信息的录入和查询需求，在【例 5-24】基础上，试完成：表 5-15 所示的功能要求。

表 5-15 【例 5-25】的功能设计说明表

窗体	命令按钮	主要功能
Form1	【录入】按钮 Command1	将文本框的内容赋予二维数组 fj
	【退出】按钮 Command2	若数组 fj 已存储方剂信息（如：第 1 个元素的内容不为空），则显示窗体 Form2，否则，关闭应用程序
Form2	【下一首】按钮 Command1	查阅方剂信息：将数组 fj 所存储的信息显示到文本框中
	【退出】按钮 Command1	关闭应用程序

说明：针对二维数组 fj，元素 fj（i，j）用于存储“第 i 列、第 j 行”的表格数据，即第 j 首方剂的第 i 列信息。例如，结合表 4-1，元素 fj（2，1）存储：伤寒论（即第 1 首方剂的第 2 列“出处”信息）。

【**例 5-25**】的程序设计结果如下：

1）数组 fj 的声明

由表 5-15 可知：数组 fj 是 2 个窗体的“公用”数组，因此，该数组应为：全局数组。数组 fj 的声明过程为：在工程中，添加标准模块 Module1 →在该模块的“代码设计”窗口中，输入数组声明语句（图 5-42）。

```
Public fj() As String  '方剂数组
```

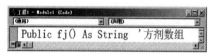

图 5-42 【例 5-25】的模块 Module1 设计

2）窗体的程序设计

如图 5-43 所示，表 5-16 和表 5-17 分别说明了程序设计。

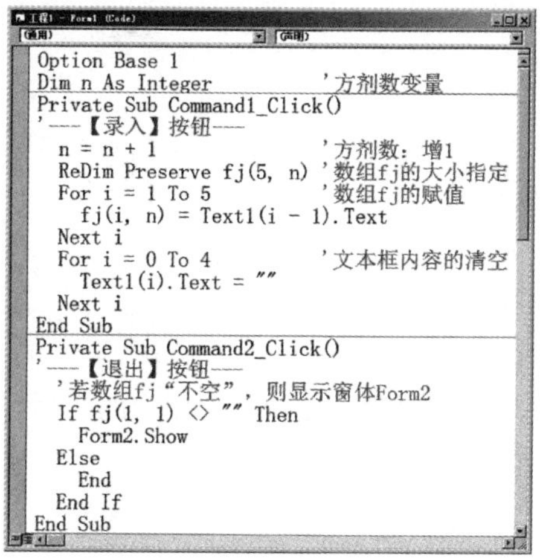

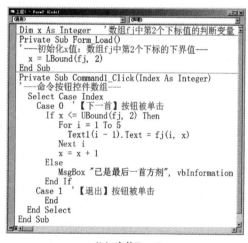

```
Option Base 1
Dim n As Integer              '方剂数变量
Private Sub Command1_Click()
'---【录入】按钮---
  n = n + 1                   '方剂数：增1
  ReDim Preserve fj(5, n)     '数组fj的大小指定
  For i = 1 To 5              '数组fj的赋值
    fj(i, n) = Text1(i - 1).Text
  Next i
  For i = 0 To 4              '文本框内容的清空
    Text1(i).Text = ""
  Next i
End Sub
Private Sub Command2_Click()
'---【退出】按钮---
  '若数组fj“不空”，则显示窗体Form2
  If fj(1, 1) <> "" Then
    Form2.Show
  Else
    End
  End If
End Sub
```

（a）窗体Form1

```
Dim x As Integer   '数组fj中第2个下标值的判断变量
Private Sub Form_Load()
'---初始化x值：数组fj中第2个下标的下界值---
  x = LBound(fj, 2)
End Sub
Private Sub Command1_Click(Index As Integer)
'---命令按钮控件数组---
  Select Case Index
    Case 0  '【下一首】按钮被单击
      If x <= UBound(fj, 2) Then
        For i = 1 To 5
          Text1(i - 1).Text = fj(i, x)
        Next i
        x = x + 1
      Else
        MsgBox "已是最后一首方剂", vbInformation
      End If
    Case 1  '【退出】按钮被单击
      End
  End Select
End Sub
```

（b）窗体Form2

图 5-43 【例 5-25】的窗体模块程序设计

表 5-16 【例 5-25】的程序设计说明表（“窗体 Form1”部分）

程序模块	主要说明
“通用声明”部分	声明变量 n，以便存储方剂数量（即数组 fj 中第 2 维的上界值）
命令按钮 Command1 的 Click 事件过程	ReDim 语句：利用变量 n，指定数组 fj 中第 2 维的上界值，并保留原数据 第 1 条 For 语句：录入第 n 首方剂的数据（即将控件数组 Text1 的文本框内容赋予数组 fj）
命令按钮 Command2 的 Click 事件过程	若元素 fj（1，1）的值不为：空，则显示窗体 Form2，否则，关闭应用程序

问题：在图 5-43（a）中，若 Preserve 被省略，则数组 fj 能否存储多首方剂的数据？

表 5–17　【例 5–25】的程序设计说明表（"窗体 Form2"部分）

程序模块	主要说明
窗体的 Load 事件过程	初始化变量 x 的值（即数组 fj 中第 2 维的下界值，1）
命令按钮 Command1 的 Click 事件过程	Select Case 语句：依据参数 Index 的值，选择执行 If 语句或 End 语句 If 语句：在条件 x<=UBound（fj，2）（即变量 x 值未超出方剂数）满足时，文本框 Text1（i-1）显示第 x 首方剂的第 i 类信息→变量 x 的值增加 1

问题：①利用窗体 Form1 录入两首方剂的数据（表 4-1），之后，在窗体 Form2 中，若【下一首】按钮被第 2 次单击，则 Select Case 语句的执行过程是怎样的？②针对窗体 Form2 的上述设计结果，如何实现"上一首"方剂的信息查阅？

5.6　过程

在应用程序中，过程是构造功能独立的模块及模块之间逻辑关系的重要途径。例如，在【例 5-24】中，【录入】按钮的 Click 事件过程实现"方剂信息录入"功能模块。

5.6.1　过程分类

1. 基本分类

在 Visual Basic 中，从用户使用的角度，过程主要包括：

（1）事件过程

预先定义名称、所属对象及其使用范围，用户编写程序代码的过程。

（2）自定义过程

用户定义名称、参数及其使用范围，并编写程序代码的过程，以便解决用户的实际需要；主要包括两类：函数过程和子过程。

其中，自定义过程用于实现某一个功能模块，供其他过程调用，降低程序的复杂性；尤其是实现常用的功能模块，降低"公共程序段"重复编写工作量。

说明：基于事件的驱动模式，事件过程是主干过程，是自定义过程的主要调用者。

2. 引例

【例 5-26】阶乘问题。利用函数过程，试求解：自然数 n 阶乘及 1!+2!+…+n! 阶乘和。

图 5-44 给出了【例 5-26】的程序设计结果。

1）"通用声明"部分

声明函数过程 Fact（用于求解 m!，将结果赋予函数过程名称 Fact）。

2）命令按钮 Command1 的 Click 事件过程

在语句 Text2.Text=Fact（n）中，Fact（n）利用变量 n，调用函数过程 Fact，求解 n!；For 语句重复执行语句

图 5-44　【例 5-26】的程序设计

sum=sum+Fact（j）（即 sum=sum+j!）。

依据上述设计结果，函数过程 Fact 降低了主干过程（即 Click 事件过程）的程序代码复杂度，提高了程序的可读性。

> **说明**：Private Function Fact（m As Long）As Double 指定函数过程的名称（Fact）、返回值类型（Double）、与外界的数据传递接口（变量 m）等内容。
>
> **问题**：结合上述设计结果，如何利用函数过程 Fact，实现【例 5-15】的阶乘求解？

5.6.2 函数过程

函数过程（即 Function 过程，又称为自定义函数）用于集成"功能独立"的程序代码段，并返回一个函数值，供调用者使用。

1. 函数过程的声明

Function 语句用于声明函数过程；其一般语法格式如下：

```
［Private|Public］Function 函数过程名称（［形式参数列表］）［As 数据类型］
    程序代码
End Function
```

> **说明**：与函数过程不同，内部函数已经"预先"定义了名称、数据类型、程序代码等内容，供用户直接调用，详见第 4 章第 4 节的"内部函数"的内容。

表 5-18 给出了 Function 语句的组成说明情况。

表 5-18　Function 语句的组成说明表

组成部分	说明
Private、Public	可选项：若被省略，则系统默认地使用 Private Private：私有的函数过程，即只能在"包含该语句"的模块中调用该函数过程 Public：公用的函数过程，即可以在所有模块中调用该函数过程
Function	Function 语句的关键字
函数过程名称	函数过程的标识符；用于调用函数过程，并存储函数过程的返回值
形式参数列表	可选项：若被省略，则声明"无参"函数过程 具体形式：形式参数 1As 数据类型，形式参数 2As 数据类型……；用于声明形式参数 （即指定"在函数过程被调用时"数据接收的变量及其数据类型）
As 数据类型	可选项：指定函数过程返回值的数据类型
程序代码	包含函数过程所需执行的语句组，以便实现函数过程的功能；又称为函数过程体
End Function	Function 语句的结束标识

> **说明**：函数过程必须返回一个函数值，且函数过程名称用于存储返回值；相应地，"程序代码"部分必须包含"函数过程名称"赋值语句，如：图 5-44 中的语句 Fact=Fact*i。

2. 自定义过程的参数

（1）基本用途

自定义过程的**参数（Parameter）**是自定义过程与其调用语句之间传递数据的媒介。

例如，在图 5-44 中，函数过程 Fact 的参数为：变量 m 和 n；且语句 Text2.Text=Fact（n）的执行过程为：变量 n 的数据传递给函数过程 Fact→变量 m 接收该数据→函数过程 Fact 的程序代码处理数据，由函数过程名称 Fact 存储处理结果（即 n!）→结果赋予 Text 属性。

（2）参数分类

自定义过程的参数包括：

① 形式参数（Formal Parameter，简称形参）：自定义过程声明语句所给定的参数，可以是变量和数组；如：图 5-44 中变量 m。

② 实际参数（Actual Parameter，简称实参）：自定义过程调用语句所提供的参数（又称为引数），可以是变量、常量、表达式和数组；如：图 5-44 中变量 n。

3. 函数过程的调用

与内部函数的调用相类似，函数过程的调用形式如下：

> 函数过程名称（实际参数列表）

问题：在图 5-44 中，哪几条语句是函数过程 Fact 的调用语句？实际参数分别是什么？

函数过程的调用实现过程为：实参的数据传递给形参→利用形参的数据，执行函数过程的程序代码→通过函数过程名称，将返回值提供给调用者。

【例 5-27】字符串的长度获取问题。利用函数过程，试实现内部函数 Len 的功能。

图 5-45 给出了【例 5-27】的程序设计结果。

1）"通用声明"部分

声明函数过程 Length（用于求解形参 x 所存字符串的长度）。

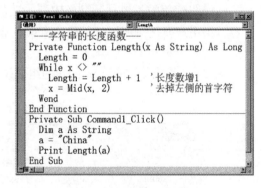

图 5-45　【例 5-27】的程序设计

2）命令按钮 Command1 的 Click 事件过程

参照图 5-46，其执行过程为：①声明、赋值变量 a→②调用函数过程 Length［即 Length（a）］，将实参 a 的数据（即 "China"）传递给形参 x→③执行函数过程的程序代码，处理形参 x 的数据→④由函数过程名称 Length 返回结果，供 Print 方法输出。

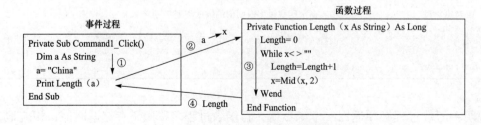

图 5-46　函数过程调用的执行流程图

说明： 在图 5-45 的函数过程声明中，借助 While…Wend 语句，语句 Length=Length+1 用于累计长度，语句 x=Mid（x，2）用于逐一地去掉左侧字符，直到形参 x 变为空字符串。

4. 数组作为参数

数组可以作为自定义过程的参数，以便实现批量数据的传递和处理。在自定义过程的声明语句中，若形参是数组，则相应形参的表示形式如下：

> 数组名称（）As 数据类型

说明： 在自定义过程的调用语句中，数组的实参形式为：数组名称（）。

【例 5-28】 数据查找问题。利用函数过程 Search，试完成：在生成一个"随机数"数组后，针对特定数据，查找并返回"首次"出现位置，如图 5-47 所示。

图 5-48 给出了【例 5-28】的程序设计结果。

1）"通用声明"部分

声明数组 a 和函数过程 Search（形参为：数组 x 和变量 y）。

图 5-47 【例 5-28】的运行效果

说明： 函数过程 Search 的功能在于依据变量 y 值，在数组 x 中按顺序查找；若"一旦"找到，则修改返回值［即当前元素 x（i）的下标 i］→退出函数过程（即语句 Exit Function）。

2）命令按钮 Command2 的 Click 事件过程

语句 Text3.Text=Search（a（），b）用于调用函数过程 Search（即形参为：数组 a 和变量 b），并由文本框 Text3 显示结果。

问题： 若待查数据为 15，则命令按钮 Command2 的程序代码执行过程是怎样的？

（a）函数过程 Search 的声明　　　　（b）命令按钮的 Click 事件过程

图 5-48 【例 5-28】的程序设计

5.6.3 子过程

子过程（即 Sub 过程）用于集成“功能独立”的程序代码段，供调用者使用。子过程与函数过程的根本区别在于前者无需返回值，即子过程的名称不能用于存储数据。

1. 引例

【例 5–29】数据互换问题。利用子过程 Exchange，试完成：变量 a 和 b 的数据互换。

图 5–49 给出了【例 5–29】的程序设计结果。

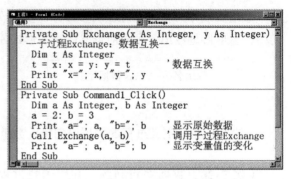

1）“通用声明”部分

声明子过程 Exchange（形参为：变量 x 和 y）；其功能在于通过中间变量 t，实现变量 x 和 y 的数据互换（图 5–50），并显示变量 x 和 y 的值。

```
Private Sub Exchange(x As Integer, y As Integer)
'--子过程Exchange：数据互换--
  Dim t As Integer
  t = x: x = y: y = t          '数据互换
  Print "x="; x, "y="; y
End Sub
Private Sub Command1_Click()
  Dim a As Integer, b As Integer
  a = 2: b = 3
  Print "a="; a, "b="; b      '显示原始数据
  Call Exchange(a, b)         '调用子过程Exchange
  Print "a="; a, "b="; b      '显示变量值的变化
End Sub
```

图 5–49 【例 5–29】的程序设计

问题：结合图 5–48 和图 5–49，子过程和函数过程的声明语句有何差异？

2）命令按钮 Command1 的 Click 事件过程

利用 Print 方法，显示变量 a 和 b 的值→通过 Call 语句，调用子过程 Exchange（实参为：变量 a 和 b）→利用 Print 方法，再次显示变量 a 和 b 的值。图 5–51 给出了运行结果情况。

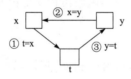

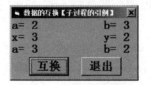

图 5–50 数据互换流程图

图 5–51 【例 5–29】的运行结果

问题：参照函数过程调用的执行流程情况（图 5–46），子过程 Exchange 调用的执行流程是怎样的？

2. 子过程的声明

Sub 语句用于声明子过程；其一般语法格式如下：

```
[Private|Public] Sub 子过程名称（[形式参数列表]）
  程序代码
End Sub
```

其中，Sub 和 End Sub 分别为：Sub 语句的关键字和结束标识；子过程名称是子过程的标识符，用于子过程的调用；其他组成部分的功能与 Function 语句相类似，参照表 5–18。

问题：上述语法格式与事件过程的语法格式（见第 1 章第 2 节的“事件与事件过程”的内容）的差异是什么？

3. 子过程的调用

Call 语句用于调用子过程，如：【例 5–29】的子过程 Exchange 调用；其语法格式如下：

> Call 子过程名称（［实际参数列表］）

子过程的另一种调用语法格式如下：

> 子过程名称（［实际参数列表］）

【例 5–30】数据排序问题。试完成：通过子过程 Assign_Array 实现数组的赋值和显示；通过子过程 Bubble_Sort，利用冒泡排序法，实现数据排序（图 5–52）。

图 5–52 【例 5–30】的运行效果

相关理论：冒泡排序（Bubble Sort）是一种数据排序方法。如图 5–53 所示，针对 n 个数据，在第 i 轮排序过程中（$1 \leq i \leq n-1$），在"前 n–i+1 个"数据范围内，依次地比较两个"相邻"数据，并适当地交换；最终，将"第 i 大"数据"上浮"至"倒数"第 i 位置。

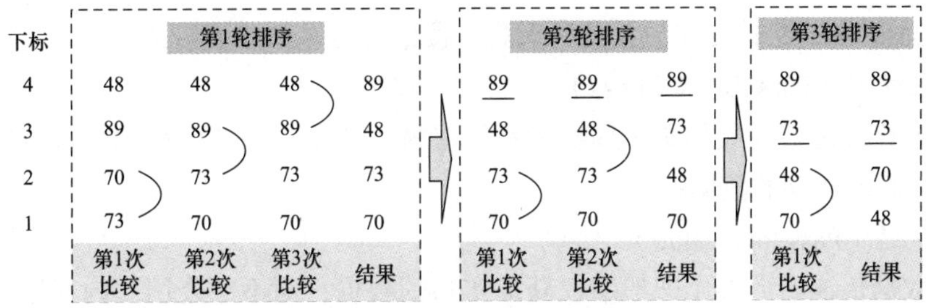

图 5–53 冒泡排序的流程图

图 5–54 给出了【例 5–30】的程序设计结果。

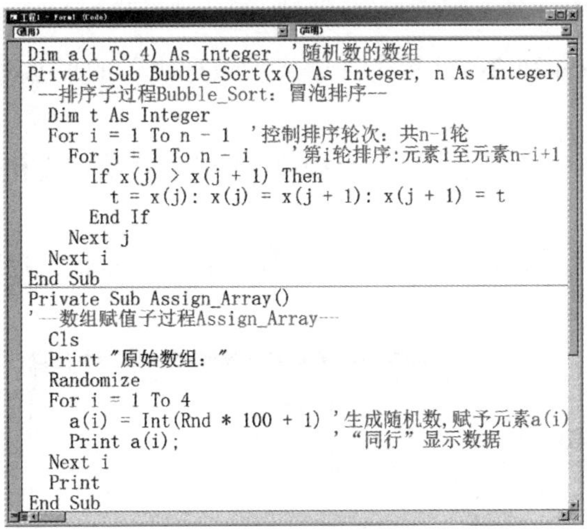

```
Dim a(1 To 4) As Integer  '随机数的数组
Private Sub Bubble_Sort(x() As Integer, n As Integer)
'--排序子过程Bubble_Sort: 冒泡排序--
  Dim t As Integer
  For i = 1 To n - 1  '控制排序轮次: 共n-1轮
    For j = 1 To n - i  '第i轮排序:元素1至元素n-i+1
      If x(j) > x(j + 1) Then
        t = x(j): x(j) = x(j + 1): x(j + 1) = t
      End If
    Next j
  Next i
End Sub
Private Sub Assign_Array()
'--数组赋值子过程Assign_Array--
  Cls
  Print "原始数组: "
  Randomize
  For i = 1 To 4
    a(i) = Int(Rnd * 100 + 1) '生成随机数,赋予元素a(i)
    Print a(i);              '"同行"显示数据
  Next i
  Print
End Sub
```

（a）子过程的声明

```
Private Sub Command1_Click()
'---数组排序---
  '调用子过程Assign_Array和Bubble_Sort
  Call Assign_Array
  Call Bubble_Sort(a(), UBound(a))
  Print "有序数组: "
  For i = 1 To 4 '显示排序结果
    Print a(i);
  Next i
End Sub
```

（b）【数组排序】按钮的Click事件过程

图 5–54 【例 5–30】的程序设计

1）"通用声明"部分

声明模块数组 a、子过程 Bubble_Sort（形参为：数组 x 和变量 n）和 Assign_Array（即"无参"子过程）。

① 子过程 Bubble_Sort：依据数组长度变量 n，进行数组 x 的"升序"排列。

② 子过程 Assign_Array：利用［1，100］区间内的随机数，进行数组 a 的赋值和显示。

2）命令按钮 Command1 的 Click 事件过程

利用两条 Call 语句，先后调用子过程 Assign_Array 和 Bubble_Sort（实参为：数组 a 和函数 UBound）；并利用 For 语句，显示数组 a 的排序结果。图 5-52 给出了运行结果情况。

> **问题：** 依据上述设计结果，如何实现数组 a 的数据"降序"排列?

5.6.4 参数传递

参数传递是自定义过程与其调用语句之间传递数据的过程，供自定义过程进行处理。

> **说明：** 在自定义过程的调用中，实参和形参之间存在着对应关系，且两者的数据类型须保持一致。例如，在【例 5-30】中，a→x，UBound（a）→n；且参数 a 和 x 均为整型。

1. 参数传递分类

在 Visual Basic 中，参数传递包括两种形式：按地址传递和按值传递。

（1）按地址传递（Pass-by-Address）

将实参的内存地址传递给形参（即实参和形参将"公用"一个内存地址）；这导致形参的数据变化"同步"影响实参的数据。

（2）按值传递（Pass-by-Value）

将实参的数据传递给形参（即形参仅获取实参的数据，而不"公用"内存地址）；这导致形参的数据变化"不影响"实参的数据。

> **说明：** 按地址传递又称为按引用传递（Pass-by-Reference），即形参引用实参的地址。

在自定义过程的声明语句中，关键字 ByRef 和 ByVal 用于"形式参数列表"的形参声明，分别指定按地址和按值的参数传递形式。

【**例 5-31**】参数的传递问题。试完成：利用三个子过程，分别按地址传递、按值传递和"混合"传递，实现两个数据的交换。

图 5-55 给出了【例 5-31】的程序设计结果。相应地，图 5-56 和图 5-57 分别给出了程序运行效果和参数传递的实际情况。

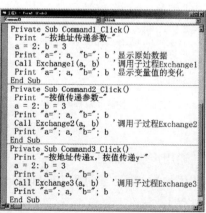

（a）子过程的声明　　　　　　　（b）命令按钮的Click事件过程

图 5-55 【例 5-31】的程序设计

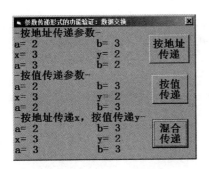

图 5-56 【例 5-31】的运行效果

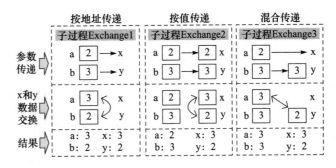

图 5-57 【例 5-31】的参数传递示意图

结合图 5-56 和图 5-57，表 5-19 说明了【例 5-31】的参数传递情况。

表 5-19 【例 5-31】的参数传递说明表

子过程名称	传递形式	传递结果	程序运行结果
Exchange1	按地址传递	实参 a、b 的地址传递给形参 x、y	a 和 b 的值均变化（见第 2、4 行数据）
Exchange2	按值传递	实参 a、b 的数据传递给形参 x、y	a 和 b 的值未变化（见第 6、8 行数据）
Exchange3	混合传递	实参 a 的地址传递给形参 x；实参 b 的数据传递给形参 y	a 的值变化，b 的值未变化（见第 10、12 行数据）

问题：依据上述设计结果，如何实现变量 a 的值不变化，变量 b 的值变化？

2. 参数传递的默认形式

按地址传递是参数传递的默认形式；即在自定义过程的声明语句中，若关键字 ByRef（或 ByVal）被省略，则系统将默认地采用按地址传递。

例如，针对【例 5-29】的子过程 Exchange 和【例 5-31】的子过程 Exchange1，两者的功能是相同的（见图 5-51 和图 5-56 中第 2 行～第 4 行的数据）。

说明：数组参数只能按地址传递，即关键字 ByVal 不能用于声明数组形参。

5.7 案例实现

本案例涉及了一组数据的处理问题，包括频数、频率的统计及数据的排序、查找。

1. 功能分析

表 5-20 给出了上述问题的程序功能要求。

表 5-20 程序功能要求说明表

功能要求	功能描述
录入数据	利用"数据录入"界面（图 5-58），获取表 5-1 的数据
存储数据	利用二维数组，存储数据录入结果，作为数据处理的数据源

功能要求	功能描述
处理数据	利用"数据处理"界面（图5-59），完成如下功能： ① 治愈统计：获取治愈的频数与频率，并显示统计结果 ② 费用统计：获取不同区间（1000以上、700～、100～）的费用频数，并显示统计结果 ③ 数据查找：查找最高和最低的费用，并显示查找结果（图5-60） ④ 数据排序：依据年龄，进行降序排列，并显示排序结果（图5-61）

说明：依据图5-61，数据排序需要显示所有数据项的值。

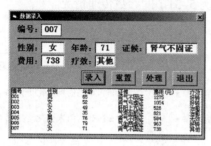

图 5-58　"数据录入"界面

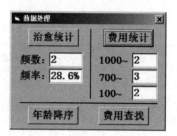

图 5-59　"数据处理"界面

图 5-60　"查找结果"消息框

图 5-61　"排序结果"界面

2. 窗体设计

表5-21给出了窗体设计说明。

表 5-21　窗体设计说明表

窗体	设计说明
Form1	见图5-58，包含标签控件数组Label1、文本框控件数组Text1、命令按钮Command1～Command4、图片框Picture1和1个直线控件
Form2	见图5-59，主要包含文本框Text1～Text5、命令按钮Command1～Command4和2个直线控件
Form3	见图5-61，不包含任何控件，仅用于显示排序结果

说明：①在"工具箱"窗口中，直线（Line）控件的图标为：▨（详见第9章第2节的"Line控件"的内容）。②在窗体Form1的文本框控件数组Text1中，控件Text1（0）仅用于显示患者的编号，其Appearance属性值为：0-Flat，Locked属性值为：True。

3. 功能实现

（1）数据录入

图5-62给出了数据录入的程序设计结果。其中，命令按钮Command1的Click事件过程设

计说明如下：

① 变量声明：声明静态变量 n 和动态变量 no（用于存储患者数和患者编号）。

② 患者数递增和患者编号生成：变量 n 值增加 1，利用 Format 函数生成 3 位编号。

③ 数据存储：利用 ReDim 语句，依据变量 n 的新值，动态增加数组 a 的元素数，并保留原有数据→利用第 1 条 For 语句，进行新增元素 a（i, n）的赋值（1 ≤ i ≤ 6）。

④ 数据显示：利用第 2 条 For 语句，由图片框显示新增元素 a（i, n）的值（1 ≤ i ≤ 6）。

说明： 针对二维数组 a，元素 a（i, j）用于存储第 j 位患者的第 i 个数据项的值。例如，结合表 5-1，元素 a（5, 2）存储着第 2 位患者的第 5 个数据项（即"费用"项）的值。

问题： ①如何设计【重置】按钮（Command2）的 Click 事件过程，清空文本框内容？②如何设计【处理】按钮（Command3）的 Click 事件过程，显示"数据处理"界面 Form2？③如何设计【退出】按钮（Command4）的 Click 事件过程，关闭程序？

（2）治愈统计和费用统计

图 5-63 给出了治愈和费用的统计程序设计结果。

① 窗体 Form2 的 Load 事件过程：获取患者数［即函数 UBound（a, 2）］，赋予变量 n。

② 命令按钮 Command1 的 Click 事件过程：利用 For 语句及其嵌入的 If 语句，逐一地判断元素 a（6, i）（1 ≤ i ≤ n）值是否为：治愈，并相应地进行频数变量 lx_ps 的赋值→计算频率变量 lx_pl→由文本框 Text1 和 Text2 显示结果。

问题： ①依据图 5-62 和图 5-63，数组 a 是 2 个窗体模块的"公用"数组，如何将数组 a 声明为：全局数组？②针对【费用统计】按钮（Command2）的 Click 事件过程设计结果，结合表 5-1 的全部数据情况，For 语句的执行过程是怎样的？

```
Private Sub Form_Activate()
'--激活事件："性别"文本框获取焦点，图片框Picture1输出"数据项名称"--
    Text1(1).SetFocus
    Picture1.Print "编号", "性别", "年龄", "证候", "费用(元)", "疗效"
End Sub
Private Sub Command1_Click()
'--【录入】按钮：数组数据的赋值--
    Static n As Integer: Dim no As String  '患者数变量n，患者编号变量no
    n = n + 1        '(1)患者数增1
    no = Format(n, "000"): Text1(0).Text = no '(2)"三位"编号的生成和显示
    '(3)数据存储
    ReDim Preserve a(6, n)    '动态增加元素：第n位患者的6个元素
    For i = 1 To 6           '6个元素的赋值
        a(i, n) = Text1(i - 1).Text
    Next i
    '(4)数据显示
    For i = 1 To 6          '图片框的数据输出：第n位患者的6个元素
        Picture1.Print a(i, n),
    Next i
    Picture1.Print          '图片框换行显示
End Sub
```

图 5-62　数据录入的程序设计

（3）费用查找

图 5-64 给出了费用查找的程序设计结果。其主要实现过程为：初始化变量 min 和 max →利用 For 语句及其嵌入的 Select Case 语句，逐一地比较元素 a（5, i）（1 ≤ i ≤ n）和变量 min、max 的值，并更新变量 min 或 max 的值→利用 MsgBox 语句，显示查找结果（图 5-60）。

问题： 依据上述设计结果：①如何利用 While…Wend 语句，实现 For 语句的功能？②如何利用 If 语句，实现 Select Case 语句的功能？

```
Dim n As Integer    '患者数的模块变量n
Private Sub Form_load()
  n = UBound(a, 2)  '获取患者数：数组a的第2维下标上界值
End Sub
Private Sub Command1_Click()
'--【治愈统计】按钮：获取治愈的频数与频率--
Dim lx_ps As Integer, lx_pl As String '频数和频率变量
For i = 1 To n     '(1)统计治愈的频数
  If a(6, i) = "治愈" Then lx_ps = lx_ps + 1
Next i
lx_pl = Format(lx_ps / n, "#.0%")  '(2)统计治愈的频率
Text1.Text = lx_ps: Text2.Text = lx_pl  '(3)显示结果
End Sub
Private Sub Command2_Click()
'--【费用统计】：获取不同区间的费用频数--
Dim cost_count(1 To 3) As Double  '费用频数的数组
For i = 1 To n
  Select Case Val(a(5, i)) 'a(5,i):第i位患者的费用
    Case Is >= 1000
      cost_count(1) = cost_count(1) + 1
    Case Is >= 700
      cost_count(2) = cost_count(2) + 1
    Case Is >= 100
      cost_count(3) = cost_count(3) + 1
  End Select
Next i
Text3.Text = cost_count(1): Text4.Text = cost_count(2)
Text5.Text = cost_count(3)
End Sub
```

图 5-63　治愈统计和费用统计的程序设计

```
Private Sub Command4_Click()
'--【费用查找】按钮：获取最高、最低费用--
Dim min As Integer, max As Integer
min = a(5, 1): max = a(5, 1) '初始化变量
For i = 1 To n    '查找最高、最低费用
  Select Case Val(a(5, i))
    Case Is < min
      min = a(5, i)
    Case Is > max
      max = a(5, i)
  End Select
Next i
MsgBox "最低费用:" & min & " 最高费用:" & max, _
       vbInformation, "查找结果"
End Sub
```

图 5-64　费用查找的程序设计

（4）年龄降序

本案例采用选择排序法，实现基于年龄的患者数据"降序"排列。

① 选择排序法概述。**选择排序（Selection Sort）** 的基本思想在于：在每一轮排序过程中，从"待排序"的数据元素中查找并选择最小（或最大）元素，并将该元素"直接交换"至准确位置。

假设一维数组已存储年龄数据（表 5-1），图 5-65 给出了基于选择排序的数据"降序"排列流程。其中，变量 max 用于存储最大值的下标，且针对第 i 轮排序，在第 1 次比较时，变量 max 的值被初始化为：i（图 5-66）。

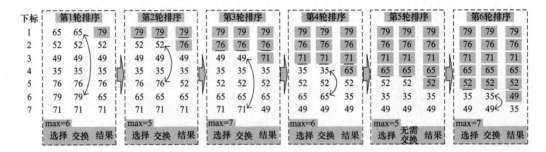

图 5-65　选择排序的流程图

依据图 5-65，选择排序的具体流程为：利用第 1 轮排序，获取变量 max 的值（即"第 1 大"数据元素的下标），并与第 1 个元素进行交换→……→利用第 n-1 轮排序，获取变量 max 的值（即"第 n-1 大"数据元素的下标），并与第 n-1 个元素进行交换。

说明： 图 5-66 给出了第 1 轮排序流程。其中，在每一次比较时，以"下标为 max"的元素为基准，与下面元素比较"大于关系"，并依据比较结果，适当地调整变量 max 值，例如，在第 4 次比较之后，变量 max 值将变为 5（即 65 和 76 之间较大值的下标值）。

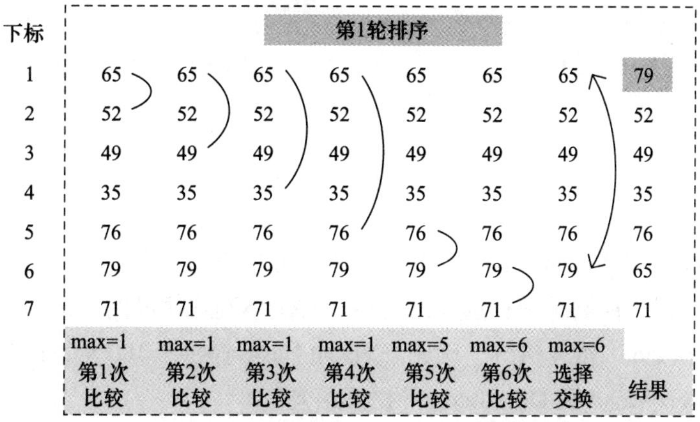

下标			第1轮排序					
1	65	65	65	65	65	65	65	79
2	52	52	52	52	52	52	52	52
3	49	49	49	49	49	49	49	49
4	35	35	35	35	35	35	35	35
5	76	76	76	76	76	76	76	76
6	79	79	79	79	79	79	79	65
7	71	71	71	71	71	71	71	71
	max=1	max=1	max=1	max=1	max=5	max=6	max=6	
	第1次比较	第2次比较	第3次比较	第4次比较	第5次比较	第6次比较	选择交换	结果

图 5-66 选择排序的第 1 轮排序流程图

问题： ①针对图 5-65 中的第 3 轮排序，其排序流程是怎样的？②针对表 5-1 的年龄数据，若采用冒泡排序法，则"降序"排列的流程是怎样的？

② 排序实现。图 5-67 给出了年龄降序的程序设计结果。其中，Click 事件过程采用选择排序法，每一轮的排序过程为：将变量 max 的初始值设置为 i（1 ≤ i ≤ n-1）→利用"内层"的 For 语句，在 [i+1，n] 的数据范围内，查找最大值的下标，赋予变量 max。

另外，数据交换和结果显示的实现说明如下：

① Call 语句：调用子过程 Exchange，交换第 i 位患者和第 max 位患者的数据，图 5-68 给出了子过程 Exchange 的设计结果。

```
Private Sub Command3_Click()
'--【年龄降序】按钮：选择排序--
Dim max As Integer '最大值的下标变量
Dim i As Integer, j As Integer
' "n-1轮"排序
For i = 1 To n - 1
  max = i          '(1)初始化变量max
  '(2)在[i+1,n]范围内，查找最大值的下标
  For j = i + 1 To n
    If a(3, j) > a(3, max) Then max = j
  Next j
  '(3)互换第i位和第max位患者的数据
  Call Exchange(i, max)
Next i
Form3.Show  '显示排序结果
End Sub
```

图 5-67 年龄降序的程序设计

说明： 本案例添加了模块 Medule1，声明"公用"的子过程 Exchange 和数组 a，供所有过程使用。

② Show 方法：显示窗体 Form3，以便查看数据排序结果（图 5-61），图 5-69 给出了窗体 Form3 的事件过程设计结果。

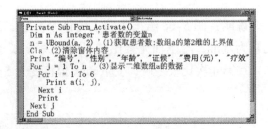

图 5-68　模块 Medule1 的设计　　　　　图 5-69　窗体 Form3 的事件过程设计

小　结

1. 结构化程序设计是 Visual Basic 程序设计的一般性方法，包括三种基本控制结构。其中，顺序结构是最基本的程序控制结构；选择结构用于解决不同程序段的"选择执行"问题；循环结构用于解决特定程序段的"重复执行"问题。Visual Basic 提供了 If、Select Case 等选择语句，以及 For…Next、While…Wend 和 Do…Loop 等循环语句。

2. 数组用于实现若干个"相同类型"变量的集成存储和统一使用。依据数组维数的差异和数组长度的可变性，数组分为：一维和多维数组、静态和动态数组。针对数组的使用，Visual Basic 提供了 LBound、UBound、Split、Join 等函数和 Erase、ReDim 等语句。作为一种特殊的数组类型，控件数组用于解决"在同一个窗体中"类型相同、属性值（或操作）相似的控件创建和使用问题。

3. 过程是"模块化"程序设计的重要途径。其中，自定义过程用于提供特定任务所需的功能程序段，解决"公共程序段"的重复编写问题。Visual Basic 提供了两类重要的自定义过程：函数过程和子过程。在自定义过程的调用过程中，参数传递用于实现自定义过程与其调用语句之间的数据传递，主要包括按值传递和按地址传递。

4. 本章主要概念：结构化程序设计、数组、数组元素、一维数组、多维数组、静态数组、动态数组、控件数组、自定义过程、形式参数、实际参数、参数传递。

习题 5

1. 试述三种基本控制结构的执行特点。

2. 试述自定义过程的基本用途，以及自定义过程与事件过程之间的差异。

3. 试述按值传递和按地址传递之间的差异。

4. 试绘制下列语句的执行流程图。

（1）If…Then…Else 语句。

（2）If…Then…ElseIf 语句。

（3）Select Case 语句。

（4）For…Next 语句。

（5）While…Wend 语句。

（6）Do…Loop Until 语句。

5. "多分段"函数的求解问题。通过命令按钮 Command1 的 Click 事件过程，利用 Select

Case 语句，试完成：下述分段函数的求解。

$$y = \begin{cases} 3x^2 + |x+1| & x<20 \\ \sqrt{x+30} + \ln(x) & 20 \leqslant x \leqslant 40 \\ \dfrac{\sin 30°}{e^x} & x>40 \end{cases}$$

说明： ①利用输入对话框，接收变量 x 的值；②利用消息框，显示变量 y 的值。

6. 程序合理性完善问题。试完善：【例 5-8】的程序设计结果，避免"非整数"的奇偶判断。

7. 程序实现途径的变换问题。利用 IIf 函数，试实现：【例 5-4】的功能要求。

8. 数据排序问题。完成下述设计要求。

（1）在年龄降序的程序设计（图 5-67）基础上，试完成：利用冒泡排序法，实现相同功能。

（2）针对【例 5-30】的功能要求，试完成：通过子过程 Selection_Sort，利用选择排序法，实现数组 a 的数据排序。

9. 平均值计算问题。针对费用数据（表 5-1），在一维数组 cost 存储费用数据的基础上，试完成：分别利用函数过程 Average_Function 和子过程 Average_Sub，计算平均费用。

说明： 在调用上述函数过程和子过程之后，由消息框显示平均费用的计算结果。

10. 频数和频率统计问题。在患者数据录入的程序设计（图 5-62）基础上，试完成：依据输入对话框所接收的性别（见表 5-1，如：男），统计该性别的频数和频率。

11. 多种循环语句的使用问题。在费用统计的程序设计（图 5-63）基础上，试完成：分别利用下述循环语句，取代 For 语句，实现相同功能。

（1）While…Wend 语句。

（2）Do…Loop While 语句。

（3）Do Until…Loop 语句。

12. 最值查找问题。假设一维数组 a 存储着 10 名学生的成绩，试完成：利用函数过程 max 和 min，查找并显示最高成绩和最低成绩。

13. 血压水平的判定问题。依据血压水平分类情况（表 5-22），试完成：依据文本框 Text1 和 Text2 所接收的收缩压和舒张压，判定血压水平，并由文本框 Text3 显示判定结果。

表 5-22　血压水平的定义和分类

类别	收缩压（mmHg）	舒张压（mmHg）
正常血压	<120	<80
正常高值	120～139	80～89
1 级高血压（轻度）	140～159	90～99
2 级高血压（中度）	160～179	100～109
3 级高血压（重度）	≥180	≥110

说明：若收缩压和舒张压分属不同级别，则以较高的分级为准。

14. 程序运行时间的获取问题。利用内部函数 Second 和 Now，获取【例 5-16】的程序代码运行时间，并将结果显示到窗体上。

主要控件

【学习目标】

通过本章的学习，你应该能够：掌握选择、图像、日期时间等控件的使用，熟悉 SStab、ScrollBar、MSChart 等控件的使用，了解界面设计的基本方法。

【章前案例】

信息录入界面是方剂信息存储的重要媒介。假定古代方剂包括：名称、类型、出处、朝代、药物（即名称、剂量和单位）、用法、功用、主治和加减等信息。针对"方剂信息录入"界面（图 6-1），试解决下述设计问题：①如何借助恰当的控件，实现信息分组录入？②如何设计独立的界面，分别录入药物组成和方剂类型？

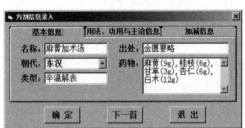

图 6-1 "方剂信息录入"界面

控件是用户和应用程序之间"可视化"交互的媒介。控件的添加及其三要素的使用是 Visual Basic 程序设计的核心任务。Visual Basic 提供了大量控件，支持可视化程序设计。

本章将介绍常用的内部控件和 ActiveX 控件，包括：选择控件、图像控件、日期时间控件和其他控件（如：SrcollBar、MSChart、SSTab 等控件）。

6.1 选择控件

选择控件用于提供若干个选项，主要包括：单选按钮、复选框、列表框和组合框。作为辅助控件，框架用于选项的分组。

6.1.1 OptionButton 控件

OptionButton（单选按钮）控件用于解决"多选一"的项目选定问题，如图 6-2 所示。在"工具箱"窗口中，单选按钮的图标为：⊙。

1. 常用属性

表 6-1 给出了单选按钮的常用属性情况。

表 6-1 单选按钮的常用属性说明表

属性名称	属性功能	属性值
Caption	设置或返回单选按钮上显示的文本内容	即选项内容，例如，单选按钮 ⊙+ 的 Caption 属性值为：+（即"+"项）
Value	设置或返回单选按钮是否"被选定"状态	True："被选定"状态，即 ⊙ False（缺省值）："未被选定"状态，即 ○
Style	指定单选按钮的样式	0-Standard（缺省值）：标准样式，如：⊙+ 1-Graphical：图形样式，外观类似命令按钮（如：+）

说明： 多个单选按钮之间存在互斥关系，以便保证"多选一"功能。通常，若一个单选按钮的 Value 属性值为 True，则其他单选按钮的 Value 属性值均为 False。

2. 常用事件

单选按钮的选定遵循"若被单击，则被选定"的原则。相应地，Click 事件过程用于实现"单选按钮被选定后"的任务。

例如，在图 6-2 中，单选按钮 ⊙+ 的 Click 事件过程用于实现加法操作。

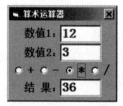

图 6-2 单选按钮示例

说明： 一个窗体可能包含多个单选按钮组（即选项组），如：性别、婚否等。互斥关系应仅存在于"组内"选项间（如：性别项之间），详见第 6 章第 1 节的"Frame 控件"的内容。

【例 6-1】 算术运算问题，试完成：窗体设计（图 6-2）和功能设计（表 6-2），其中，单选按钮采用控件数组形式。

表 6-2 【例 6-1】的对象功能说明表

对象	功能
文本框 Text1 ～ Text3	接收数值 1 和数值 2，显示运算结果
控件数组 Option1	通过元素 Option1（0）～ Option1（3）的单击操作，实现数值的相应运算与结果显示

图 6-3 给出了【例 6-1】的事件过程设计结果。

1）窗体的 Load 事件过程

设置单选按钮的"非选定"初始化状态。

2）控件数组 Option1 的 Click 事件过程

以加法为例，单击单选按钮 ⊙+ ［即元素 Option1（0）］→触发控件数组 Option1 的 Click 事件→利用 Select Case 语句，依据该元素的 Index 属性值（即 0），执行第 3 行（即加法运算）程序代码。

说明： 在图 6-3 中，If 语句用于避免"除数为 0"的程序运行错误。

问题： 在【例 6-1】基础上：①如何实现求余、整除、指数的运算？②如何避免文本框 Text1 和 Text2 在"空白内容"状态下的运算？③如何将单选按钮设置为图形样式？

```
Private Sub Form_Load()
  For i = 0 To 3  '设置单选按钮的"非选中"状态
     Option1(i).Value = False
  Next i
End Sub
Private Sub Option1_Click(Index As Integer)
  Select Case Index
     Case 0  '"+"单选按钮
        Text3.Text = Val(Text1.Text) + Val(Text2.Text)
     Case 1  '"-"单选按钮
        Text3.Text = Val(Text1.Text) - Val(Text2.Text)
     Case 2  '"*"单选按钮
        Text3.Text = Val(Text1.Text) * Val(Text2.Text)
     Case 3  '"/"单选按钮
        If Val(Text2.Text) <> 0 Then
           Text3.Text = Val(Text1.Text) / Val(Text2.Text)
        Else
           MsgBox "请保证数值2为非0"
        End If
  End Select
End Sub
```

图 6-3　【例 6-1】的事件过程设计

6.1.2　CheckBox 控件

CheckBox（复选框）控件用于解决"多选多"的项目选定问题，如图 6-4 所示。在"工具箱"窗口中，复选框的图标为：☑。

1. 常用属性

表 6-3 给出了复选框的常用属性情况。

表 6-3　复选框的常用属性说明表

属性名称	属性功能	属性值
Caption	类似于单选按钮的 Caption 属性	例如，复选框☐**粗体**的 Caption 属性值为：粗体
Value	设置或返回复选框是否"被选定"状态	0-Unchecked（缺省值）："未被选定"状态，即☐ 1-Checked："被选定"状态，即☑ 2-Grayed："被选定，呈灰色显示"状态，即☑

说明： "被选定，呈灰色显示"状态（即☑）用于提示：该选项需谨慎"取消"选定。

2. 常用事件

Click 事件过程用于实现"复选框被选择后"的任务。

复选框的单击（即选择）用于变换"选定"状态，因此，复选框的选择和选定存在着差异。例如，在图 6-4 的状态下，"粗体"复选框的单击将取消"被选定"状态（即 Value 属性值变为：0）；反之，"未被选定"复选框的单击将设置"被选定"状态（即 Value 属性值变为：1）。

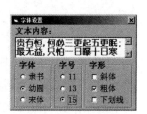

图 6-4　复选框示例

> **问题：** 在图 6–4 中，单选按钮和复选框的 Value 属性值分别是什么？

6.1.3　Frame 控件

Frame（框架）控件用于控件分组。通常，框架可以作为其他控件的容器，以便集成类似功能的控件，如图 6–4 所示。在"工具箱"窗口中，框架的图标为：▦。

1. 常用属性

表 6–4 给出了框架的常用属性情况。

表 6–4　框架的常用属性说明表

属性名称	属性功能	属性值
Caption	设置或返回框架的标题内容	描述框架区域的功能（即所含控件的"共同"功能）例如，框架▨的 Caption 属性值为：字体
Enabled	指定框架及其所含控件是否"可用"	True（缺省值）：框架及其所含的控件均为"可用"False：框架及其所含的控件均为"不可用"
Visible	指定框架及其所含控件是否"可见"	True（缺省值）：框架及其所含的控件均为"可见"False：框架及其所含的控件均为"不可见"

> **说明：** 若 Caption 属性值为：空字符串，则框架处于"闭合"状态（即矩形框），如图 9–1 所示。

> **问题：** 在图 6–4 中：①框架的 Caption 属性值分别是什么？②每一个框架包含哪些控件？③如何将框架中所有控件变为"不可用"状态？

2. 框架的使用

框架的使用过程为：创建一个框架→将其他控件添加到框架中。

> **说明：** 在窗体设计状态下，若控件处于框架中，则该控件能够和框架一起移动。

在框架中，其他控件的添加方法包括：

（1）新控件的直接添加

选择框架→在框架中，直接绘制新的控件。

（2）现有控件的移动添加

选择特定控件→剪切该控件→选择框架→进行粘贴操作。

> **问题：** 在【例 6–1】基础上，如何将控件数组 Option1 添加到一个框架中？

【**例 6–2**】文本框内容的字体设置问题。试完成：①窗体设计：如图 6–4 所示，其中，框架 Frame1 ～ Frame3 分别包含控件数组 Option1、Option2 和 Check1；②功能设计：上述控件数组的单击操作分别设置文本框内容的字体、字号和字形。

1）窗体设计

添加三个框架，并在框架中分别创建三个控件数组。

> **说明：** 在图 6-4 中，框架既用于构建控件组（即选项组），又避免了控件数组 Option1 和 Option2 之间的"单项选定"影响。

2）功能设计

图 6-5 给出了【例 6-2】的部分事件过程设计结果。其中，在单选按钮控件数组 Option1 的 Click 事件过程中，Caption 属性用于设置文本框的 FontName 属性。

```
Private Sub Option1_Click(Index As Integer)
  Text1.FontName = Option1(Index).Caption
End Sub
Private Sub Check1_Click(Index As Integer)
  Select Case Index
    Case 0  '斜体
      Text1.FontItalic = Not (Text1.FontItalic)
    Case 1  '粗体
      Text1.FontBold = Not (Text1.FontBold)
    Case 2  '下划线
      Text1.FontUnderline = _
                    Not (Text1.FontUnderline)
  End Select
End Sub
```

图 6-5 【例 6-2】的部分事件过程设计

> **问题：** 依据上述设计结果，结合图 6-4 的状态：①如何利用窗体的 Load 事件过程，初始化文本框 Text1 的内容？②如何设计控件数组 Option2 的 Click 事件过程，设置字号？③若"粗体"复选框［即元素 Check1（1）］被单击，则程序代码的执行过程是怎样的？

6.1.4 ListBox 控件

ListBox（列表框）控件以列表形式，提供若干个选项，如图 6-6 所示。在"工具箱"窗口中，列表框的图标为：▦。

1. 常用属性

表 6-5 给出了列表框的常用属性情况。

图 6-6 列表框示例

表 6-5 列表框的常用属性说明表

属性名称	属性功能	属性值
List	设置或返回列表框中选项的内容是字符型数组	List（0）、List（1）等元素存储选项内容（称为列表项）
ListCount	返回列表框中选项的数量	ListCount-1："List 属性"元素下标的上界值
Sorted	指定列表框中选项是否"按字母顺序"排列	True：按字母顺序"升序"排列选项 False（缺省值）：按添加顺序排列选项
ListIndex	返回或设置列表框中"当前选择"项的下标值	若未选择任何选项，则 ListIndex 属性值为：-1；反之，亦成立

续表

属性名称	属性功能	属性值
Text	返回或设置列表框中"当前选择"项的内容	与 List（ListIndex）值相同，若未选择任何选项，则 Text 属性值为：空字符串；反之，亦成立
SelCount	返回列表框中"被选中"项的数量	若未选中任何选项，则 SelCount 属性值为：0
Selected	返回或设置列表框中选项是否"被选中"，是逻辑型数组	若 Selected（i）值为：True，则下标值为 i 的选项"被选中"；反之，亦成立
Style	指定选项的显示和选定样式	0–Standard（缺省值）：标准样式，即以文本形式显示选项，仅能"单项"选定（图 6–6） 1–Checkbox：复选框样式，即以复选框形式显示选项，可以"多项"选定（图 6–7）

例如，在图 6–6 中，由左至右，窗体包含列表框 List1 和 List2，提供备选检查项和所需检查项。其中，列表框 List1 的主要属性说明如下：

（1）Sorted 属性

值为 False，即依据"添加顺序"显示选项。

问题：若 Sorted 属性值为 True，则选项的顺序是怎样的？

（2）List 属性

包含元素 List1（0）～ List1（5）；且 List1.List1（2）的值为：心电图（即第 3 项内容）。

说明：List 属性具有添加选项的功能。例如，语句 List1.List（4）="胸透" 可以向列表框 List1 中添加第 5 个选项。

（3）ListCount 属性

值为 6，通常，List1.List（List1.ListCount–1）用于返回"最后一项"内容（即"B 超"）。

（4）Selected 属性

List1.Selected（1）的值为 True，即第 2 项"被选中"。

问题：语句 List1.Selected（0）的值是什么？

（5）ListIndex 属性

值为 1，即 List1.List（List1.ListIndex）的值为："尿常规"。

问题：List1.List（ListIndex）的书写形式是否正确？为什么？

（6）Text 属性

值为："尿常规"。

说明：通常，"被选择"的选项将反白显示，如："尿常规"项。

针对"复选框样式"的列表框（图6–7），选项的单击（即选择）用于选中（或取消选中）该选项，相应地，属性 Text 和 ListIndex 分别返回"最后一次选择"（即未必是"选中"）的选项内容和下标值。例如，在图6–7中，属性 Text 和 ListIndex 的值分别为：肾功和4。

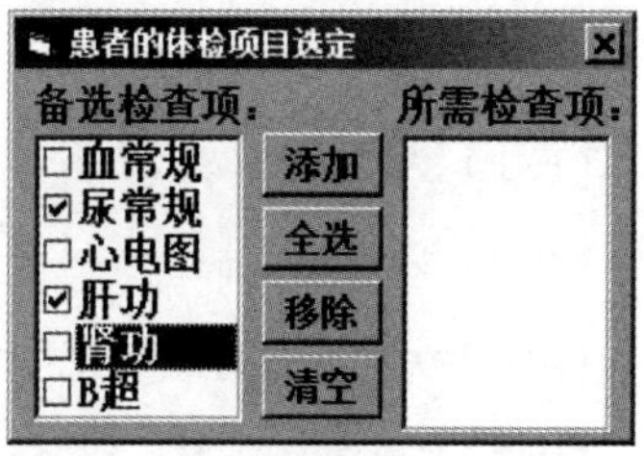

图6–7　复选框样式的列表框示例

> **问题：** 在图6–7中：① List1.Selected(i) 的值分别是什么？其中，0 ≤ i ≤ 5；② List1.SelCount 的值是什么？

2. 常用方法

（1）AddItem 方法

AddItem 方法用于将一个选项添加到列表框中，其调用语句的语法格式如下：

> 对象名称 . AddItem 选项值 ［，Index ］

① 选项值：指定添加的选项内容。

② Index：可选项，指定选项的位置，且取值范围为：［0，现有的选项数 ］。在 Index 被省略的情况下，若 Sorted 属性值为 False，则选项被添加到"最后一个"位置上，否则，选项被添加到恰当的"顺序"位置上。

> **问题：** 语句 List1.AddItem " 胸透 " 和 List1.AddItem " 胸透 "，2 的功能分别是什么？

（2）RemoveItem 方法

RemoveItem 方法用于删除列表框中的某一个选项，其调用语句的语法格式如下：

> 对象名称 . RemoveItem Index

其中，Index 用于指定选项的位置，且取值范围为：［0，现有的选项数 –1 ］。

例如，在 Style 属性值为0的情况下，语句 List1.RemoveItem List1.ListIndex 能够删除列表框 List1 中"被选中"的选项。

> **问题：** ①若 Style 属性值为1，则上述语句能否删除"被选中"的选项？②针对图6–7的状态，语句 List1.RemoveItem 1 的功能是什么？

（3）Clear 方法

Clear 方法用于清除列表框中的所有选项，其调用语句的语法格式如下：

> 对象名称 . Clear

【例6–3】体检项的选定问题。试完成：窗体设计（图6–7）和功能设计（表6–6）。

表 6-6　【例 6-3】的对象功能说明表

对象	功能
窗体	利用 Load 事件过程，初始化列表框 List1 的选项（图 6-7）
【添加】按钮 Command1	将列表框 List1 中"被选中"选项移动到列表框 List2 中
【全选】按钮 Command2	将列表框 List1 中全部选项移动到列表框 List2 中
【移除】按钮 Command3	将列表框 List2 中"被选中"选项移动到列表框 List1 中
【清空】按钮 Command4	将列表框 List2 中全部选项移动到列表框 List1 中

图 6-8 给出了【例 6-3】的部分事件过程设计结果。其中，在命令按钮 Command1 的 Click 事件过程中，Do While…Loop 语句的功能在于：从第 1 个选项（即 i=0）开始，判断每一个选项的"是否被选中"状态［即表达式 List1.Selected（i）=True］，即若某一个选项"被选中"，则程序向列表框 List2 中添加该选项→从列表框 List1 中删除该选项→生成上一项的下标值 i（即语句 i=i-1）。

依据上述分析结果，在图 6-7 中，列表框 List1 的第 2、4 项被添加到列表框 List2 中。

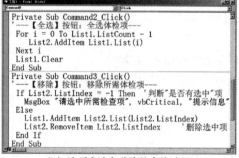

（a）选项初始化和添加的事件过程　　　　　（b）选项全选和移除的事件过程

图 6-8　【例 6-3】的部分事件过程设计

> **问题：**依据上述设计结果：①如何设计【清空】按钮的 Click 事件过程？②针对【添加】按钮的 Click 事件过程，在图 6-7 的状态下，程序代码的执行过程是怎样的？

6.1.5　ComboBox 控件

ComboBox（组合框）控件以"下拉式"列表形式，提供若干个选项，如图 6-9 所示。在"工具箱"窗口中，组合框的图标为：▤。

组合框集成了文本框和列表框的基本功能。其中，"列表框"部分提供选项列表，"文本框"部分接收（或显示）"被选中"的选项内容。

例如，在图 6-9 中，窗体包含三个组合框 Combo1 ～ Combo3，用于提供字体、字号和字形的选项。其中，"字体"组合框 Combo1 的使用过程

图 6-9　组合框示例

为：单击下拉箭头按钮▣，调用"列表框"部分→在选项列表中，选择字体类型；相应地，"被选中"的选项显示到"文本框"部分中。

1. 常用属性

表6-7给出了组合框的常用属性情况。

表 6-7　组合框的常用属性说明表

属性名称	属性功能	属性值
Text	返回组合框中"被选中"的选项内容，或设置"文本框"部分的初始内容	Text属性值对应着组合框中"文本框"部分的内容并常作为组合框的返回值，供程序处理
Style	指定组合框的显示和选定样式（图6-10）	0-Dropdown Combo（缺省值）：下拉式组合框，选项可从列表中选择或在"文本框"部分中直接输入 1-Simple Combo：简单组合框，不含下拉箭头按钮 2-Dropdown List：下拉式列表框，仅允许从列表中选择
Height	设置或返回组合框的高度	若Style属性值为1，则Height属性值用于设置选项列表的高度，否则，该属性值受限于控件"字号"属性值（即只读属性）

> **说明：** 关于组合框的 List、ListIndex、ListCount、Sorted 等属性，详见列表框的相关内容。

例如，在图6-9中，组合框Combo3的Text属性值为：加粗。另外，在程序运行后，若组合框Combo1的初始状态为 隶书▣ ，则在窗体的Load事件过程中，相应的功能语句为：Combo1.Text=" 隶书 "。

> **问题：** 在图6-10中：①下拉式组合框的Text属性值是什么？②下拉式列表框的属性ListIndex和ListCount的值分别是什么？

图 6-10　组合框的样式示例

2. 常用方法

方法 AddItem、RemoveItem 和 Clear 用于管理组合框的选项（详见列表框的相关内容）。

【**例 6-4**】文本框内容的字体设置问题。试完成：①窗体设计：如图6-9所示；②功能设计：【确定】按钮用于依据组合框的选定结果，设置文本框内容的字体。

图6-11给出了【例6-4】的事件过程设计结果。其中，命令按钮Command1的Click事件过程用于依据三个组合框的Text属性值，设置文本框Text1的字体、字号和字形。

> **问题：** 依据上述的Load事件过程设计结果，在程序运行后：①三个组合框的选项分别是什么？②组合框Combo3中"文本框"部分的初始内容是什么？

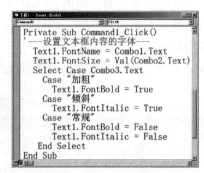

```
Private Sub Form_Load()
'初始化文本框内容
    Text1.Text = "黑发不知勤学早,白首方悔读书迟."
'设置"字体"组合框的选项及其"文本框"部分的初始内容
    Combo1.AddItem "宋体": Combo1.AddItem "隶书"
    Combo1.AddItem "幼圆": Combo1.AddItem "华文仿宋"
    Combo1.Text = Text1.FontName
'设置"字号"组合框的选项及其"文本框"部分的初始内容
    For i = 12 To 40 Step 2
        Combo2.AddItem i
    Next i
    Combo2.Text = Text1.FontSize
'设置"字形"组合框的选项及其"文本框"部分的初始内容
    Combo3.AddItem "常规": Combo3.AddItem "加粗"
    Combo3.AddItem "倾斜": Combo3.Text = "常规"
End Sub
```

```
Private Sub Command1_Click()
'----设置文本框内容的字体----
    Text1.FontName = Combo1.Text
    Text1.FontSize = Val(Combo2.Text)
    Select Case Combo3.Text
      Case "加粗"
          Text1.FontBold = True
      Case "倾斜"
          Text1.FontItalic = True
      Case "常规"
          Text1.FontBold = False
          Text1.FontItalic = False
    End Select
End Sub
```

（a）窗体的Load事件过程　　　　　　　（b）命令按钮Command1的Click事件过程

图6-11　【例6-4】的事件过程设计

6.2　图像控件

图像控件用于加载多种格式的图像文件（如：JPEG、GIF、BMP、ICO 等格式的文件），包括：PictureBox（图片框）、Image（图像框）和 ImageList（图像列表）等控件。

> **说明：** ImageList（图像列表）控件用于提供图像集合，详见第 8 章第 3 节的"功能按钮"的相关内容。

在"工具箱"窗口中，PictureBox 控件的图标为： ，Image 控件的图标为： 。

1. 功能差异

图像框与图片框的主要区别在于：图像框占用内存少，显示速度快；图片框可以作为控件的容器，支持 Print 方法的文本输出和图形方法的图形输出（详见第 9 章的内容）。

2. 常用属性

表6-8 给出了图片框和图像框的常用属性情况。

表6-8　图片框和图像框的常用属性说明表

属性名称	属性功能	属性值
Picture	返回或设置控件中显示的图片	Picture 属性值用于加载图片
AutoSize	指定图片框是否"自动改变"大小，以显示图片的全部内容	True：依据图片大小，自动调整图片框大小 False（缺省值）：图片框的大小固定不变，这将导致无法显示"超出控件大小"的内容
Stretch	指定图片是否"自动改变"大小，以适应图像框的大小	True：依据图像框大小，自动调整图片大小 False（缺省值）：依据图片大小，自动调整图像框大小

> **问题：** 如何设置图片框和图像框的属性值，实现"依据图片大小，调整控件的大小"？

其中，Picture 属性是窗体、图片框和图像框的公共属性，其设置途径包括：

（1）"属性"窗口

选择 Picture 属性→单击属性值单元格右侧的 ▦ 按钮 →在"加载图片"对话框（图 6-12）中，选择图片→单击 【打开】按钮。

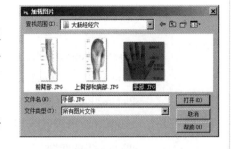

图 6-12 "加载图片"对话框

（2）"代码设计"窗口

利用 LoadPicture 函数，实现 Picture 属性的赋值，其语 法格式如下：

> 对象名称 .Picture=LoadPicture（［文件全路径］）

其中，**全路径（Full Path）**是文件存储路径和文件名称的集合，若"文件全路径"项被省 略，则 LoadPicture 函数用于清除对象中的图片内容。

相关概念：存储路径（Storage Path，简称路径）是指文件（或文件夹）在存储介质中的存 储位置。

例如，假设在"D:\腧穴定位图\大肠经经穴"路径下，存储着腧穴定位示意图，若将"手 部 .JPG"图片文件加载到图片框 Picture1 中，则相应的功能语句如下：

> Picture1.Picture=LoadPicture（"D:\腧穴定位图\大肠经经穴\手部 .JPG"）

若清除图片框 Picture1 中的图片，则相应的功能语句如下：

> Picture1.Picture=LoadPicture（ ）

【例 6-5】图像控件的功能对比。试完成：①窗体设计：如图 6-13 和表 6-9 所示；②功能 设计：利用窗体的 Load 事件过程，向图形框和图像框中加载"当前工程所在路径下"的"手 部 .JPG"图片文件。

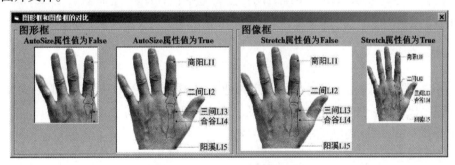

图 6-13 【例 6-5】的运行效果

表 6-9 【例 6-5】的对象属性设置说明表

对象名称	属性名称			
	AutoSize	Stretch	Height	Width
Picture1	False			
Picture2	True		2200	1900
Image1		False		
Image2		True		

【例 6-5】的事件过程设计结果如下：

```
Private Sub Form_Load（ ）
    Picture1.Picture=LoadPicture（App.Path & " 手部 .JPG"）
    Picture2.Picture=Picture1.Picture
    Image1.Picture=Picture1.Picture
    Image2.Picture=Picture1.Picture
End Sub
```

1）LoadPicture 函数的使用

App.Path 用于获取当前工程文件的存储路径。

> 说明：① App 是一个对象，用于获取程序的版本信息、文件存储路径等内容。② Path 是 App 对象的属性，能够返回工程文件（或其可执行文件）的存储路径。

2）Picture 属性的设置

利用图片框 Picture1 的 Picture 属性值，设置其他 3 个图像控件的该属性，以便加载"同一"图片。

> 问题：在图 6-13 中，哪一个控件自动调整了图片大小？

6.3　日期时间控件

日期时间控件用于获取和使用系统时间，主要包括：Timer（定时器）、DateTimePicker（日期时间选择器）等控件。

6.3.1　Timer 控件

Timer（定时器、计时器）控件用于"定时地"完成指定的操作，即"每隔一段时间"执行一次固定的程序代码段，如：对象的定时移动、脉率检测的计时等。

在"工具箱"窗口中，定时器的图标为：🖲。

> 说明：在设计状态下，定时器是可见的，在程序运行时，该控件是不可见的。例如，图 6-14（a）和图 6-14（b）分别给出了定时器 Timer1 的"可见"状态。

（a）设计状态

（b）运行状态

图 6-14　定时器示例

1. 常用属性

表 6-10 给出了定时器的常用属性情况。

例如，针对定时器 Timer1，若程序要求："每隔 1 秒钟"执行一次固定的程序代码段，则相应的功能语句如下：

> Timer1.Interval=1000

问题： 针对定时器的 Interval 属性值，1 和 100 的具体功能差异是什么？

表 6-10　定时器的常用属性说明表

属性名称	属性功能	属性值
Enabled	设置定时器是否"可用"	True（缺省值）：定时器处于"可用"状态，即启动定时器 False：定时器处于"不可用"状态
Interval	设置或返回"重复执行固定程序代码段"的时间间隔	属性值的单位为：毫秒，取值范围为：[0，65535] 若该属性值为：0（或负数），则即使 Enabled 属性值为：True 定时器依然处于"不可用"状态

说明： 定时器的启动是指将该控件变为"可用"（即 Enabled 属性值设置为 True）。

2. 常用事件

Timer 事件是定时器"唯一识别的"事件，用于包含"每隔一定的时间段"所需重复执行的程序代码。相应地，定时器的功能在于：经过预定的时间间隔（即 Interval 属性值），Timer 事件将被"自动地"触发一次，即重复执行一次该事件过程的程序代码。

说明： Timer 事件的触发条件为：Interval 属性值大于 0，且 Enabled 属性值为 True。

【**例 6-6**】脉率检测的计时问题，利用定时器，试完成：①窗体设计：图 6-14(a) 和图 6-15 分别给出了窗体 Form1 和 Form2 的设计效果；②功能设计：如表 6-11 所示，并利用窗体 Form1 的 Load 事件过程，设置定时器的时间间隔（即 1 分钟）及其"不可用"状态。

图 6-15　【例 6-6】的窗体 Form2

其中，**脉率（Pulse Rate）** 是指每分钟脉搏的次数。在安静、清醒情况下，正常成人的脉率范围为：60 ～ 100 次 / 分钟，老年人偏慢，女性与儿童稍快。

表 6-11　【例 6-6】的对象功能说明表

	对象	功能
窗体 Form1	【开始】按钮 Command1	启动定时器 Timer1，并设置计时变量 n 的初始值（即 0）
	【退出】按钮 Command2	关闭应用程序
	定时器 Timer1	进行"1分钟"计时，并在标签 Label2 中显示计时情况［图 6-14（b）］，且在已到 1 分钟时，生成提示消息框，并显示窗体 Form2
窗体 Form2	文本框 Text1	接收脉率检测的结果
	【确定】按钮 Command1	判断当前检测结果是否处于正常范围内
	【返回】按钮 Command2	卸载窗体 Form2，并初始化窗体 Form1 中标签 Label2 的内容（即 00：00）

说明： 针对定时器的计时功能，程序代码需要声明一个计时变量。例如，若 1 分钟计时，则在计时变量初始值为 0 情况下，每隔 1 秒钟，变量自动加 1，直至其值变为：60。

图 6-16 给出了【例 6-6】的程序设计结果。

1）在图 6-16（a）中，定时器 Timer1 的 Timer 事件过程：在定时器处于"可用"状态下，"每隔 1 秒钟"重复执行一次该事件过程的程序代码。

问题： 在图 6-16（a）中：①变量 n 为何在"通用声明"部分声明？②经过第 59 秒，在 Timer 事件被触发后，其事件过程的程序代码执行过程是怎样的？

2）在图 6-16（b）中，命令按钮 Command1 的 Click 事件过程：判断脉率的正常性。

说明： 在图 6-16（b）中，语句 Form1.Label2.Caption= "00：00" 用于设置：窗体 Form1 的标签 Label2 的 Caption 属性。

```
Dim n As Byte              '声明计时变量
Private Sub Form_Load()
'---初始化计时器---
   Timer1.Interval = 1000  '1分钟时间间隔
   Timer1.Enabled = False  '计时器初始状态：不可用
End Sub
Private Sub Command1_Click()
'---启动计时器---
   Timer1.Enabled = True
   n = 0                   '计时变量初始值：0
End Sub
Private Sub Timer1_Timer()
'---每隔1秒钟，执行一次下述代码---
   n = n + 1               '累加计时变量
   Label2.Caption = "00:" & n  '显示时间
   If n = 60 Then          '判断"60秒"计时
      Timer1.Enabled = False
      MsgBox "1分钟计时已到！", vbInformation, "信息提示"
      Form2.Show
   End If
End Sub
```

```
Private Sub Command1_Click()
'---判断脉率是否正常---
   Dim count As Byte
   count = Val(Text1.Text)
   If count >= 60 And count <= 100 Then
      MsgBox "脉率处于正常范围"
   Else
      MsgBox "脉率不在正常范围内"
   End If
End Sub
Private Sub Command2_Click()
'---卸载窗体Form2、初始化时间---
   Unload Me
   Form1.Label2.Caption = "00:00"
End Sub
```

（a）窗体Form1　　　　　　　（b）窗体Form2

图 6-16　【例 6-6】的程序设计

问题： 在图 6-16（b）中，若 2 条 MsgBox 语句互换位置，则如何修改 If 语句？

6.3.2 DateTimePicker 控件

DateTimePicker（日期时间选择器，缩写为：DTPicker）控件用于提供格式化的日期，以便确定日期。在"工具箱"窗口中，日期时间选择器的图标为：。

1. 基本使用

（1）控件图标的添加

日期时间选择器图标的添加过程为：利用"工程"菜单，调用"部件"对话框→在"控件"选项卡中，勾选"Microsoft Windows Common Controls-2 6.0（SP6）"项。

> **说明：** SP6（Service Pack 6）是 Visual Basic 6.0 的补丁程序。

（2）控件操作

日期时间选择器类似于组合框。例如，在图 6-17 中，日期时间选择器 DTPicker1 用于确定出生日期，保证日期数据录入的规范性。

在日期时间选择器中，日期由"年、月、日"数据段组成，数据的"反白显示"表示：该数据段处于待修改状态（如：2014）。

在程序运行后，日期时间选择器的操作模式包括：

① 直接输入。在控件中，单击日期数据段（如：2014）→直接输入数据。

② 日期选定。单击下拉箭头按钮→在下拉式日历（图 6-18）中，选定具体日期：单击"年份"数据→单击上 / 下箭头按钮，调整年份值；单击"月份"数据→在月份列表中，选定月份值；单击下方的日数据，确定日值。

图 6-17　日期时间选择器示例　　　　**图 6-18　下拉式日历**

> **说明：** 在下拉式日历（图 6-18）中，按钮和用于调整月份值。

2. 常用属性

表 6-12 给出了日期时间选择器的常用属性情况。

表 6-12　日期时间选择器的常用属性说明表

属性名称	属性功能
Value	返回或设置日期时间选择器所显示的日期
MaxDate 和 MinDate	返回或设置下拉式日历的上限日期和下限日期
Year、Month 和 Day	返回或设置日期时间选择器所显示日期的"年、月、日"数据段值

（1）Value 属性的缺省值

控件被创建时的系统日期。

（2）Value 属性值

控件中"文本框"部分的内容。例如，依据图 6-17 的状态，日期时间选择器 DTPicker1 的 Value 属性值为：9/18/2014。

（3）MaxDate 属性和 MinDate 属性

用于确保候选日期范围的合理性。例如，若日期时间选择器用于确定患者的出生日期，则 MaxDate 属性可设置为：当前日期。

> **问题：**在 Visual Basic 中，哪一个内部函数用于获取系统的当前日期？

【例 6-7】出生日期的输入问题。试完成：如图 6-17 所示，通过窗体的 Load 事件过程，初始化日期时间选择器 DTPicker1 的日期，通过命令按钮的 Click 事件过程，获取并显示控件 DTPicker1 所确定的日期和年份值。

【例 6-7】的事件过程设计结果如下：

```
Private Sub Form_Load（ ）
    DTPicker1.Value="10/1/1994"
End Sub
```

```
Private Sub Command1_Click（ ）
    Text1.Text=DTPicker1.Value
    Text2.Text=DTPicker1.Year
End Sub
```

> **问题：**依据上述设计结果，如何获取并显示日期时间选择器中日期的"月份"值？

6.4　其他控件

6.4.1　ScrollBar 控件

ScrollBar（滚动条）控件用于定位信息或输入数据。Visual Basic 提供了 HScrollBar（水平滚动条，▣）控件和 VScrollBar（垂直滚动条，▣）控件。

1. 基本功能

在 Visual Basic 中，一些对象支持滚动功能（如：列表框等），以便查看"超出自身有限区域之外"的信息。但是，一些对象不具有上述功能（如：图片框）。相应地，滚动条控件提供了有效的解决途径，实现信息的"左右、上下"移动显示，以便查阅信息。

例如，在图 6-19 中，窗体包含水平滚动条 HScroll1 和垂直滚动条 VScroll1，用于调整图片位置，查看"超出显示区域之外"的图片内容。

2. 控件组成

滚动条控件是一个"条形"区域，包括：两端的箭头按钮（即▣、▣或▣、▣）、一个滑块▣和空白区域。其中，空白区域是指箭头按钮与滑块之间的区域。

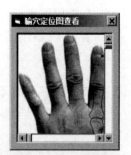

图 6-19　滚动条示例

在滚动条中，滑块的移动用于实现信息定位（或数据输入）。其中，滑块的移动方法包括：鼠标拖动滑块、单击两端的箭头按钮和单击空白区域。

例如，针对水平滚动条 HScroll1（图 6-19），"右端"箭头按钮█的单击用于"向右"移动滑块，以便查看图片的"右侧"信息。

3. 常用属性

表 6-13 给出了滚动条的常用属性情况。

表 6-13 滚动条的常用属性说明表

属性名称	属性功能	属性值
Value	返回"滑块当前位置"所代表的值	滑块的移动将导致 Value 属性值的变化
Max 和 Min	指定滑块"在处于最大位置和最小位置时"的 Value 属性值	取值范围为：[-32767，32767] 属性 Max 和 Min 的缺省值分别为：32767 和 0
SmallChange	指定在单击滚动条的箭头按钮时，Value 属性值的改变量	缺省值为：1
LargeChange	指定在单击滚动条的空白区域时，Value 属性值的改变量	缺省值为：1

例如，设水平滚动条 HScroll1 和垂直滚动条 VScroll1 的 Min 属性值均为：0，则在图 6-19 的状态下（即滑块处于最小位置），Value 属性值均为：0。

相关概念：滑块的最小位置是指紧邻"左端"箭头按钮█（或"上端"箭头按钮█）的位置。滑块的最大位置是指紧邻"右端"箭头按钮█（或"下端"箭头按钮█）的位置。

问题：设属性 SmallChange 和 LargeChange 的值分别为：10 和 20，则在"每一次"单击滚动条的空白区域和箭头按钮时，Value 属性值的改变量分别是多少？

说明：若滑块向右（或向下）移动，则 Value 属性值将变大；反之，Value 属性值将变小。

针对滚动条控件，Value 属性的常用功能在于：控制"与滚动条相关联的控件"的相应属性值，实现信息的移动显示。

例如，对比图 6-19 和图 6-20，水平滚动条 HScroll1 的滑块"右移"将增大 Value 属性值，相应地，Value 属性值用于减小图片框 Picture2 的 Left 属性值（即语句 Picture2.Left=-HScroll1.Value），左移图片框 Picture2。

说明：在图 6-20 中，窗体包含图片框 Picture1 和 Picture2，其中：①图片框 Picture1 包含图片框 Picture2（图 6-21），图片框 Picture2 用于显示图片的全部内容；②图片的移动"等同于"图片框 Picture2 在图片框 Picture1 中的移动。

图 6-20 滚动条使用　　　图 6-21 【例 6-8】的窗体

4. 常用事件

表6-14给出了滚动条的常用事件情况。

表6-14　滚动条的常用事件说明表

事件名称	事件概念	事件过程的任务
Change	在 Value 属性值改变时，触发的事件	实现"在滑块位置改变时"的功能
Scroll	在鼠标拖动滑块时，触发的事件	实现"在滑块被拖动时"的功能

【例6-8】图片的移动查看问题。试完成：①窗体设计：如图6-21和表6-15所示，其中，图片框 Picture1（即容器）用于包含图片框 Picture2 和 2 个滚动条；②功能设计：利用垂直滚动条 VScroll1 和水平滚动条 HScroll1 的事件过程，实现图片框 Picture2 的移动（即图片的移动查看）。

表6-15　【例6-8】的对象属性设置说明表

对象	属性	属性值	说明
图片框 Picture1	Height	2655	界定图片框 Picture2 的图片显示空间
	Width	2415	
图片框 Picture2	AutoSize	True	显示图片的全部内容
	Appearance	0–Flat	"平面"显示效果（图6-21）
垂直滚动条 VScroll1	Top	0	该控件和图片框 Picture1 的上、下边界重合
	Height	2640	
	Width	255	
水平滚动条 HScroll1	Left	0	该控件和图片框 Picture1 的左边界重合
	Width	2175	该控件和垂直滚动条 VScroll1 的右边界重合
	Height	255	该控件的高度和垂直滚动条 VScroll1 的宽度一致

1）窗体设计

依据图6-21，窗体设计过程为：添加图片框 Picture1 →在图片框 Picture1 中，分别添加图片框 Picture2、水平滚动条和垂直滚动条→依据表6-15，设置对象的属性。

2）功能设计

图6-22给出了【例6-8】的事件过程设计结果。以水平滚动条 HScroll1 的 Scroll 事件过程 [图6-22（b）] 为例，在鼠标"持续向右"拖动滑块的情况下：

① Value 属性值不断地变大（其增量为：HScroll1.Max/50，即 LargeChange 属性值）。

② Scroll 事件被持续地触发：语句 Picture2.Left=-HScroll1.Value 被持续地执行，即减小图片框 Picture2 的 Left 属性值，实现图片框 Picture2 在图片框 Picture1 中的"左移"（即图片的"左移"，见图6-20）。

问题：依据上述设计结果，若鼠标单击垂直滚动条 VScorll1 的"下端"按钮 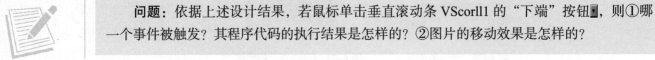，则①哪一个事件被触发？其程序代码的执行结果是怎样的？②图片的移动效果是怎样的？

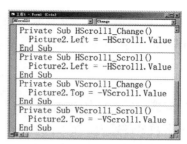

（a）窗体的Load事件过程　　　　　　　　（b）滚动条控件的事件过程

图 6-22 【例 6-8】的事件过程设计

6.4.2 SSTab 控件

SSTab 控件用于提供一组选项卡。在"工具箱"窗口中，SSTab 控件的图标为： 。

1. 基本用途

在 SSTab 控件中，每一个选项卡均可作为其他控件的容器（即多个控件可以集成到一个选项卡中）。通过上述集成方式，SSTab 控件能够划分窗体的功能区。

例如，在图 6-23 中，窗体包含一个 SSTab 控件 SSTab1，且控件 SSTab1 包含了两个选项卡，分别用于录入两类信息（即包含"接收不同类型信息"的若干个控件）。

（a）"基本信息"选项卡　　　　　　　　（b）"其他信息"选项卡

图 6-23 SSTab 控件示例

问题： 在图 6-23 中，"基本信息"选项卡包含了多少个控件，分别属于哪一类控件？

2. 常用属性

表 6-16 给出了 SSTab 控件的常用属性情况。

表 6-16 SSTab 控件的常用属性说明表

属性名称	属性功能	属性值
Tabs	指定 SSTab 控件的选项卡总数	缺省值为：3
Tab	设置或返回 SSTab 控件的活动选项卡的序号	由左至右，选项卡的序号依次为：0、1、…、Tabs-1
Caption	指定 SSTab 控件的选项卡上显示的文本内容	缺省值为：Tab0、Tab1、Tab2
TabsPerRow	指定 SSTab 控件中每一行的选项卡数量	

说明： 活动选项卡是指在 SSTab 控件中当前显示的"其他控件所属的"选项卡。

例如，在图 6-23 中，控件 SSTab1 的属性情况如下：①Caption 属性值：分别为"基本信息"和"其他信息"。②Tabs 属性值：2。③Tab 属性值：在图 6-23（b）中，值为 1，语句 SSTab1.Tab=0 能够将第 1 个选项卡设置为：活动选项卡，以便显示选项卡中的控件［图 6-23（a）］，供信息的录入。

> **问题：**针对控件 SSTab1，如何将选项卡总数增加至 6 个？在此基础上，如何将每一行的选项卡数量设置为 3 个？

3. 基本使用

（1）控件图标的添加

SSTab 控件图标的添加过程为：调用"部件"对话框→在"控件"选项卡中，勾选"Microsoft Tabbed Dialog Control 6.0（SP5）"项。

（2）其他控件的添加

在 SSTab 控件的选项卡中，其他控件的添加过程为：单击选项卡→在选项卡中，添加所需的控件。

【例 6-9】"信息分类录入"界面的设计问题。试完成：①窗体设计：如图 6-23 和表 6-17 所示；②功能设计：利用窗体的 Load 事件过程，设置复选框的"非选中"状态、日期时间选择器的初始日期（即系统当前日期）和组合框中"文本框"部分的"空白"状态。

表 6-17 【例 6-9】的 SSTab 控件主要设计说明表

选项卡	所含对象	说明
"基本信息"选项卡	标签控件数组 Label2	标识"后面"控件的信息类型或"前面"控件的信息单位 元素包括 Label2（0）～Label2（11）
	框架 Frame1	包含"性别"的单选按钮
	日期时间选择器 DTPicker1	确定出生日期
"其他信息"选项卡	框架 Frame2 和 Frame3	包含"既往病史"信息和"基本检查"信息的控件
	复选框控件数组 Check1	提供"既往病史"选项，元素包括 Check1（0）～Check1（6）

【例 6-9】的事件过程设计结果如下：

```
Private Sub Form_Load（）
    Dim i As Byte
    For i=0 To 6
        Check1（i）.Value=0
    Next i
    DTPicker1.Value=Date
    Combo1.Text=" " : Combo2.Text=" " : Combo3.Text=" "
    Combo4.Text=" " : Combo5.Text=" " : Combo6.Text=" "
End Sub
```

问题： 如何完善上述 Load 事件过程，将"血型"选项（即 A 型、B 型、AB 型和 O 型）添加到组合框 Combo6 中？

6.4.3 MSChart 控件

MSChart（微软图表）控件用于提供数据集的"图形方式"显示途径，直观地反映数据之间的内在关系。在"工具箱"窗口中，MSChart 控件的图标为：。

1. 控件图标添加

SSTab 控件图标的添加过程为：调用"部件"对话框→在"控件"选项卡中，勾选 "Microsoft Chart Control 6.0（SP4）（OLEDB）"项。

2. 控件组成

图 6-24 给出了 MSChart 控件的示例，其中，MSChart 控件的主要组成如下：

（1）标题区

提供图表的描述信息。

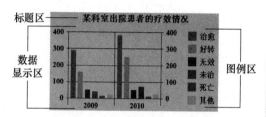

图 6-24 MSChart 控件的示例

（2）数据显示区

提供数据图表，表 6-18 给出了数据显示区的组成情况。

（3）图例区

提供若干个颜色块和文本内容，其中，由上至下，文本内容依次地描述"数据列中"图形的含义。例如，依据图 6-24 的图例区，在数据行中，第 1 个数据列（即第 1 个条形）是以"红色"显示"治愈"数。

表 6-18 数据显示区的组成说明表

组成	用途	案例
数据行（Row）	提供若干个"数据分类"区域及其标识文本	基于"年度"数据分类，图 6-24 包含两个数据行（即 2 个"纵向"区域），显示年度及其疗效数据
数据列（Column）	提供每一个数据行所含的若干个图形，显示"数据分类"的数据情况	在图 6-24 中，"2009"数据包含 6 个不同颜色的条形，对应着 2009 年度的 6 项指标的数值
坐标轴	提供数据行的标识刻度（即 X 轴）和数值刻度（即 Y 轴和第二 Y 轴）	在图 6-24 中，X 轴的刻度值为：2009 和 2010，右侧的纵轴为：第二 Y 轴

3. 常用属性

结合图 6-24（控件名称为：MSChart1），表 6-19 给出了 MSChart 控件的常用属性情况。

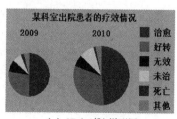

（a）2D（三维）饼形图

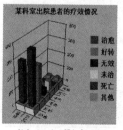

（b）3D（三维）条形图

图 6-25 图表类型的示例

表 6-19　MSChart 控件的常用属性说明表

属性名称	属性功能	案　例
TitleText	设置或返回图表的标题	MSChart1 的 TitleText 属性值为：某科室出院患者的疗效情况
ShowLegend	指定图例区是否"可见"	MSChart1 的 ShowLegend 属性值为：True（即显示图例区）
RowCount	设置或返回数据行的数量	MSChart1 的 RowCount 属性值为：2，且由左至右，数据行的编号依次为：1、2
RowLabel	设置或返回数据行的标识文本	在 MSChart1 中，第 1 个数据行的 RowLabel 属性值为：2009
ColumnCount	设置或返回数据列的数量	MSChart1 的 ColumnCount 属性值为：6，且在每一个数据行中，由左至右，数据列的编号依次为：1、2、…、6
ColumnLabel	设置或返回数据列的标识文本	依据图例区的文本内容，第 1 个数据列的 ColumnLabel 属性值为：治愈
Data	设置或返回数据	针对 MSChart1 的第 1 个数据行，第 1 个数据列的 Data 属性值为：290
Row	设置或返回当前的数据行	针对第 1 个数据行的第 2 个数据列，Data 属性设置过程为：设置属性 Row、Column（即 1、2）→Data 属性（如：160）
Column	设置或返回当前的数据列	
ChartType	指定图表的类型	MSChart1 的 ChartType 属性值为：VtChChartType2dBar（即二维条形图）

（1）图表类型

包括条形、饼形、折线、散点等及二维和三维样式（图 6-26）。相应地，上述类型的常数能够设置 ChartType 属性。例如，常数 VtChChartType2dPie 用于设置二维饼形图。

（2）属性 Row 和 Column

指定数据行和数据列，以便设置 RowLabel、ColumnLabel、Data 等属性，即采用"先指定数据行、列，后设置标识文本、数据"形式。

　　说明："属性页"对话框（图 6-26）用于设置 MSChart 控件的属性。其调用过程为：在"窗体设计"窗口中，右击 MSChart 控件→在弹出的快捷菜单中，选择"属性"命令。

【例 6-10】数据集的图形显示问题。利用 MSChart 控件，试完成：①窗体设计：如图 6-27 所示，其中，单选按钮采用控件数组；②功能设计：如表 6-20 所示，并在窗体被载入内存时，将"疗效指标"名称赋予数组 head。

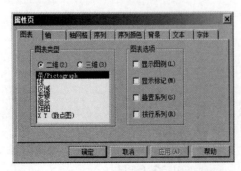

图 6-26　MSChart 控件的"属性页"对话框

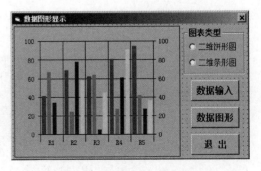

图 6-27　【例 6-10】的窗体

表 6-20 【例 6-10】的按钮功能说明表

对　象	功　能
【数据输入】按钮 Command1	依据表 5-10，利用输入对话框，将年度数量存入变量 n，将具体年份存入数组 year，将 "2011 年～ 2013 年" 疗效数据存入数组 data
【数据图形】按钮 Command2	参照图 6-24，由控件 MSChart1 显示每一个年度的各项疗效指标数值
单选按钮控件数组 Option1	通过单选按钮的选择，设置相应的图表类型

图 6-28 给出了【例 6-10】的部分程序设计结果。其中，【图形显示】按钮（Command2）的 Click 事件过程的功能在于：针对控件 MSChart1，设置标题内容、图例区 "显示" 状态及数据行和列的数量，并利用 For 语句嵌套，设置数据行 i（$1 \leq i \leq n$）的标识文本及其数据列 j（$1 \leq j \leq 6$）的数据和标识文本。

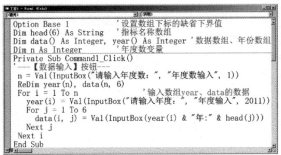

（a）【数据输入】按钮的Click事件过程

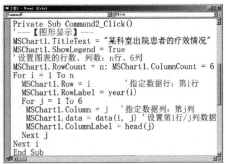

（b）【图形显示】按钮的Click事件过程

图 6-28 【例 6-10】的部分程序设计

说明： 依照图 5-33，补充：①窗体的 Load 事件过程，输入数组 head 的指标名称数据；②单选按钮控件数组 Option1 的 Click 事件过程，实现图表类型的设置。

6.5 案例实现

本案例涉及了信息分组问题，以便保证信息录入的明确性。

1. 功能分析

为了解决上述问题，"方剂信息录入" 界面应提供信息分组录入的功能分区。其中，依据方剂的信息情况，方剂信息可以分为 3 组，即基本信息（如：名称、出处、朝代、药物、类型等）、用法、功用与主治信息及加减信息（如：是否为加减方、原方名称）。

2. 窗体设计

（1）"方剂信息录入" 窗体

图 6-1 和图 6-29 给出了 "方剂信息录入" 窗体 Form1 的设计结果。

相应地，表 6-21 给出了窗体 Form1 所含控件的选定情况。

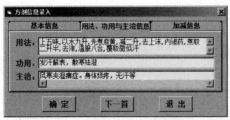 

（a）"用法、功用与主治信息"选项卡　　　　　（b）"加减信息"选项卡

图 6-29　SSTab 控件的选项卡示意图

表 6-21　控件说明表

控件类型	控件功能
命令按钮	确定录入操作、清空控件的录入内容（即准备录入"下一首"方剂信息）和退出界面
SSTab 控件	利用选项卡，包含下述控件，实现方剂信息的分组录入
组合框	接收"特定取值范围内"的一类信息，如：朝代
文本框	接收普通的文本内容
复选框	选定"是否为加减方"
标签	标识组合框、文本框和复选框所接收的信息类型

其中，SSTab 控件的设计过程为：在添加 SSTab 控件 SSTab1 之后，依据图 6-29，设置选项卡的 Caption 属性值→在选项卡中，添加相应控件。

> **说明：** 标签采用控件数组形式，以便提高窗体的设计效率。

（2）"中药组成录入"窗体

在方剂中，药物信息是每一味中药的"集成"信息（即药物名称、剂量及其单位）。因此，为了保证信息录入的便捷性和准确性，药物信息的录入需要特定的窗体。

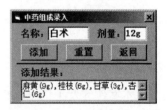

图 6-30 给出了"中药组成录入"窗体 Form2 设计效果。

（3）"方剂类型选定"窗体

依据不同的角度（如：病证、治法等），方剂包含不同的分类结果。基于"以法统方"原则，表 6-22 给出了方剂分类的部分情况（其中，方剂类型被划为两个级别）。

图 6-30　"中药组成录入"窗体

> **说明：** 针对方剂的分类，本案例依据《方剂学》（主编：李冀，出版社：中国中医药出版社），一级和二级的类型名称分别对应着"章"标题及其"节"标题（即方剂被划分为 18 个一级类型）。

表 6-22　方剂类型的部分说明表

类型序号	一级类型	二级类型
1	解表剂	辛温解表，辛凉解表，扶正解表
2	泻下剂	寒下，温下，润下，攻补兼施，逐水
3	和解剂	和解少阳，调和肝脾，调和寒热，表里双解

为了保证信息录入的规范性，"方剂类型选定"窗体 Form3 用于确定方剂类型，如图 6-31 所示。其中，列表框 List1 和 List2 用于提供"一级类型"选项和相应的"二级类型"选项，供此类信息的选定。

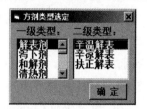

图 6-31　"方剂类型选定"窗体

3. 功能实现

（1）中药组成的录入

图 6-32 给出了中药组成录入（即窗体 Form2）的部分程序设计结果。

① 命令按钮 Command1 的 Click 事件过程：以"药物名称（g）"形式，进行数组元素 drug（n）赋值，利用 Join 函数，连接数组 drug 的数据，并由文本框 Text3 显示结果。

② 命令按钮 Command3 的 Click 事件过程：若中药组成信息"尚未"录入（即文本框 Text3 的内容为"空"），则程序生成"错误提示"消息框，否则，返回中药组成信息（即语句 Form1.Text3.Text=Text3.Text）→卸载窗体 Form2。

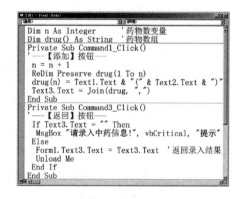

图 6-32　中药组成录入的部分程序设计

问题：①如何设计【重置】按钮（Command2）的 Click 事件过程，清空文本框 Text1 和 Text2 的内容？②如何设计窗体的 Unload 事件过程，将窗体 Form1 变为"可用"？

（2）方剂类型的选定

图 6-33 给出了方剂类型选定（即窗体 Form3）的部分程序设计结果。

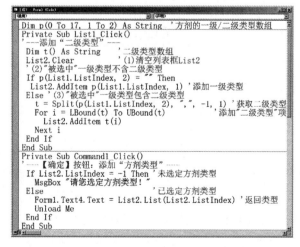

图 6-33　方剂类型选定的部分程序设计

①"通用声明"部分：声明二维数组 p，以便存储方剂类型。其中，依据表 6-22 的类型序号和类型级别，元素 p（i，j）的值为："序号为 i+1"的第 j 级类型内容（0 ≤ i ≤ 17，1 ≤ j ≤ 2）。例如，元素 p（0，1）的值为：解表剂，元素 p（0，2）的值为：辛温解表，辛凉解表，扶正解表。

说明：针对上述方剂分类原则，某些一级类型不包含二级类型（如：驱虫剂），则在数组 p 中，相应的元素值为：空字符串，例如，语句 p（16，1）=" 驱虫剂 "，语句 p（16，2）=" "。

② 列表框 List1 的 Click 事件过程：利用 If 语句，若"被选中"一级类型不包含二级类型 [即条件 p（List1.ListIndex，2）=" " 成立]，则程序将"一级类型"名称添加到列表框 List2 中，否则，利用 Split 函数，获取具体的二级类型，并存入数组 t→利用 For 语句，逐一地添加"二级类型"项。

③ 命令按钮 Command1 的 Click 事件过程：利用 If 语句，若用户未选定二级类型（即条件 List2.ListIndex=-1 成立），则程序生成一个消息框，否则，返回方剂类型 [即语句 Form1.Text4. Text=List2.List（List2.ListIndex）]→卸载窗体 Form3。

说明：结合上述"一级、二级"方剂类型名称的有关说明，补充窗体的 Load 事件过程，输入方剂类型数组 p 的数据，并添加列表框 List1 中的"一级类型"选项。

（3）方剂信息的录入

图 6-34 给出了方剂信息录入（即窗体 Form1）的部分程序设计结果。

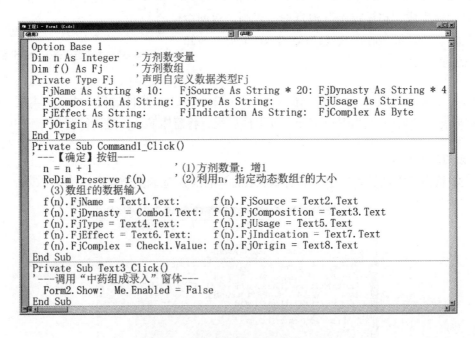

```
Option Base 1
Dim n As Integer      '方剂数变量
Dim f() As Fj         '方剂数组
Private Type Fj       '声明自定义数据类型Fj
  FjName As String * 10:   FjSource As String * 20: FjDynasty As String * 4
  FjComposition As String: FjType As String:        FjUsage As String
  FjEffect As String:      FjIndication As String:  FjComplex As Byte
  FjOrigin As String
End Type
Private Sub Command1_Click()
'---【确定】按钮---
  n = n + 1             '(1)方剂数量：增1
  ReDim Preserve f(n)    '(2)利用n，指定动态数组f的大小
  '(3)数组f的数据输入
  f(n).FjName = Text1.Text:     f(n).FjSource = Text2.Text
  f(n).FjDynasty = Combo1.Text: f(n).FjComposition = Text3.Text
  f(n).FjType = Text4.Text:     f(n).FjUsage = Text5.Text
  f(n).FjEffect = Text6.Text:   f(n).FjIndication = Text7.Text
  f(n).FjComplex = Check1.Value: f(n).FjOrigin = Text8.Text
End Sub
Private Sub Text3_Click()
'---调用"中药组成录入"窗体---
  Form2.Show:  Me.Enabled = False
End Sub
```

图 6-34　方剂信息录入的部分程序设计

① "通用声明"部分：声明自定义数据类型 Fj（简称 Fj 型）、Fj 型的方剂数组 f 和方剂数变量 n，其中，Fj 型包含 10 个成员，如：存储方剂的名称、出处等信息。

② 命令按钮 Command1 的 Click 事件过程：方剂数量增 1→重新指定数组 f 的大小→针对数组元素 f（n），进行成员的赋值。例如，语句 f（n）.FjName=Text1.Text 能够将文本框 Text1 的内

容（即名称）赋予元素 f（n）的成员 FjName。

> **说明：** 由于 Fj 型包含了 10 个成员，且一维数组 f 为 Fj 型，因此，该数组的每一个元素均包含了 10 个成员，用于存储方剂的 10 种信息。

③ 文本框 Text3 的 Click 事件过程：调用"中药组成录入"窗体 Form2 →将当前窗体 Form1 变为"不可用"。

> **问题：** ①如何设计文本框 Text4 的 Click 事件过程，调用"方剂类型选定"窗体 Form3？②如何设计窗体的 Load 事件过程，将第 1 个选项卡设置为"活动选项卡"，并添加"朝代"组合框的朝代选项？③如何设计【下一首】按钮（Command2）的 Click 事件过程，恢复控件的初始状态（如：清空文本框内容）？

4. 窗体文本保存

针对"方剂信息录入""中药组成录入""方剂类型选定"等 3 个窗体，相应的文件名称分别为：FrmInput. frm、FrmDrug. frm 和 FrmType. frm。

小　结

1. 选择控件能够解决若干项的选定问题。其中，单选按钮和复选框采用"单选"和"多选"的选定形式；列表框和组合框采用"简单列表"和"下拉式列表"的选项呈现形式。作为其他控件的容器，框架能够集成"功能类似"的控件，实现选项（或信息）的分组。

2. 图像控件能够解决图像文件的显示问题。图片框和图像框是常用的图像控件。其中，图片框能够输出文本和图形，并可以作为其他控件的容器；图像框能够实现"在控件原始大小情况下"图像的整体显示，且具有内存消耗少、图像显示速度快等优点。

3. 日期时间控件能够解决系统时间的获取和使用问题。其中，DateTimePicker 控件能够提供格式化的日期；Timer 控件利用 Timer 事件，实现"定时地"完成特定操作的功能需求。

4. 其他控件能够实现界面的辅助功能。其中，ScrollBar 控件用于实现信息定位（或数据输入）；SSTab 控件用于集成控件，设计窗体的功能分区；MSChart 控件采用图形方式，直观地展示数据之间内在关系。

习题 6

1. 试述下列控件的基本用途。
（1）单选按钮和复选框。
（2）列表框和组合框。
（3）Frame 控件和 SSTab 控件。
（4）图片框和图像框。
（5）Timer 控件和 DateTimePicker 控件。

2. 试述下列属性之间的异同。

（1）单选按钮和复选框的 Value 属性。

（2）列表框和组合框的 Style 属性。

（3）图片框的 AutoSize 属性和图像框的 Stretch 属性。

3. 在【例 6-2】基础上，试解决下述问题。

（1）针对控件数组 Option1 和 Option2 的 Click 事件过程，若程序不使用 Caption 属性来设置字体和字号，则如何设计程序代码？试比较程序设计的复杂度。

（2）若程序不采用控件数组形式，则如何设计窗体和程序代码？

4. 在【例 6-10】基础上，试解决下述问题。

（1）如何修改程序代码，显示"基于指标的数据分类"的疗效情况（图 6-35）？

（2）如何完善程序代码，由 MSChart 控件的图例区显示指标的百分比（图 6-36）？

说明：在上述问题描述中，指标的百分比是指每一个年度的指标值占该年度患者总数的百分率，并以"0.00%"格式进行显示。

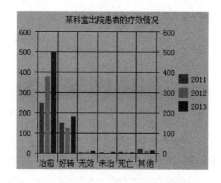

图 6-35　"基于指标的数据分类"的疗效显示

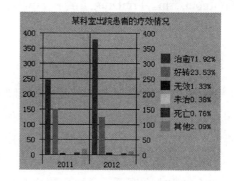

图 6-36　指标的百分比显示

5. 针对【例 6-3】的事件过程设计结果（图 6-8），试回答下述问题。

在命令按钮 Command1 的 Click 事件过程中，若语句 i=i-1 被省略，则【添加】按钮能否实现预期功能？并依据图 6-7 的状态，请阐述具体原因。

文件处理

扫一扫，查阅本章数字资源，含PPT、音视频、图片等

【学习目标】

通过本章的学习，你应该能够：掌握文件系统控件的基本使用，掌握文件处理的一般步骤和顺序文件处理的基本方法，熟悉文件的结构和分类。

【章前案例】

文件处理是应用程序的常见功能模块。依据某科室的患者情况数据（表5–1），试解决下述问题：①如何以文件形式存储和查阅患者情况数据（图7–1）？②如何利用文件数据，统计平均费用和疗效频数？

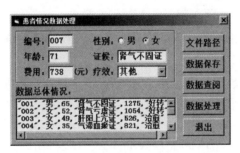

图7–1 "患者情况数据处理"界面

在计算机系统中，文件用于实现相关数据的集成存储。**文件处理**（**File Processing**）实现文件所存数据的访问和使用。为了满足应用程序的文件处理需求，Visual Basic 提供了文件处理的控件、语句和函数。

本章将介绍文件处理基本知识，包括：文件概述、文件系统控件和文件处理等内容。

7.1 文件概述

文件（**File**）是可持久存储的、相关的信息集合。例如，患者病历文件是患者的基本信息及其诊疗信息的集合。

7.1.1 文件结构

文件结构（**File Structure**）是文件所含信息的组织方式。依据用户和物理存储介质两个角度，文件结构包括两种类型：逻辑结构和物理结构。

1. 逻辑结构

逻辑结构（**Logical Structure**）是指"从用户角度上"的信息组织形式，即用户所看到的文件结构形式。文件的逻辑结构包括两种形式：流式结构和记录式结构。

（1）流式结构

流式结构（**Stream-Oriented Structure**）由若干个有序的字符流组成，相应的文件被称为**流式文件**（**Stream-Oriented File**）。流式文件适用于数据之间结构特征不明显的文件。

例如，Word文档、文本文档等文件常用于存储描述性信息（如：方剂知识介绍、信息系统说明等），从用户角度，上述文件可视为流式文件，由若干个连续的字符组成。

> **说明：**流式文件又被称为**字节流文件**，即此类文件是若干个有序的字节集合，其中，字节的位置用于反映信息之间的顺序性，供信息的访问和使用。

（2）记录式结构

记录式结构（**Record-Oriented Structure**）由若干个有序的记录组成，相应的文件被称为**记录式文件**（**Record-Oriented File**）。其中，记录的位置用于反映记录之间的顺序性，供记录的访问和使用。记录式文件适用于具有一定结构特征的文件。

相关概念：记录（**Record**）是文件中具有独立含义的、最小的信息单位。

例如，患者情况表具有一定的结构特征，其中，每一行显示每一位患者的各项信息。从用户角度，该信息表可视为记录式文件，每一行的数据对应着一条记录。

进一步地，记录是一组相关数据项的集合，其中，**数据项**（**Data Item**）是记录中最小的数据组织单元，包括如下两种形式：

① 基本数据项（又称为数据元素、字段）：描述特定对象的某种属性的字符集合。

② 组合数据项：由若干个基本数据项组成。

> **说明：**记录号是标识记录的一种特殊数据元素，供不同记录的区分。

例如，在患者情况表中，每一位患者的记录由患者编号、性别、费用等数据项组成，分别描述患者的相应属性。其中，患者编号的值具有唯一性，作为文件的记录号；姓名是基本数据项；费用是组合数据项，由挂号费、西药费等基本数据项组成。

2. 物理结构

物理结构（**Physical Structure**）是指"从物理存储介质角度上"的信息组织形式，即文件在存储介质上的存储组织形式。

> **说明：**针对特定的文件，物理结构是逻辑结构在计算机系统中的真实存储形式。

文件的物理结构包括3种基本形式：连续结构、链接结构和索引结构。

（1）连续结构

连续结构（**Continuous Structure**）是利用相邻的存储块来存储文件信息的一种结构形式，相应的文件被称为**连续文件**（**Continuous File**）。其中，**存储块**（**Storage Block**）是指文件所含信息的存储空间单元。例如，在磁带中，所有文件的物理结构均是连续文件。

说明： 在连续文件中，信息的存储块顺序需要保证逻辑结构中的信息顺序。

（2）链接结构

链接结构（Chained Structure） 是利用离散的存储块和存储块地址信息来存储文件信息的一种结构形式，相应的文件被称为**链接文件（Chained File）**。其中，**地址信息（又称为指针，Pointer）** 用于链接存储块，实现文件信息的非连续存储（图 7–2）。

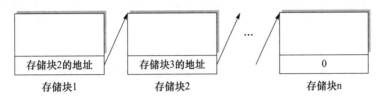

图 7–2　链接结构示意图

（3）索引结构

索引结构（Indexed Structure） 是利用离散的存储块和索引表来存储文件信息的一种结构形式，相应的文件被称为**索引文件（Indexed File）**。其中，**索引表（Index Table）** 用于存储文件信息所在的存储块编号，实现文件信息的非连续存储（图 7–3）。

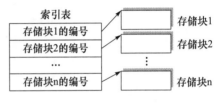

图 7–3　索引结构示意图

说明： 在链接结构（图 7–2）中，最后一个存储块的地址信息为：0。

7.1.2　文件分类

在文件处理过程中，文件的存取方法包括：随机存取、顺序存取和二进制存取，相应地，文件包括 3 种类型：顺序文件、随机文件和二进制文件，如表 7–1 所示。

表 7–1　基于文件存取方法的文件分类说明表

文件类型	基本概念	适用范围	存取特点
随机文件（Random File）	又称为直接存取文件，可以从任何位置上读写信息的文件	适用于记录式文件	依据存储块的编号，存取固定长度空间内的信息
顺序文件（Sequential File）	信息只能被顺序地读写的文件	适用于流式文件	从文件的起始位置（或指定位置），依次地存取信息
二进制文件（Binary File）	以字节为单位读写信息的文件	适用于任意文件	依据字节数，存取信息

相关概念： ①**存取方法（Access Method）** 是指文件信息的读写操作方法。②**文件读操作（Read，又称为取操作）** 是指外部设备（如：硬盘）中的文件信息传入到内存（或内存中的文件信息传入到程序）的过程。③**文件写操作（Write，又称为存操作）** 是指内存中的文件信息传出到外部设备（或程序的数据传出到内存中的文件）的过程。

说明： 依据实际需求和文件结构特点，程序采用具体的文件类型，访问和使用文件。

7.2 文件系统控件

文件系统控件是获取文件的存储路径及其名称的一组控件，实现应用程序和文件系统之间的交互。Visual Basic 提供了 3 种文件系统控件（即驱动器列表框、目录列表框和文件列表框），如图 7-4 所示。

相关概念：在操作系统中，**文件系统（File System）**是指文件存取和管理的功能模块。

> **说明**：除了上述的文件系统控件，Visual Basic 提供了通用对话框，实现文件的打开和保存，详见第 8 章第 1 节的"'打开'对话框与'另存为'对话框"的内容。

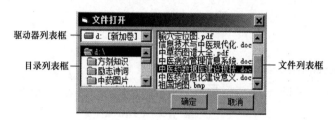

图 7-4 文件系统控件示例

7.2.1 驱动器列表框

驱动器列表框（DriveListBox）用于提供计算机系统中的驱动器列表。在"工具箱"窗口中，驱动器列表框的图标为： 。

驱动器列表框类似于组合框（图 7-4），其中，"列表框"部分提供驱动器列表，"文本框"部分接收（或显示）被选定的驱动器名称。

相关概念：①**驱动器（Driver）**是指计算机系统中带有名称的存储区域，如：硬盘上不同分区的驱动器。②**当前驱动器（Current Driver）**是指驱动器列表框中"被选定"的驱动器，即"文本框"部分所显示的驱动器。例如，在图 7-4 中，当前驱动器为：D 盘。

1. 常用属性

Drive 属性用于返回或设置当前驱动器的名称，其赋值语句的语法格式如下：

> 控件名称 .Drive=" 驱动器名称 "

例如，在图 7-4 中，若驱动器列表框 Drive1 的"初始"当前驱动器为：E 盘，则在窗体的 Load 事件过程中，相应的功能语句如下：

> Drive1.Drive= "E: "　　　　Drive1.Drive= "E: \"

2. 常用事件

针对驱动器列表框，Change 事件是指"在驱动器被重新选定时"触发的事件。相应地，Change 事件和 Drive 属性关系为：若 Drive 属性值发生变化，则 Change 事件被触发。

7.2.2 目录列表框

目录列表框（DirListBox）用于提供"当前驱动器"上文件夹的目录和路径。在"工具箱"窗口中，目录列表框的图标为：█。

在目录列表框中，**根目录（Root Directory，即最顶层目录）**是指当前驱动器；**当前文件夹（Current Folder）**是指被选定的文件夹（即"反白显示"的文件夹）。鼠标的双击操作用于选定并展开当前文件夹，相应地，目录列表框显示根目录和当前文件夹之间的路径，以及当前文件夹所含的子文件夹。

例如，在图7-4中，目录列表框Dir1显示了d盘（即根目录）的文件夹目录。其中，若"中药图片"文件夹项被双击，则如图7-5所示，控件将显示根目录（即 🖥d:\）和当前文件夹（即 📁中药图片）之间路径，以及当前文件夹所含的子文件夹（即 📁中药基本知识），相应地，依据目录列表框Dir1的内容，"中药基本知识"文件夹的存储路径为：d:\中药图片。

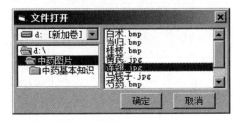

图7-5 目录列表框的使用

1. 常用属性

Path属性用于返回或设置当前路径。其中，**当前路径（Current Path）**是指当前文件夹的存储路径。

> **说明：**若Path属性值为：驱动器名称（如：d:），则目录列表框显示该驱动器上的所有文件夹（图7-4）。

若Path属性值发生变化，则目录列表框将更新目录内容，显示根目录和当前文件夹之间的路径及当前文件夹所含的子文件夹。

> **问题：**依据图7-5，目录列表框Dir1的Path属性值是什么？

2. 常用事件

针对目录列表框，Change事件是指"在文件夹被重新选定时"触发的事件。相应地，Change事件和Path属性的关系为：若Path属性值发生变化，则Change事件被触发。

7.2.3 文件列表框

文件列表框（FileListBox）用于提供"当前文件夹"所含的文件列表。在"工具箱"窗口中，文件列表框的图标为：█。

在文件列表框中，**当前文件（Current File）**是指被选定的文件（即"反白显示"的文件）。鼠标的单击操作用于选定当前文件。

例如，依据图7-5，在文件列表框File1中，当前文件为：连翘.jpg。

> **问题：**依据图7-4，在文件列表框File1中，当前文件是什么？

1. 常用属性

表 7–2 给出了文件列表框的常用属性情况。

表 7–2　文件列表框的常用属性说明表

属性名称	属性功能	属性值
Path	设置或返回当前文件的路径	若 Path 属性值发生变化，则文件列表框将更新文件列表，显示当前路径下的文件项
FileName	返回或设置当前文件的名称	若 FileName 属性值为：空字符串，则文件列表框尚未选定任何文件，反之，亦成立
Pattern	设置文件列表框所显示的文件类型	Pattern 属性值的表示形式为：*.文件扩展名称，如：*.jpg Pattern 属性的缺省值为：*.*（即显示文件夹中所有类型的文件）

结合图 7–5，文件列表框 File1 的属性情况如下：

（1）Path 属性值为 d:\ 中药图片（即目录列表框 Dir1 中当前文件夹的路径）。

（2）FileName 属性值为连翘 .jpg。另外，若程序需要获取当前文件的全路径，则相应的功能语句为 File1.Path & " \ " & File1.FileName。

（3）Pattern 属性值为 *.jpg；*.bmp（即显示 jpg 和 bmp 两种类型的图像文件）。

　　说明：为了显示多种类型文件，Pattern 属性值采用"*. 文件扩展名称"的复合形式，并由分号间隔，如：上述的 Pattern 属性值。

2. 常用事件

文件列表框的常用事件包括：

（1）PathChange 事件

"在 Path 属性值发生变化时"触发的事件。

（2）PatternChange 事件

"在 Pattern 属性值发生变化时"触发的事件。

（3）Click 事件

"在文件列表框被单击时"触发的事件。

（4）DblClick 事件

"在文件列表框被双击时"触发的事件。

【例 7–1】文件的打开问题。依据图 7–5，试完成：在文件列表框 File1 中，文件的双击操作用于打开图片文件。

文件列表框 File1 的 DblClick 事件过程设计结果如下：

```
Private Sub File1_DblClick（）
    Form2.Show
    Form2.Image1.Picture=LoadPicture（File1.Path & " \ " & File1.FileName）
End Sub
```

依据上述设计结果，在文件列表框 File1（即所含的文件项）被双击后，程序将显示窗体 Form2 →向该窗体的图像框 Image1 中，加载"所选定"的图像文件（图 7-6）。

7.2.4　文件系统控件联动

在应用程序中，文件系统控件需要保持"同步"关系，实现在驱动器及其所含的文件夹中查找文件，并返回文件的存储路径及其名称。

1. 驱动器列表框和目录列表框之间的联动

通常，依据驱动器列表框中的当前驱动器，目录列表框显示该驱动器上的文件夹目录。因此，若驱动器列表框中当前驱动器被重新选定，则目录列表框同步更新目录内容。

例如，在图 7-4 中，依据驱动器列表框 Drive1 中的当前驱动器，目录列表框 Dir1 显示 D 盘的文件夹目录。

从控件的属性和事件角度，上述联动关系的实现途径如下：

（1）*属性值的一致性*

目录列表框的 Path 属性值和驱动器列表框的 Drive 属性值须保持一致。如：语句 Dir1. Path=Drive1.Drive。

（2）*事件过程的控制*

驱动器列表框的 Change 事件过程实现上述属性值的一致性。这是因为在驱动器列表框的 Drive 属性值发生变化时，其 Change 事件被触发。

2. 目录列表框和文件列表框之间的联动

通常，依据目录列表框中的当前文件夹，文件列表框显示该文件夹的文件列表。因此，若目录列表框中当前文件夹被重新选定，则文件列表框同步更新文件列表。

例如，在图 7-5 中，依据目录列表框 Dir1 中的当前文件夹 **中药图片**，文件列表框 File1 显示该文件夹的文件目录。

从控件的属性和事件角度，上述联动关系的实现途径如下：

（1）*属性值的一致性*

文件列表框的 Path 属性值和目录列表框的 Path 属性必须保持一致。如：语句 File1.Path=Dir1.Path。

（2）*事件过程的控制*

目录列表框的 Change 事件过程实现上述属性值的一致性。这是因为在目录列表框的 Path 属性值发生变化时，其 Change 事件被触发。

图 7-6　【例 7-2】的窗体 Form2

【例 7-2】文件系统控件之间的联动问题。试完成：①窗体设计：如图 7-5（即窗体 Form1）和图 7-6 所示；②功能设计：如表 7-3 所示。

> **说明：** 在图 7-6 中，窗体 Form2 包含一个图像框 Image1，用于依据图像框大小，自动调整并显示图片大小。

表 7-3 【例 7-2】的功能说明表

功能要求	功能描述
设置文件系统控件的联动	实现驱动器列表框 Drive1、目录列表框 Dir1 和文件列表框 File1 之间的联动关系
打开当前文件	【确定】按钮的单击和文件列表框 File1 的双击用于打开当前文件
关闭程序	【取消】按钮用于关闭应用程序
设置文件系统控件的初始状态	驱动器列表框的当前驱动器为：D 盘，文件列表框的文件类型为：jpg 和 bmp

图 7-7 给出了【例 7-2】的部分程序设计结果。

1）窗体的 Load 事件过程

设置驱动器列表框 Drive1 的 Drive 属性和文件列表框 File1 的 Pattern 属性，以及文件系统控件之间的联动关系。

2）命令按钮 Command1 的 Click 事件过程

显示窗体 Form2，并向图像框 Image1 中，加载当前文件。

3）两个 Change 事件过程

实现文件系统控件之间的联动关系。

说明：依照【例 7-1】的设计结果，补充文件列表框 File1 的 DblClick 事件过程。

(a)窗体的Load事件过程和【确定】按钮的Click事件过程　　(b)驱动器列表框和目录列表框的Change事件过程

图 7-7 【例 7-2】的部分程序设计

问题：若 FileName 属性值为：空字符串（即未选定文件），则【确定】按钮的 Click 事件过程将导致程序错误。为了避免上述错误，如何完善 Click 事件过程的设计结果？

7.3 文件处理

文件处理需要遵循一定的步骤，并利用一些语句和函数，实现文件处理的功能需求。本节将介绍文件处理步骤及顺序文件处理的常用语句和函数。

7.3.1 文件处理步骤

文件处理的一般步骤为：打开文件→读 / 写文件→关闭文件。

1. 文件的打开

文件打开的主要任务包括:

(1)指定所需的文件

给出文件的全路径。

(2)划分缓冲区

缓冲区用于存储文件,是内存中的特定存储区域。

(3)指定文件号

文件号用于唯一地标识内存中的文件,对应着缓冲区的位置。

(4)确定缓冲区的访问方式

确定缓冲区的文件访问方式(即只读、只写或可读写)。

(5)确定缓冲区内的文件读取方法

确定文件的类型(详见第 7 章第 1 节的"文件分类"的内容)。

2. 文件的读 / 写

在文件被打开之后,程序能够利用文件缓冲区,进行文件数据的输入和输出。

3. 文件的关闭

在文件使用结束之后,文件必须被关闭。其中,文件关闭用于将文件缓冲区中的数据写入文件,并释放文件缓冲区。

7.3.2 顺序文件处理

1. 打开操作

Open 语句能够打开顺序文件,其常用的语法格式如下:

Open 文件全路径 For 访问方式 As # 文件号

(1)文件全路径

指定文件的存储位置,为字符型数据。

(2)For 访问方式

指定文件的读写方式,如表 7-4 所示。

(3)As # 文件号

指定文件的唯一标识,其中,文件号为整型数据,范围为:[1,511]。

表 7-4 顺序文件的访问方式说明表

关键字	访问方式	基本功能
Input	读操作	读取文件数据;若指定的文件不存在,则程序出现错误
Output	写操作	"完全"更新文件内容:从文件起始位置开始,写入新的数据(即文件将只保存新写入的数据)
Append	写操作	"追加"更新文件内容:在最后一个字符的后面,写入新的数据(即新数据将保存在现有数据的尾部)
说明:在"指定的文件不存在"情况下,关键字 Write 和 Append 能够创建新文件。		

例如，若程序需要以"读操作"方式，打开"D: \ 案例"路径下的"患者疗效情况 .txt"文件，并分配一个文件号（即 1），则相应的功能语句如下：

> Open　 " D: \ 案例 \ 患者疗效情况 .txt " For Input As #1

问题： 若程序需要以"写操作"方式，打开"患者基本情况 .txt"文件，且文件号为 2，则如何设计相应的功能语句？

2. 关闭操作

Close 语句用于关闭"Open 语句所打开"的文件，其常用的语法格式如下：

> Close　［文件号列表］

其中，文件号列表的表示形式为:［#］文件号,［#］文件号，……。若文件号列表被省略，则 Close 语句用于关闭"Open 语句打开"的所有文件。

说明： Close 语句的执行特点在于：①释放与文件相关联的文件号，以便其他 Open 语句使用；②针对"写操作"访问方式的文件，将文件缓冲区中的数据写入文件中。

例如，若 Open 语句已打开一个文件（文件号为：1），则该文件的关闭功能语句如下：

> Close #1　　　　　Close 1

3. 写操作

Print # 语句和 Write # 语句用于实现顺序文件的数据写入操作。

说明： 在使用上述语句之前，程序须利用关键字 Output（或 Append），打开文件。

（1）Write # 语句

Write # 语句的语法格式如下：

> Write # 文件号，数据列表

其中，数据列表用于指定待写入的数据，可以包含常量、表达式或变量。在数据列表中，逗号用于间隔不同的数据。

Write # 语句的写入特点如下：

① 换行符添加。在执行 Write # 语句后，换行符自动添加到"新写入"数据的结尾。

说明： 换行符可以作为一个"完整"数据行的标识，用于顺序文件的读操作过程。

② 数据类型的准确表达。在数据列表中，数据需要采用合法的格式，如：字符型常量的"界定符、日期型常量的 #mm/dd/yyyy# 格式等。

③ 符号的写入。Write # 语句将一些数据的界定符和数据的间隔符（即逗号）写入文件。例

如，下述 Write # 语句的写入结果为：12，" 创新 "，#2000–12–01#，#FALSE#。

> Write #1，12，" 创新 "，#12/1/2000#，False

说明： 针对 Write # 语句的数据写入，符号 # 被添加到逻辑型数据的两侧，如：#FALSE#。

【例 7–3】顺序文件的写问题。试完成：①窗体设计：如图 7–8 所示；②功能设计:【写入】按钮利用 Write # 语句，将患者疗效数据（表 5–10）写入"D:\案例"路径下的"患者疗效情况 .txt"文件。

图 7–8 【例 7–3】的窗体

图 7–9 给出了【例 7–3】的程序设计结果。

1）Open 语句

利用关键字 Append，打开（或建立）"患者疗效情况 .txt"文件。

2）Write # 语句

将 7 个变量的值写入文件，文件的数据写入结果详见图 7–10。

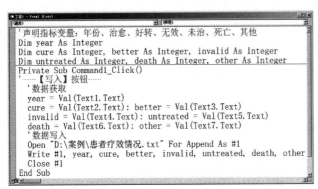

图 7–9 【例 7–3】的程序设计

图 7–10 【例 7–3】的数据写入结果

问题： 在图 7–9 中：①为何 Open 语句未使用关键字 Output（或 Input）？②若变量 year 为字符型，且其赋值语句改为：year=Text1.Text，则数据的写入结果是怎样的？

3）Print # 语句

Print # 语句的常用语法格式如下：

> Print # 文件号，［数据列表］

其中，数据列表的组成包括：数据、定位符、Tab 函数和 Spc 函数，用于指定若干个数据及其写入位置，类似于 Print 方法（详见第 4 章第 5 节的"Print 方法"的相关内容）。

说明： 若数据列表被省略，则 Print # 语句将向文件写入一个空白行，如：语句 Print #1。

与 Write # 语句相比较，Print # 语句的数据写入特点如下：

① 数值型数据：一个"空格"字符被自动地添加到数据的后面，且在正数被写入时，一个"空格"字符被自动地添加到数据的前面（即"正号"符号位）。

② 字符型、逻辑型和日期型数据：数据被直接写入，无需添加 " 界定符、符号 # 等，例如，语句 Print #1，False 的写入结果为：False。

> **问题：** 依据上述特点，语句 Print #1，12；" 创新 "；#12/1/2000#；False 的写入结果是什么？

【例 7-4】顺序文件的写问题。试完成：利用 Print # 语句，实现【例 7-3】的功能。

在【例 7-3】的程序设计结果（图 7-9）基础上，Write # 语句需要被改写为：

> Print #1，year；cure；better；invalid；untreated；death；other

图 7-11 给出了【例 7-4】的文件数据写入结果情况。

> **问题：** 在图 7-11 中，数据 5 和 3 间隔几个空格字符？请给出具体的原因。

4. 读操作

Line Input # 语句和 Input # 语句用于实现"已打开"顺序文件的数据读操作。另外，EOF 函数和 LOF 函数用于辅助文件的读操作。

图 7-11 【例 7-4】的数据写入结果

> **说明：** 在使用上述语句之前，程序须利用关键字 Input，打开文件。

（1）EOF 函数和 LOF 函数

表 7-5 给出了 EOF 函数和 LOF 函数的情况。

表 7-5　EOF 函数和 LOF 函数说明表

函数名称	语法格式	基本功能	函数值
LOF	LOF（文件号）	返回"已打开"的文件长度	函数值的单位为：字节
EOF	EOF（文件号）	判断"上一次"读操作是否到达文件的结尾	若"上一次"读操作已到达文件的结尾，则 EOF 函数返回 True，否则，返回 False

其中，EOF 函数的主要用途如下：

① 避免文件的读错误。利用 EOF 函数的返回值，避免"试图在文件结尾处继续读操作"所产生的错误。

② 解决文件的全部读取问题。例如，利用 While…Wend 语句，在 EOF 函数值为 False 的情况下，循环执行文件的读操作。

（2）Line Input # 语句

Line Input# 语句用于从"已打开"的顺序文件中读取一个"完整行"数据，并将数据赋予一个字符型变量，其语法格式如下：

> Line Input # 文件号，变量

其中，文件号是指 Open 语句所给定的文件号，变量是指存储数据的变量名称。

结合上述的语法格式，Line Input # 语句的执行特点在于：从文件的起始位置，依据数据行的结束标识（如：换行符），读取一个完整行的数据，并将数据赋给相应的变量。

> **说明：** 在上述的数据读取过程中，变量将不存储数据行的结束符号。

【例 7-5】 顺序文件的读问题。在【例 7-4】基础上，试完成:【读取】按钮用于读取"患者疗效情况 .txt"文件的数据，并由文本框 Text8 显示数据（图 7-12）。

图 7-13 给出了【例 7-5】的事件过程设计结果。其中，While…Wend 语句的功能在于：依据条件表达式 Not EOF（1）进行判断，若判断结果为 True，则重复执行 Line Input # 语句和 Text 属性的赋值语句，读取和显示"已打开"文件（文件号为：1）的数据。

> **说明：** vbCrLf 是一种字符型的内部常量，用于信息的"换行"显示。
> **问题：** 针对条件表达式 Not EOF（1）的返回结果，True 意味着什么？

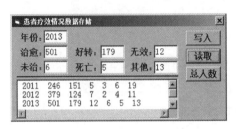

图 7-12 【例 7-5】的运行效果

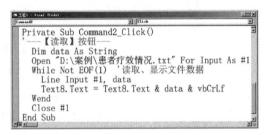

图 7-13 【例 7-5】的事件过程设计

（3）Input # 语句

Input # 语句用于从"已打开"的顺序文件中读取若干个数据单元，并赋给相应的变量，其语法格式如下：

> Input # 文件号，变量列表

其中，变量列表用于指定若干个、由逗号隔开的变量名称，以便存储数据单元。

> **说明：** 在 Input # 语句中：①变量和"所存"数据单元的数据类型应保持一致；②变量和数据单元的数量应保持一致。

结合上述的语法格式，Input # 语句的执行特点在于：从文件的起始位置，依据数据单元的结束标识（表 7-6）和变量列表中的变量数，顺序地读取相应数量的数据单元。同时，依据变量列表中的变量顺序，将数据单元依次地赋给相应的变量。

表 7-6 顺序文件的数据单元结束标识说明表

数据单元的数据类型	数据单元的结束标识
数值型	空格符和逗号
日期型和逻辑型	符号 # 和逗号
字符型	双引号"（即字符型数据的界定符）、逗号和换行符

> **说明：** 若程序使用 Input # 语句，读取多种类型的数据单元，则写操作应使用 Write # 语句。这是因为通过写入逗号、符号 # 和换行符，Write # 语句确保了数据单元的完整性。

【例 7-6】顺序文件的数据处理问题。在【例 7-4】基础上，试完成：【总人数】按钮利用 Input # 语句，读取"患者疗效情况 .txt"文件的数据，并统计和显示年度的总人数。

图 7-14 给出了【例 7-6】的事件过程设计结果。其中，动态数组 s 和 y 分别用于存储总人数及其相应年份，变量 n 用于存储数据的组数（即数组 s 和 y 下标的上界值）。

```
工程1 - Form1 (Code)                                    _ □ ×
Command3                        ▼   Click              ▼
Private Sub Command3_Click()
'---【总人数】按钮---
  Dim s() As Double, y() As String, hint As String, n As Integer
  n = 0   '(1)初始化n：动态数组下标的上界值
  Open "D:\案例\患者疗效情况.txt" For Input As #1  '(2)打开文件
  While Not EOF(1)  '(3)读取、处理文件的数据
    n = n + 1
    ReDim Preserve s(1 To n), y(1 To n)
    Input #1, year, cure, better, invalid, untreated, death, other
    s(n) = cure + better + invalid + untreated + death + other
    y(n) = year
  Wend
  Close #1        '(4)关闭文件
  For i = 1 To n  '(5)生成"统计结果"字符串
    hint = hint & y(i) & "年:" & s(i) & vbCrLf
  Next i
  MsgBox hint, vbInformation, "年度总患者数"  '(6)显示统计结果
End Sub
```

图 7-14 【例 7-6】的事件过程设计

5. 复制操作

FileCopy 语句用于复制文件，其语法格式如下：

> FileCopy 原文件，目标文件

其中，原文件和目标文件均为：文件的全路径。

> **说明：** 若原文件处于"打开"状态，则 FileCopy 语句的复制操作将会产生错误。

例如，下述 FileCopy 语句的功能在于将"患者疗效情况 .txt"文件，复制到 F 盘，并生成新的文件。

> FileCopy " D:\ 案例\ 患者疗效情况 .txt "，" F:\ 科室年度疗效数据 .txt"

6. 删除操作

Kill 语句用于删除文件，其语法格式如下：

> Kill 文件名称

其中，文件名称用于给定"预删除"的文件全路径。

例如，下述 Kill 语句的功能在于：删除"D:\ 案例"路径下的"疗效情况 .txt"文件。

> Kill " D:\ 案例\疗效情况 .txt"

说明： Kill 语句能够利用通配符（如：* 和？），一次性地删除"名称相似"的若干个文件。例如，语句 Kill " D:*.txt " 能够删除 D 盘上、所有文本类型的文件。

7.4 案例实现

本案例涉及了文件的存储路径选定及其数据的保存、查阅和处理等问题。

1. 功能分析

表 7-7 给出了上述问题的程序功能要求。

说明： 上述功能的实现流程为：文件路径选定→数据保存→数据查阅和数据处理。

表 7-7 程序功能要求说明表

功能要求	功能描述
选定文件路径	调用"文件存储路径选取"界面（图 7-15），确定文件的路径
保存数据	依据文件路径，建立并打开"患者情况信息 .txt"文件，并写入"所录"的数据
查阅数据	读取"患者情况信息 .txt"文件的数据，并显示到文本框 Text5 中（图 7-1）
处理数据	读取"患者情况信息 .txt"文件的数据，统计各项疗效指标的频数和患者的平均费用，并由消息框显示处理结果（图 7-16）

图 7-15 "文件存储路径选取"界面

图 7-16 "数据处理结果"消息框

2. 窗体设计

图 7-1 和图 7-15 分别给出了窗体 Form1 和窗体 Form2 的设计结果。

3. 功能实现

（1）文件路径的选定

图 7-17 给出了文件路径选定的程序设计结果。

①命令按钮 Command1 的 Click 事件过程［图 7-17（a）］：显示窗体 Form2（图 7-15）。

②文件路径选定的程序［图 7-17（b）］：利用文件系统控件及其联动，确定并返回文件的存储路径（即变量 Filepath 的赋值）。

（2）数据的保存和查阅

图 7-18 和图 7-19 分别给出了文件数据保存和查阅的程序设计结果。

```
'声明变量：编号、性别、年龄、证候、费用、疗效
Dim num As String, sex As String, age As Integer
Dim symp As String, cost As Integer, cure As String
Private Sub Form_Load()
    '初始化疗效选项
    Combo1.AddItem "治愈": Combo1.AddItem "好转"
    Combo1.AddItem "无效": Combo1.AddItem "未治"
    Combo1.AddItem "死亡": Combo1.AddItem "其他"
    Combo1.Text = "治愈"
    '禁止数据保存、查询、处理
    Command2.Enabled = False: Command3.Enabled = False
    Command4.Enabled = False
End Sub
Private Sub Command1_Click()
'---【文件路径】按钮---
    Form2.Show                '选择路径
    Form1.Enabled = False
    Command2.Enabled = True    '允许数据保存
End Sub
```

（a）窗体Form1

```
Private Sub Form_Load()
'---初始化文件系统控件属性---
    Drive1.Drive = "d:"
    Dir1.Path = Drive1.Drive
End Sub
Private Sub Drive1_Change()
'---联动：驱动器列表框和目录列表框---
    Dir1.Path = Drive1.Drive
End Sub
Private Sub Command1_Click()
'---【确定】按钮---
    Unload Me
End Sub
Private Sub Form_Unload(Cancel As Integer)
    '获取路径
    Filepath = Dir1.Path
    Form1.Enabled = True
End Sub
```

（b）窗体Form2

图 7-17　文件路径选定的程序设计

```
Private Sub Command2_Click()
'---【数据保存】按钮---
    '（1）获取数据
    num = Text1.Text:   age = Val(Text2.Text)
    symp = Text3.Text: cost = Val(Text4.Text)
    cure = Combo1.Text
    If Option1.Value = True Then sex = Option1.Caption
    If Option2.Value = True Then sex = Option2.Caption
    '（2）写入数据
    Open Filepath & "\患者情况信息.txt" For Append As #1
    Write #1, num, sex, age, symp, cost, cure
    Close #1
    Command3.Enabled = True '（3）允许数据查阅
End Sub
```

图 7-18　数据保存的程序设计

```
Private Sub Command3_Click()
'---【数据查阅】按钮---
    Dim data As String
    Text5.Text = "" '（1）清空"数据总体情况"
    '（2）打开文件
    Open Filepath & "\患者情况信息.txt" _
        For Input As #1
    '（3）读取数据
    While Not EOF(1)
        Line Input #1, data
        Text5.Text = Text5.Text & data & vbCrLf
    Wend
    Close #1 '（4）关闭文件
    Command4.Enabled = True '（5）允许数据处理
End Sub
```

图 7-19　数据查阅的程序设计

① 在图 7-18 中，Open 语句利用关键字 Append，建立并打开"患者情况信息 .txt"文件，Write # 语句用于写入六个指标变量的值。

> **说明：** 当前工程需要添加一个标准模块 Module1，声明全局变量 Filepath。这是因为依据图 7-17（b）和图 7-18，变量 Filepath 用于"在两个窗体之间"传递文件的路径。

② 在图 7-19 中，Open 语句利用关键字 Input，打开文件，While…Wend 语句用于循环执行 Line Input # 语句，读取文件的数据，并将数据显示到文本框 Text5 中。

（3）数据的处理

图 7-20 给出了文件数据查阅的程序设计结果。其中，While…Wend 语句用于循环地执行 Input # 语句（即文件数据被读入 6 个变量）、变量 n 和 sum 的累加语句（即获取总人数和总费用）及 Select Case 语句（即统计疗效指标的频数）。

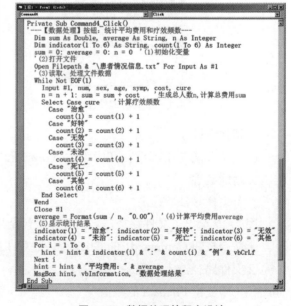

```
Private Sub Command4_Click()
'---【数据处理】按钮：统计平均费用和疗效频数---
    Dim sum As Double, average As String, n As Integer
    Dim indicator(1 To 6) As String, count(1 To 6) As Integer
    sum = 0: average = 0: n = 0   '（1）初始化变量
    '（2）打开文件
    Open Filepath & "患者情况信息.txt" For Input As #1
    '（3）读取、处理文件数据
    While Not EOF(1)
        Input #1, num, sex, age, symp, cost, cure
        n = n + 1: sum = sum + cost   '生成总人数n,计算总费用sum
        Select Case cure         '计算疗效频数
            Case "治愈"
                count(1) = count(1) + 1
            Case "好转"
                count(2) = count(2) + 1
            Case "无效"
                count(3) = count(3) + 1
            Case "未治"
                count(4) = count(4) + 1
            Case "死亡"
                count(5) = count(5) + 1
            Case "其他"
                count(6) = count(6) + 1
        End Select
    Wend
    Close #1
    average = Format(sum / n, "0.00")   '（4）计算平均费用average
    '（5）显示统计结果
    indicator(1) = "治愈": indicator(2) = "好转": indicator(3) = "无效"
    indicator(4) = "未治": indicator(5) = "死亡": indicator(6) = "其他"
    For i = 1 To 6
        hint = hint & indicator(i) & ":" & count(i) & "例" & vbCrLf
    Next i
    hint = hint & "平均费用:" & average
    MsgBox hint, vbInformation, "数据处理结果"
End Sub
```

图 7-20　数据处理的程序设计

小 结

1.文件是信息的一种存储形式。文件结构体现了文件所含信息的组织方式。其中，逻辑结构包括流式结构和记录式结构等形式，物理结构包括连续结构、链接结构和索引结构等形式。依据不同的存取方法，文件分为：顺序文件、随机文件和二进制文件。

2.文件系统控件用于获取文件的路径及其名称，包括：驱动器列表框、目录列表框和文件列表框。文件系统控件之间的联动实现"驱动器→文件夹→文件"的同步查找。

3.文件处理用于访问和使用文件所存的信息，遵循"打开文件→读写文件→关闭文件"基本步骤。Visual Basic 提供了文件处理语句，用于打开、读写、关闭、复制和删除等操作。

4.本章主要概念：文件、文件结构、逻辑结构、物理结构、流式结构、记录式结构、连续结构、链接结构、索引结构、文件读操作、文件写操作、随机文件、顺序文件、二进制文件。

习题 7

1.试述文件逻辑结构和物理结构的基本形式。

2.依据文件的存取方法，文件包括哪几种类型？试述每一种文件类型的基本情况。

3.试述下述事件和属性之间的差异。

（1）驱动器列表框和目录列表框的 Change 事件。

（2）目录列表框和文件列表框的 Path 属性。

4.试述文件系统控件联动的实现途径。

5.试述 Open 语句中关键字 Input、Output、Append 之间的差异。

6.试述 Line Input # 语句和 Input # 语句之间的差异。

7.在【例 7-3】基础上，试添加【指标频数】、【总数百分比】、【文件复制】、【文件删除】四个按钮，实现下述的功能要求。

（1）针对每一个年度，统计并显示各项疗效指标的频数。

（2）针对所有年度，统计并显示"每一个年度"患者总数的百分比。

（3）将"患者疗效情况 .txt"文件复制到当前工程所在的存储路径下。

（4）删除原来的"患者疗效情况 .txt"文件。

8.针对【例 7-6】的事件过程设计结果（图 7-14），试利用下述语句，实现相同功能。

（1）Do…Loop While 语句。

（2）Do Until…Loop 语句。

9.在【例 7-1】基础上，试完成：下述要求。

（1）窗体设计：在窗体 Form1（图 7-5）中，添加一个组合框 Combo1，提供图像文件类型项（包括 jpg、bmp、tif）。

（2）功能设计：依据组合框 Combo1 的选定结果，文件列表框显示相应类型的文件。

通用对话框、菜单与工具栏

【学习目标】

通过本章的学习，你应该能够：掌握通用对话框的调用方法，掌握菜单和工具栏的设计方法，熟悉基于菜单、工具栏的界面设计方法。

【章前案例】

主界面集成了应用系统的主要功能。针对方剂信息系统的主界面（图8-1），试解决下述设计问题：①如何设计菜单栏，集成系统的基本功能？②如何设计工具栏，提供并调用常用的菜单命令？

图8-1 "方剂信息系统"主界面

作为界面的基本元素，对话框、菜单和工具栏是用户向应用程序发送命令的一种重要媒介。Visual Basic 提供了相应控件，支持对话框的调用和菜单、工具栏的设计，以便增强应用程序的易用性。

本章将介绍通用对话框、菜单和工具栏等内容。

8.1 通用对话框

Visual Basic 提供了预定义对话框、自定义对话框和通用对话框。本节将主要介绍通用对话框的相关内容。

> 说明：①预定义对话框是系统提供的、由函数（或语句）调用的一类对话框，如：输入对话框、消息框等。②自定义对话框是根据实际需求、用户设计的一类对话框，如："系统登录"对话框（图2-1）。

8.1.1　通用对话框概述

通用对话框（Common Dialog，又称为公共对话框）是一组基于 Windows 的标准对话框，用于文件、字体等相关操作，如：文件的打开和保存、字体和颜色的设置等。

在 Visual Basic 中，CommonDialog（通用对话框）控件能够调用通用对话框（表 8-1）。在"工具箱"窗口中，CommonDialog 控件的图标为：▨ 。

表 8-1　CommonDialog 控件的 Action 属性和 Show 方法说明表

Action 属性	Show 方法	对话框类型	Action 属性	Show 方法	对话框类型
1	ShowOpen	"打开"对话框	4	ShowFont	"字体"对话框
2	ShowSave	"另存为"对话框	5	ShowPrinter	"打印"对话框
3	ShowColor	"颜色"对话框	6	ShowHelp	"帮助"对话框

1. 控件图标的添加

CommonDialog 控件图标的添加操作过程为：调用"部件"对话框→在"控件"选项卡中，勾选"Microsoft Common Dialog Controls 6.0"项。

> **说明：**在设计状态下，CommonDialog 控件是可见的；在程序运行时，该控件是不可见的。例如，图 8-4 和图 8-5 分别给出了 CommonDialog 控件的"可见"状态。

2. 对话框的调用

Action 属性和 Show 方法用于指定通用对话框的类型，如表 8-1 所示。

例如，若利用控件 CommonDialog1 调用"打开"对话框，则相应的功能语句如下：

> CommonDialog1.Action=1　　　　　　CommonDialog1.ShowOpen

8.1.2　"打开"对话框与"另存为"对话框

"打开"对话框与"另存为"对话框用于获取文件的存储路径和名称，供文件的打开和保存。例如，图 8-2 和图 8-3 给出了控件 CommonDialog1 所调用的上述两类对话框。

图 8-2　"打开"对话框

图 8-3　"另存为"对话框

> **说明：** 在本书中，通用对话框的实例环境为 Windows 7 操作系统。

1. 基本用途

"打开"对话框用于查找文件的存储位置和选择特定的文件，并返回文件的存储路径和名称；"另存为"对话框用于确定文件的存储路径、名称和类型。

2. 常用属性

（1）Filter 属性

Filter 属性用于返回或设置文件类型的过滤器。其中，过滤器（Filter）用于指定"对话框所显示"的文件类型（即筛选所需类型的文件）。例如，过滤器 *.txt 用于显示文本类型的文件，过滤器 *.* 用于显示全部类型的文件。

> **问题：** 若对话框需要显示 Word 文档（扩展名为：doc），则过滤器应是何种形式？

Filter 属性赋值语句的语法格式如下：

> 控件名称 .Filter=" 过滤器 1 描述 | 过滤器 1| 过滤器 2 描述 | 过滤器 2|…"

① 过滤器描述：描述过滤器的文本内容，以便提示过滤器的功能，如：Word 文件（即该过滤器用于筛选"Word 文件"）。

> **说明：** 过滤器描述用于添加对话框中"保存类型"（或"文件类型"）下拉列表框的列表项，供过滤器的选定。

② 过滤器：由若干个"文件类型单元"组成，其中，文件类型单元由通配符 *、逗点和文件类型符组成，且分号用于间隔不同的文件类型单元，如：*.doc；*.docx。

③ 竖线符号 |：即管道符号，是过滤器描述和过滤器的间隔符。

例如，若"打开"对话框需要两个过滤器，分别用于显示 Word 文件（扩展名包括 doc、rft 和 docx）和所有文件，则相应的功能语句如下：

> CommonDialog1.Filter= "Word 文件 |*.doc；*.rtf；*.docx| 所有文件 |*.*"

> **说明：** 依据上述语句，在对话框中，"文件类型"下拉列表框依次包含"Word 文件"项和"所有文件"项。

通常，过滤器描述应该给出该过滤器所筛选的文件类型信息（如：<kbd>Word文件(*.doc; *.rtf; *.docx) ▾</kbd>），以便直观地显示该过滤器所选的具体文件类型。如下：

> CommonDialog1.Filter= "Word 文件（*.doc；*.rtf；*.docx）|*.doc；*.rtf；*.docx"

> **问题：** 依据上述语句，过滤器描述和过滤器分别是什么？

（2）其他属性

表8-2给出了"打开"/"另存为"对话框的其他属性情况。

表 8-2　"打开"/"另存为"对话框的其他常用属性说明表

属性名称	属性功能	案　例
DialogTitle	指定对话框标题栏的文本内容，以便提示对话框的功能	在图8-2中，若对话框的标题栏内容需设置为：病历文件打开，则相应的功能语句如下： CommonDialog1.DialogTitle=" 病历文件打开 "
InitDir	指定对话框的初始路径 若该属性值为：空字符串（即缺省值），则对话框显示当前工程所在的路径	在"打开"对话框被调用后，若该对话框的初始路径为：D盘（图8-2），则相应的功能语句如下： CommonDialog1.InitDir="D: "
FileTitle	返回所选（或所存）文件的名称 即返回"文件名"下拉列表框中"文本框"部分的内容	在图8-2中，若单击【打开】按钮，则控件CommonDialog1的FileTitle属性值如下： 患者病历 .doc
FileName	返回或设置所选（或所存）文件的路径和名称 若用户在对话框中未选择任何文件，则FileName属性值为：空字符串	在图8-2中，若单击【打开】按钮，则控件CommonDialog1的FileName属性值如下： D:\ 患者病历 .doc
DefaultExt	指定所存文件的缺省文件类型（即文件扩展名称）	在图8-3中，若单击【保存】按钮，程序需要将"中医药信息化"文件自动地设定为Word文档（扩展名称为：doc），则相应的功能语句如下： CommonDialog1.DefaultExt= "doc"

> **问题**：结合图8-3：①若对话框的初始路径为：D盘上"中医药数据库"文件夹，则如何设计相应语句？②假设对话框的DefaultExt属性值为：doc，若在图8-3中，单击【保存】按钮，则控件CommonDialog1的属性FileName和FileTitle的值分别是什么？

3. 对话框的功能实现

"打开"/"另存为"对话框仅能够返回所选（预存）文件的存储路径和文件名称等信息。因此，在上述对话框的返回值（如：属性FileTitle和FileName的值）基础上，程序还需进一步地添加程序代码（或控件），以便"真正地"打开和保存特定的文件。

以图片文件为例，下面介绍如何实现"打开"/"另存为"对话框的实际功能。

（1）图片文件的打开

"打开"对话框所选定的图片文件加载途径为：以CommonDialog控件的FileName属性为参数，调用LoadPicture函数，设置图片框（或图像框）的Picture属性。如下：

```
Picture1.Picture=LoadPicture（CommonDialog1.FileName）
```

（2）图片文件的保存

SavePicture语句能够利用图片框和图像框的Picture属性值，将图片文件保存到其他文件中。该语句调用的语法格式如下：

```
SavePicture 原图片文件名称，目标图片文件名称
```

其中，原图片文件可以调用图片框和图像框的 Picture 属性，目标图片文件名称常由新文件的存储路径和名称组成，可以调用 CommonDialog 控件的 FileName 属性。

例如，若程序利用控件 CommonDialog1 调用"另存为"对话框，"另存"图片框 Picture1 的图片文件，则相应的功能语句如下：

> SavePicture Picture1.Picture，CommonDialog1.FileName

【例 8-1】图片文件的打开和另存问题。利用 CommonDialog 控件，试完成：窗体设计（图 8-4）和功能设计（表 8-3）。

说明： 在图 8-4 中，图像框 Image1 的 Appearance 属性值为：0-Flat（即平面效果），且 BorderStyle 属性值为：1-Fixed Single（即显示边框），以便清晰地界定图片的显示区域。

图 8-4 【例 8-1】的窗体　　　　图 8-5 【例 8-1】的运行效果

表 8-3 【例 8-1】的对象功能说明表

对象	功能
【加载图片】按钮 Command1	利用控件 CommonDialog1，调用"中药图片打开"对话框，并在选定图片后，将图片显示到图像框 Image1 中，将图片文件的路径和名称显示到文本框 Text1 和 Text2 中（图 8-5）
【另存图片】按钮 Command2	利用控件 CommonDialog2，调用"中药图片另存为"对话框，实现"图像框 Image1 所含"图片文件的另存功能

图 8-6 给出了【例 8-1】的程序设计结果。

1）命令按钮 Command1 的 Click 事件过程［图 8-6（a）］

利用 If 语句，若用户"在对话框中"选择了图片文件（即条件 CommonDialog1.FileName ＜＞""成立），则程序显示图片文件的路径和名称→将【图片另存】按钮设置为"可用"。

说明： CommonDialog 控件的使用须遵循"先设置属性、后调用 Show 方法"原则，如图 8-6 所示。

2）命令按钮 Command2 的 Click 事件过程［图 8-6（b）］

利用 If 语句，若用户"在对话框中"输入了文件名称（即条件 CommonDialog2.FileName ＜＞""成立），则程序将"另存"图像框 Image1 所显示的图片文件。

问题： 在图 8-6（b）中：① DefaultExt 属性赋值语句的功能是什么？② If 语句的条件表达式能否改写为：CommonDialog2.FileTitle ＜＞""？

```
Private Sub Command1_Click()
'---【加载图片】按钮----
'设置控件CommonDialog1属性, 调用"打开"对话框
CommonDialog1.DialogTitle = "中药图片打开"
CommonDialog1.Filter = "图片文件(*.jpg)|*.jpg"
CommonDialog1.InitDir = App.Path
CommonDialog1.FileName = ""
CommonDialog1.ShowOpen
'加载图片
Image1.Picture = LoadPicture(CommonDialog1.FileName)
'判断是否选定文件
If CommonDialog1.FileName <> "" Then
    Text1.Text = CommonDialog1.FileName
    Text2.Text = CommonDialog1.FileTitle
    Command2.Enabled = True
Else
    Text1.Text = "": Text2.Text = ""
    Command2.Enabled = False
End If
End Sub
```

（a）【加载图片】按钮的Click事件过程

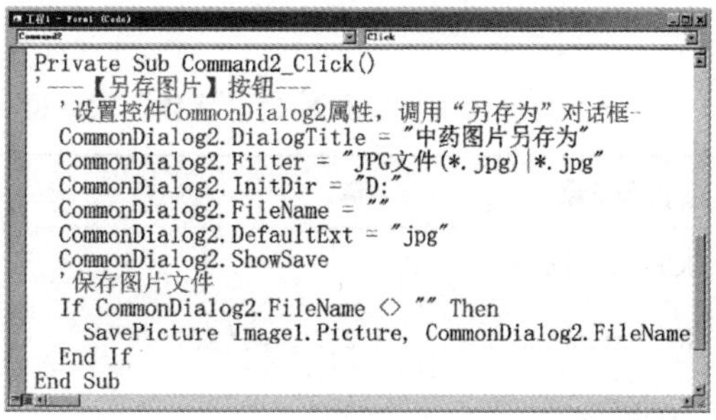

```
Private Sub Command2_Click()
'---【另存图片】按钮----
'设置控件CommonDialog2属性, 调用"另存为"对话框
CommonDialog2.DialogTitle = "中药图片另存为"
CommonDialog2.Filter = "JPG文件(*.jpg)|*.jpg"
CommonDialog2.InitDir = "D:"
CommonDialog2.FileName = ""
CommonDialog2.DefaultExt = "jpg"
CommonDialog2.ShowSave
'保存图片文件
If CommonDialog2.FileName <> "" Then
    SavePicture Image1.Picture, CommonDialog2.FileName
End If
End Sub
```

（b）【另存图片】按钮的Click事件过程

图 8-6 【例 8-1】的程序设计

8.1.3 "字体"对话框

"字体"对话框用于指定字体的名称、大小、字形、颜色等，供文本的字体设置。

例如，图 8-7 给出了由控件 CommonDialog1 所调用的"字体"对话框。

表 8-4 给出了"字体"对话框的常用属性。

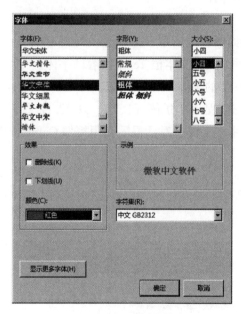

图 8-7 "字体"对话框

表 8-4 "字体"对话框的常用属性说明表

属性名称	功　能
FontName、FontSize	返回字体的类型、大小
FontBold、FontItalic	返回字体是否为粗体、斜体
FontStrikethru、FontUnderLine	返回字体是否带有删除线、下划线
Color	返回字体的颜色值
Flags	返回或设置对话框的选项，表 8-5 给出了 Flags 属性的常用值情况

说明：FontName 属性的缺省值为：空字符串（即"字体"框的内容为：空白）。

表 8-5 "字体"对话框的常用 Flags 属性值说明表

内部常量	值	功 能
cdlCFPrinterFonts	1	只列出打印机支持的字体
cdlCFScreenFonts	2	只列出系统支持的屏幕字体
cdlCFBoth	3	列出打印机和屏幕所用的字体
cdlCFEffects	256	列出字体效果框，可以选定删除线、下划线、颜色

说明：利用逻辑运算符 Or，多个 Flags 属性值可以"同时"被使用，以便综合使用上述功能，如：3 Or 256 或 cdlCFBoth Or cdlCFEffects。

在"字体"对话框被调用之前，程序须先设置 Flags 属性；否则，程序可能发生"字体不存在"错误。

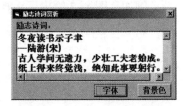

【例 8-2】文本内容的字体设置问题。利用 CommonDialog 控件，试完成：①窗体设计：如图 8-8 所示；②功能设计：【字体】按钮用于调用"字体"对话框，设置文本框 Text1 内容的字体。

图 8-8 【例 8-2】的运行效果

图 8-9 给出了事件过程的设计结果。其中，命令按钮 Command1 的 Click 事件过程的功能在于：设置控件 CommonDialog1 的属性→调用"字体"对话框→利用控件 CommonDialog1 的属性，设置文本框 Text1 的字体属性。

问题：针对上述设计结果，如何利用 Action 属性，调用"字体"对话框？

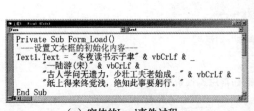

（a）窗体的Load事件过程

（b）【字体】按钮的Click事件过程

图 8-9 【例 8-2】的程序设计

8.1.4 "颜色"对话框

"颜色"对话框用于选择颜色。例如，图 8-10 给出了由控件 CommonDialog1 所调用的"颜色"对话框。

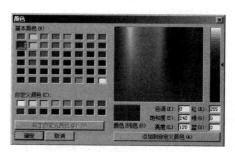

（a）标准样式	（b）扩展样式

图 8-10 "颜色"对话框

1. 对话框的使用

在"颜色"对话框中，颜色的选择途径包括：

（1）"基本颜色"的选择

在图 8-10（a）中，直接选择 48 种"基本颜色"项。

（2）"自定义颜色"的选择

【规定自定义颜色】按钮能够调用"自定义颜色添加"区，形成"扩展样式"对话框〔图 8-10（b）〕，其中，【添加到自定义颜色】按钮能够将自定义的颜色添入"自定义颜色"区〔图 8-10（a）〕，供颜色选择。

2. 常用属性

在"颜色"对话框中，常用的属性如下：

（1）Flags 属性

指定对话框的选项。表 8-6 给出了 Flags 属性的常用值情况。

（2）Color 属性

返回选定的颜色值，或设置对话框的初始颜色值。

表 8-6 "颜色"对话框的常用 Flags 属性值说明表

内部常量	值	功　能
cdlCCRGBInit	1	允许设置对话框的初始颜色值
cdlCCFullOpen	2	调用"扩展样式"的对话框，见图 8-10（b）
cdlCCPreventFullOpen	4	禁止自定义颜色，即【规定自定义颜色】按钮"不可用"

说明：若程序未设置"颜色"对话框的 Flags 属性，则"标准样式"的对话框将被调用。

例如，在"颜色"对话框被调用后，初始颜色值为：红色，相应的功能语句如下：

CommonDialog1.Flags=1 CommonDialog1.Color=vbRed	CommonDialog1.Flags=cdlCCRGBInit CommonDialog1.Color=RGB（255,0,0）

【例 8-3】背景颜色的设置问题。利用 CommonDialog 控件，在【例 8-2】基础上，试完成：【背景色】按钮用于调用"颜色"对话框，设置文本框 Text1 的背景颜色。

【例 8-3】的事件过程设计结果如下：

```
Private Sub Command2_Click（ ）
    CommonDialog1.Flags=1
    CommonDialog1.Color=vbYellow
    CommonDialog1.ShowColor
    Text1.BackColor=CommonDialog1.Color
End Sub
```

问题：依据上述设计结果，"颜色"对话框的初始颜色值是什么？

8.2 菜单

菜单（Menu）用于提供若干个命令分组，是界面操作命令的一种最为直接的调用途径。结合具体案例（图 8-11），本节将介绍菜单的基本概念及其设计方法。

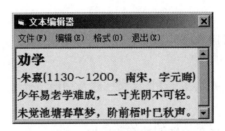

图 8-11 "文本编辑器"窗口

8.2.1 菜单概述

菜单的分类：

1. 下拉式菜单

下拉式菜单（Drop-down Menu，简称菜单）用于提供界面的全部操作命令。

依据窗口操作命令的分组和分级，下拉式菜单包含若干个主菜单项和相应的子菜单项。其中，**菜单项（Menu Item，又称为菜单命令）**是调用相应功能程序的直接入口；**主菜单项（Main Menu）**表征顶级操作命令；**子菜单项（Sub Menu）**表征主菜单项所含的子命令。

说明：①在窗口中，**菜单栏（Menu Bar）**是指包含下拉式菜单的一种特定区域，位于标题栏的下面。②在菜单栏中，**菜单项的标题（Caption）**用于描述菜单项的操作命令，其单击操作能够调用该菜单项的子菜单项列表（或直接调用该菜单项的功能程序）。

例如，在图 8-11 中，菜单栏包含文件、编辑等 4 个主菜单项（即 4 组顶级操作命令）。在图 8-12 中，"格式"菜单项包括：字体、天蓝色背景等 2 个子菜单项（即 2 项子命令）。

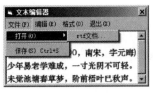  

（a）"文件"菜单项 （b）"编辑"菜单项 （c）"格式"菜单项

图 8-12 下拉式菜单示例

在菜单栏中，菜单项的标题样式能够反映菜单项的具体特点。结合图 8-12，表 8-7 给出了菜单项的标题样式情况。

> **问题：** 结合图 8-12：①组合键 <Ctrl>+<S> 能够调用哪个菜单项的功能程序？②组合键 <Alt>+<F> 的功能是什么？③哪些菜单项处于"不可用"状态？④哪些菜单项之间存在分隔条？⑤哪些菜单项能够调用对话框？

表 8-7 菜单项的标题样式说明表

标题样式	功 能	案 例
访问键	即热键，位于标题的右侧括号内 <Alt>+访问键：等同于菜单项的单击操作	"编辑"菜单项 编辑(E) 的访问键为：E，即组合键 <Alt>+<E> 能够调用其子菜单项列表［图 8-12（b）］
快捷键	位于标题的右侧，包括两种形式：组合键和单键 用于调用菜单项的功能程序	"全选"和"删除"菜单项的快捷键分别为：<Ctrl>+<A> 和 <Del>
分隔条—	即子菜单项之间的横线，是一种特殊的子菜单项 用于建立子菜单项之间的功能分组	"打开"和"保存"菜单项之间存在一个分隔条
暗淡色	表征：菜单项处于"失效/不可用"状态	"粘贴"菜单项处于"失效"状态
省略号…	即对话框的调用标识，位于标题的右侧 表征：菜单项用于调用对话框	"字体"菜单项能够调用"字体"对话框
复选符✔	即"复选式"菜单项的选定标识，位于标题的左侧 若该符号没有出现，则菜单项未被选定	"天蓝色背景"菜单项的复选符表示："文本所在"控件的背景颜色为"天蓝色"
箭头符▶	位于标题的右侧 表征：子菜单项包含下一级子菜单项	"打开"菜单项包含二级子菜单项，如图 8-12（a）所示

2. 弹出式菜单

弹出式菜单（Pop-up Menu，又称为快捷式菜单）用于提供特定对象的常用操作命令。

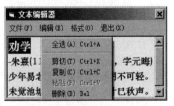

在窗口中，对象的右击操作用于调用该对象上的弹出式菜单，以便快速地调用当前对象的操作功能程序，如图 8-13 所示。

图 8-13 弹出式菜单示例

> **说明：** 弹出式菜单集成了特定对象在下拉式菜单中的常用菜单项，因此，下拉式菜单是弹出式菜单的前提条件。例如，在图 8-13 中，弹出式菜单源于下拉式菜单中的"编辑"菜单项［图 8-12（b）］，即"文本内容所在"控件的常用菜单项。

8.2.2 下拉式菜单

在 Visual Basic 中，菜单项是一种特殊的控件，具有属性和事件。

结合图 8-12，下拉式菜单的设计过程如下：①编辑菜单：利用菜单编辑器，设置菜单项的属性和菜单项之间的关系，如："文件"菜单项的标题样式，"编辑"和"剪切"菜单项之间的"上、下级"关系，"剪切"和"复制"子菜单项之间的"上、下显示顺序"关系，等等。②设计功能代码：设计菜单项的 Click 事件过程，实现菜单项的功能要求，例如，设计"字体"菜单项的 Click 事件过程，以便调用"字体"对话框。

1. 菜单编辑器

菜单编辑器（Menu Editor）用于设置菜单项的属性和菜单项之间的关系（图 8-14），其调用的操作过程为：在"标准"工具栏中，单击【菜单编辑器】按钮 。

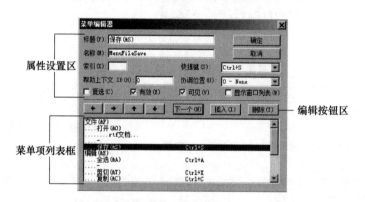

图 8-14 菜单编辑器

菜单编辑器由 3 部分组成，即属性设置区、菜单项列表框和编辑按钮区。

（1）属性设置区

属性设置区用于设置菜单项的属性，如表 8-8 所示。

表 8-8 属性设置区的主要说明表

组成部分	主要用途	案例
"标题"框	设置菜单项的 Caption 属性 即指定菜单项的文本内容和访问键	依据图 8-14，"标题"框的内容 [即保存（&S）] 用于创建"保存"菜单项（即 保存(S)）
"名称"框	设置菜单项的 Name 属性 即指定菜单项的唯一标识符	依据图 8-14，"保存"菜单项的 Name 属性值为：MenuFileSave
"快捷键" 下拉列表框	指定菜单项的快捷键	依据图 8-14，"保存"菜单项的快捷键为：<Ctrl>＋<S>
"复选" 复选框	设置菜单项的 Checked 属性 若该复选框被勾选，则菜单项的 Checked 属性值为：True（显示复选符 ✔）	依据图 8-12，"天蓝色背景"菜单项的设计须勾选"复选"复选框
"有效" 复选框	设置菜单项的 Enabled 属性 即指定菜单项的"可用/有效"状态	依据图 8-12，"复制"菜单项设计须取消"有效"复选框的勾选
"可见" 复选框	设置菜单项的 Visible 属性 即指定菜单项的"可见"状态	在图 8-14 中，若该复选框未被勾选，则在运行状态下，"保存"菜单项为：不可见

说明：主菜单项（又称为顶层菜单项）不能设置快捷键。

① Name 属性：用于调用菜单项的属性和事件过程。例如，在图 8-14 中，依据"名称"框的内容（即 MenuFileSave），"保存"菜单项的 Enabled 属性赋值语句为：MenuFileSave.Enabled = True，该菜单项的 Click 事件过程的语法格式如下：

```
Private Sub MenuFileSave_Click（）
    程序代码
End Sub
```

说明：Name 属性值应包含菜单项的功能、上一级菜单项等信息。例如，名称 MenuFileSave 表明：对象类型（即 Menu）→上一级菜单项（即 File）→保存功能（即 Save）。

② Caption 属性：分隔条的 Caption 属性值为"减号 -"。例如，在图 8-14 的菜单项列表框中，"剪切"项上面的 - 项表示：在"全选"和"剪切"菜单项之间存在一个分隔条［图 8-12（b）］。

（2）菜单项列表框

菜单项列表框用于显示"已建"菜单项的列表和菜单项之间的关系，以及显示（或选定）当前菜单项。结合图 8-14，表 8-9 给出了菜单项列表框的基本功能。

相关概念：当前菜单项（Current Menu Item）是指处于"正在编辑"状态的菜单项，相应地，属性设置区显示当前菜单项的属性值。在菜单项列表框中，菜单项的单击操作用于选定当前菜单项，以便进行编辑操作（如：设置属性、删除该菜单项等）。

说明：在菜单项列表框中：①"下一级"标识符（即菜单项名称前面的 4 个圆点"...."）用于标识该菜单项为"上面紧邻"上一级菜单项的子菜单项；②若菜单项的名称前面没有"下一级"标识符，则该菜单项为：主菜单项。

表 8-9　菜单项列表框说明表

基本功能	案　例
"已建"菜单项的数量	至少 10 个菜单项已被创建
当前菜单项	当前菜单项为："保存"菜单项（即"反白显示"的菜单项）
菜单项的标题和访问键	即"标题"框的内容，如：保存（&S）
菜单项的快捷键	即"快捷键"下拉列表框的选定结果，如：Ctrl+S
菜单项之间的"上、下级"关系	"打开"菜单项为："文件"菜单项的"下一级"子菜单项 "打开"菜单项和"保存"菜单为："同一级"子菜单项
"同一级"菜单项之间的"显示顺序"关系	在菜单栏中，"文件"菜单项位于"编辑"菜单项的前面，在"编辑"菜单项的子菜单项列表中，"剪切"菜单项位于"复制"菜单项的上面

问题：依据图8-14：①主菜单项包括哪些菜单项？②"编辑"菜单项包含哪些子菜单项？③"rtf文档"菜单项的上一级菜单项是什么？④哪些菜单项是分隔条？

（3）编辑按钮区

编辑按钮区用于设置菜单项之间的关系、增/减菜单项的数量等，如表8-10所示。

表 8-10　编辑按钮区说明表

编辑按钮	用　途	说　明
【左移】按钮 ← 和【右移】按钮 →	设置菜单项之间的"上、下级"关系	若 → 按钮被单击一次，则当前菜单项被增加一个"下一级"标识符（即…），相应地，当前菜单项被降低一级。反之，若 ← 按钮被单击一次，则当前菜单项被提升一级
【上移】按钮 ↑ 和【下移】按钮 ↓	调整菜单项之间的位置	若 ↑ （或 ↓ ）按钮被单击一次，则在菜单项列表框中，当前菜单项被向上（或向下）移动一个位置
【插入】按钮 插入(I)	插入一个"空白"项	若 插入(I) 按钮被单击，则在当前菜单项的"上一个"位置，插入一个空白项
【删除】按钮	删除当前菜单项	若 删除(T) 按钮被单击，则当前菜单项将被删除
【下一个】按钮 下一个(N)	设置当前菜单项或插入新的空白项	在 下一个(N) 按钮被单击之后，若当前菜单项为"最后一个"菜单项，则"在最后一个位置上"插入空白项，否则，设置新的当前菜单项（即"下一个位置上"的菜单项）

问题：依据图8-14，利用编辑按钮：①如何将"打开"菜单项调整为："文件"菜单项的"同一级"菜单项？②如何在"剪切"和"复制"菜单项之间插入一个空白项？

2. 菜单编辑

下拉式菜单的编辑过程如下：

（1）调用菜单编辑器

在窗体尚未包含菜单栏的情况下，菜单编辑器处于空白状态。

（2）设计第1个菜单项

在属性设置区中，设置菜单项的属性。

（3）设计其他菜单项

利用 下一个(N) 按钮，添加"空白"菜单项→在属性设置区中，设置菜单项的属性→利用 ← （或 → ）按钮，调整菜单项之间"上、下级"关系。

（4）完善菜单项的设计

在菜单项列表框中，选定当前菜单项→在属性设置区中，设置当前菜单项的属性（或利用编辑按钮，调整菜单项的位置和插入、删除菜单项）。

说明：在上述设计过程中，分隔条只能作为子菜单项，而不能作为主菜单项。

经过上述编辑过程，在单击【确定】按钮之后，菜单栏将被创建，如图8-11所示。

【例8-4】菜单编辑问题。试完成：窗体设计（见图8-12，其中，文本内容的显示控件为：RichTextBox 控件），另外，表8-11 给出了菜单项的标题及其名称情况。

表8-11 【例8-4】的菜单项标题、名称说明表

序号	标题	名称	序号	标题	名称
1	文件（F）	MenuFile	9	剪切（T）	MenuEditCut
2	打开（O）	MenuFileOpen	10	复制（C）	MenuEditCopy
3	rtf 文档…	MenuFileOpenText	11	粘贴（P）	MenuEditPaste
4	—	MenuEditSeparate1	12	删除（D）	MenuEditDelete
5	保存（S）	MenuFileSave	13	格式（O）	MenuFormat
6	编辑（E）	MenuEdit	14	字体（F）…	MenuFormatFont
7	全选（A）	MenuEditAll	15	天蓝色背景（B）	MenuFormatColor
8	—	MenuEditSeparate2	16	退出（X）	MenuExit

说明：①—菜单项为分隔条。②上述的名称暗示了菜单项之间的"上、下级"关系，例如，针对 MenuFileOpen 所对应的菜单项，其上一级菜单项为：MenuFile 所对应的菜单项。

相关控件：RichTextBox 控件既具有文本框的文本显示和编辑功能，几乎支持文本框的所有属性、事件和方法（如：Text、SelLength、SelStart、SelText 等属性），又提供了更高级的功能（如：插入和显示图像文件、打开和保存"rtf 类型"的文档文件等）。表8-12 给出了 RichTextBox 控件的三要素基本情况。

说明：RichTextBox 控件图标▨的添加过程为：调用"部件"对话框→在"控件"选项卡中，勾选"Microsoft Rich Textbox Control 6.0（SP6）"项。

表8-12 RichTextBox 控件的常用三要素说明表

三要素	基本功能
属性 SelFontName、SelFontSize、SelBold、SelItalic、SelStrikeThru、SelUnderline、SelColor	设置"所选文本内容"的字体、字号、粗体、斜体、删除线、下划线、颜色
SelChange 事件	"在文本选择发生改变或插入点发生变化时"触发的事件
LoadFile 方法	向 RichTextBox 控件加载文档文件，其调用的语法格式如下： 对象名称 .LoadFile 文件名称，文件类型 其中，文件类型包括：rtfRTF 和 rtfText，分别加载 rtf 文件和文本文件
SaveFile 方法	将 RichTextBox 控件的内容存入文档文件，其调用的语法格式如下： 对象名称 .SaveFile 文件名称，文件类型 其中，文件类型包括：rtfRTF 和 rtfText，分别存为 rtf 文件和文本文件

【例8-4】的窗体设计过程如下：

1）编辑菜单

依据图 8-12 所示的菜单项情况，利用菜单编辑器，结合表 8-11 所示的菜单项标题和名称情况，编辑主菜单项及其子菜单项。

2）添加控件

在窗体中，分别添加 CommonDialog 控件和 RichTextBox 控件，以便调用对话框和显示文本内容。

3. 功能代码设计

菜单项的功能代码设计过程为：在"窗体设计"窗口中，单击菜单项→在"代码设计"窗口中，设计该菜单项的 Click 事件过程。

例如，"退出"菜单项（名称为：MenuExit）的 Click 事件过程设计结果如下：

```
Private Sub MenuExit_Click（）
    End
End Sub
```

【例 8-5】菜单功能设计问题。在【例 8-4】基础上，试完成：菜单项的功能设计（表 8-13）。

表 8-13 【例 8-5】的菜单项功能说明表

菜单项	功 能
rtf 文档	调用"rtf 类型"文件的"打开"对话框，并向 RichTextBox 控件加载所选文件
保存	调用"rtf 类型"文件的"另存为"对话框，并将 RichTextBox 控件的内容存入文件
全选	全部选定 RichTextBox 控件的内容
剪切、复制、粘贴、删除	剪切、复制、粘贴、删除"所选"内容
天蓝色背景	若显示复选符 ☑，则 RichTextBox 控件的背景色为：天蓝色，否则，设置为：白色
字体	调用"字体"对话框，设置"所选"内容的字体特征
退出	关闭应用程序

【例 8-5】的程序设计结果如下：

1）"文件"主菜单项的程序设计

如图 8-15 所示。其中，LoadFile 方法将 rtf 文件，载入控件 RichTextBox1；SaveFile 方法将控件 RichTextBox1 内容，存入 rtf 文件。

2）"编辑"主菜单项的部分程序设计

如图 8-16 所示。其中，SelChange 事件过程用于"在文本选择发生改变时"设置复制、剪切和删除等子菜单项的可用性。

图 8-15 "文件"主菜单项的程序设计

问题：如何设计"粘贴"和"删除"子菜单项的 Click 事件过程？

3）"格式"主菜单项的程序设计

如图 8-17 所示。其中，控件 RichTextBox1 的 SelFontName、SelBold 等属性用于设置"所选文本内容"的字体特征。

说明：请补充窗体的 Load 事件过程，设置控件 RichTextBox1 的"天蓝色"背景颜色，这是因为"天蓝色背景"子菜单项的初始状态为：显示复选符 ✔。

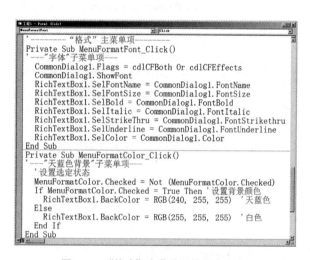

图 8-16 "编辑"主菜单项的部分程序设计　　　图 8-17 "格式"主菜单项的程序设计

8.2.3 弹出式菜单

在某一个对象被右击时，弹出式菜单用于提供该对象"在下拉式菜单中"常用的主菜单项，如图 8-13 所示。

相应地，弹出式菜单的设计过程为：设计下拉式菜单→利用特定对象的 MouseDown（或 MouseUp）事件过程，调用 PopupMenu 方法。

说明：MouseDown 和 MouseUp 事件是"在鼠标被按下和释放时"触发的事件。

PopupMenu 方法用于"在特定对象上"显示弹出式菜单，其调用的常用语法格式如下：

> 对象名称 .PopupMenu 主菜单项名称

1. 对象名称

指定弹出式菜单所属的对象。

2. 主菜单项名称

指定弹出式菜单所对应的主菜单项。

说明： 在上述语法格式中，主菜单项是预先设计的下拉式菜单，且须含有子菜单项。

【例 8-6】 弹出式菜单设计问题。在【例 8-5】基础上，试完成：在控件 RichTextBox1 被右击时，显示一个弹出式菜单（图 8-13）。

图 8-18 给出了控件 RichTextBox1 的 MouseDown 事件过程设计结果。其中，PopupMenu 方法用于显示一个的弹出式菜单，该菜单源于"编辑"主菜单项（名称为：MenuEdit）。

说明： 在 MouseDown（MouseUp）事件过程中，参数 Button 用于识别"触发事件"的鼠标按键，其取值主要包括：1（vbLeftButton，即左键）、2（vbRightButton，即右键）。

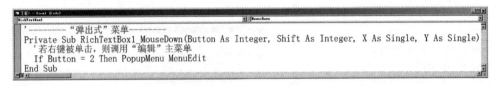

```
'————————"弹出式"菜单————————
Private Sub RichTextBox1_MouseDown(Button As Integer, Shift As Integer, X As Single, Y As Single)
    '若右键被单击，则调用"编辑"主菜单
    If Button = 2 Then PopupMenu MenuEdit
End Sub
```

图 8-18 控件 RichTextBox1 的 MouseDown 事件过程设计

问题： 如何设计 MouseUp 事件过程，实现【例 8-6】的功能要求？

8.3　工具栏

工具栏（ToolBar） 是集成常用操作命令的一种按钮区域。通常，在下拉式菜单基础上，工具栏提供操作命令的快捷调用途径。

例如，在图 8-19 中，工具栏包含了 6 个功能按钮，调用打开、保存、剪切、复制和粘贴命令（即调用"下拉式菜单"的相应菜单项功能）。

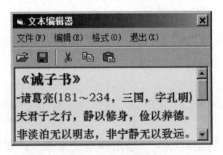

图 8-19 工具栏示例

说明： 依据图 8-19，在按钮▣和✂之间，"分隔线"‖也是功能按钮，仅用于功能按钮的分组，没有命令的调用功能。

8.3.1　ToolBar 控件

在 Visual Basic 中，ToolBar 控件用于设计工具栏，是功能按钮的容器。

相应地，工具栏的设计过程为：创建工具栏（即添加 ToolBar 控件）→在 ToolBar 控件中，添加功能按钮→设计按钮的功能程序（即设计 ToolBar 控件的事件过程）。

1. 控件图标的添加

ToolBar 控件图标的添加过程为：调用"部件"对话框→在"控件"选项卡中，勾选"Microsoft Windows Common Controls 6.0（SP6）"项。

在"工具箱"窗口中，ToolBar 控件的图标为：。

2. 控件的添加

图 8-20 给出了 ToolBar 控件的添加效果。

（1）工具栏处于"空白"状态（即尚未包含按钮）。

（2）若窗体已包含菜单栏，则 ToolBar 控件自动地添加到菜单栏的下面。

ToolBar控件 ——

图 8-20　ToolBar 控件的添加示例

8.3.2　功能按钮

功能按钮是工具栏的组成要素。ToolBar 控件的"属性页"对话框用于功能按钮的设计，如图 8-21 所示。

为了美化 Toolbar 控件的显示状态，功能按钮需要采用图标样式，如：。相应地，在 Visual Basic 中，ImageList 控件能够提供图像文件，以便设计"图标样式"按钮。

图 8-21　ToolBar 控件的"属性页"对话框

说明：在"图标样式"按钮设计过程中，ToolBar 控件和 ImageList 控件需要建立关联，以便添加图标文件。例如，在图 8-21 中，"图像列表"下拉列表框用于建立上述关联。

1. ImageList 控件

ImageList（图像列表）控件用于提供图像集合。该控件可以包含 BMP、CUR、ICO、JPG 等格式的文件。在"工具箱"窗口中，ImageList 控件的图标为：。

（1）控件图标的添加

ImageList 控件图标的添加过程为：调用"部件"对话框→在"控件"选项卡中，勾选

"Microsoft Windows Common Controls 6.0（SP6）"项。

> **说明**：在设计状态下，ImageList 控件是可见的；在程序运行时，该控件是不可见的。

（2）图像的添加

在设计状态下，ImageList 控件的图像添加过程如下：

① 调用"属性页"对话框（图 8-22）。右击 ImageList 控件→在弹出的快键菜单中，选择"属性"命令。

② 添加图像文件。在"图像"选项卡中，单击【插入图片】按钮→在"选定图片"对话框（图 8-23）中，选定图像文件。

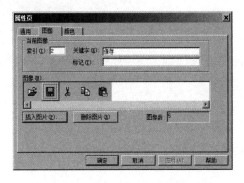

图 8-22　ImageList 控件的"属性页"对话框　　　图 8-23　"选定图片"对话框

> **说明**：在图 8-22 中，【删除图片】按钮用于删除当前图像。

（3）常用属性

Index（索引）属性和 Key（关键字）属性均用于标识和引用图像，如表 8-14 所示。

如图 8-22 所示，在"图像"选项卡中，"图像"列表框用于显示图像集合和选定当前图像；"索引"框和"关键字"框用于显示和设置当前图像的 Index 属性和 Key 属性。

> **问题**：在图 8-22 中：① ListImage 控件包含多少个图像？②当前图像的 Index 和 Key 属性值分别是什么？

表 8-14　Index 属性和 Key 属性说明表

属性名称	属性功能	属性值
Key	返回或设置一个字符串	直观地反映图像的特征，即"关键字"框的内容（图 8-22）
Index	返回或设置一个整数	依据图像的添加顺序，Index 属性值依次为：1、2、…

2. 功能按钮的设计

功能按钮的设计过程为：调用 ToolBar 控件的"属性页"对话框→在"通用"选项卡中，设置 ToolBar 控件的属性（图 8-21）→在"按钮"选项卡中，设置按钮的属性（图 8-24）。

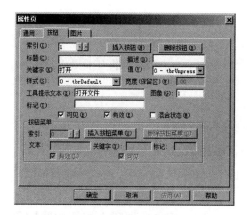

图 8-24 ToolBar 控件的"属性页"对话框("按钮"选项卡)

结合图 8-24，表 8-15 给出了按钮的常用属性情况。

表 8-15 功能按钮的常用属性说明表

属性名称	属性功能	案 例
Index（索引）	返回一个整数	当前按钮的索引值为：1
Caption（标题）	设置或返回按钮上显示的文本内容	按钮 的"标题"属性值为：打开
Key（关键字）	返回或设置一个字符串	当前按钮的关键字为：打开
Style（样式）	设置按钮的类型	当前按钮的样式为：0-tbrDefault（即普通按钮）
Image（图像）	获取或设置"分配给按钮"的图像的索引值	当前按钮的图像为：1（即在 ImageList 控件中，"Index 属性值为 1"的图像 ）
ToolTipText（工具提示文本）	指定"当鼠标在按钮上暂停时"显示的文本内容	当前按钮的工具提示文本为：打开文件，如：

说明： 属性 Index 和 Key 均能够标识和引用具体按钮，以便设计和调用按钮的功能程序。

【例 8-7】工具栏的功能按钮设计问题。在"文本编辑器"窗口（图 8-11）基础上，依据图 8-19，试完成：①工具栏的创建；②工具栏的按钮设计，如表 8-16 所示。

表 8-16 【例 8-7】的功能按钮设计说明表

按钮	属性				
	索引	关键字	样式	图像	工具提示文本
	1	打开	0-tbrDefault	1	打开文件
	2	保存	0-tbrDefault	2	保存文件
	3	分隔线	3-tbrSeparator		
	4	剪切	0-tbrDefault	3	剪切文本
	5	复制	0-tbrDefault	4	复制文本
	6	粘贴	0-tbrDefault	5	粘贴文本

说明：①"索引"属性值暗示着按钮的添加顺序，例如，按钮■为：第2个"被添加"的按钮；②"图像"属性值对应着 ImageList 控件中图像的 Index 属性值；③"样式"属性值 3-tbrSeparator 用于创建"分隔线"按钮。

【例 8-7】的工具栏按钮设计过程如下：

1）添加控件。在窗体中，添加 ToolBar 控件和 ImageList 控件，如图 8-20 所示。

2）建立按钮的图标集。向 ImageList 控件中，依次地添加图像，如图 8-22 所示。

3）调用 ToolBar 控件的"属性页"对话框，如图 8-21 所示。

4）绑定 ToolBar 控件和 ImageList 控件（即建立按钮的图标源）。利用"通用"选项卡，在"图像列表"下拉列表框中，选择 ImageList 控件（如：ImageList1），如图 8-21 所示。

说明：在上述的绑定之后，若 ImageList 控件的图像需要增加和删除，则上述绑定须被取消（即在"图像列表"下拉列表框中选择"无"项）。

5）设置工具栏样式。利用"通用"选项卡，在"样式"下拉列表框中，选择"样式"属性值（即 1-tbrFlat，"平面按钮"样式）。

说明：针对"样式"属性值，0-tbrStandard 为："标准按钮"样式，如：▣▣⊞⊟▣▣。

6）添加功能按钮。利用"按钮"选项卡，依据表 8-16，逐一地单击【插入按钮】按钮，并设置按钮的属性。

说明：在上述添加过程中，索引属性无需"手动"设置，即依据按钮的添加顺序，索引属性值被自动地赋值。

8.3.3 ButtonClick 事件

ButtonClick 事件是"在 Toolbar 控件所含按钮被单击时"触发的事件。

以控件 ToolBar1 为例，ButtonClick 事件过程的语法格式如下：

```
Private Sub Toolbar1_ButtonClick（ByVal Button As MSComctlLib.Button）
    程序代码
End Sub
```

其中，参数 Button 用于引用"被单击"的 Button 对象（即功能按钮）。

说明：Toolbar 控件是 Button 对象的集合，其中，每一个 Button 对象代表着单个按钮。

在 ButtonClick 事件过程中，参数 Button 能够调用 Button 对象的属性和方法，以便设计"被单击"按钮的功能程序。例如，Button.Index 能够返回 Button 对象的"索引"属性值（即识别特定的按钮），以便设计相应按钮的功能程序，如图 8-25 所示。

【例 8-8】工具栏的功能设计问题。在【例 8-6】和【例 8-7】基础上，试完成：基于"菜单项"的按钮功能设计，如表 8-17 所示。

表 8-17 【例 8-8】的"按钮 - 菜单项"关系说明表

按钮	菜单项名称	调用事件
	MenuFileOpenText	"rtf 文档"菜单项的 Click 事件
	MenuFileSave	"保存"菜单项的 Click 事件
	MenuEditCut	"剪切"菜单项的 Click 事件
	MenuEditCopy	"复制"菜单项的 Click 事件
	MenuEditPaste	"粘贴"菜单项的 Click 事件

图 8-25 给出了【例 8-8】的 ButtonClick 事件过程设计结果。其中，Select Case 语句依据 Button.Index 的值，选择执行 Call 语句，调用菜单项的 Click 事件过程。

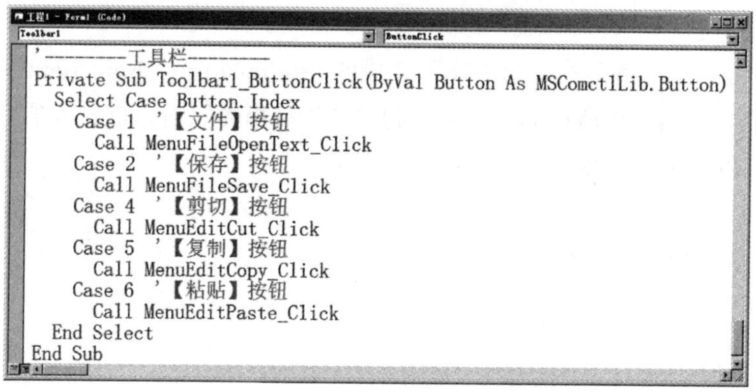

```
'——————工具栏——————
Private Sub Toolbar1_ButtonClick(ByVal Button As MSComctlLib.Button)
  Select Case Button.Index
    Case 1 '【文件】按钮
      Call MenuFileOpenText_Click
    Case 2 '【保存】按钮
      Call MenuFileSave_Click
    Case 4 '【剪切】按钮
      Call MenuEditCut_Click
    Case 5 '【复制】按钮
      Call MenuEditCopy_Click
    Case 6 '【粘贴】按钮
      Call MenuEditPaste_Click
  End Select
End Sub
```

图 8-25 【例 8-8】的事件过程设计

问题：依据上述设计结果，在 Select Case 语句中，若测试表达式 Button.Index 改为：Button.Key，则如何修改 Case 子句，实现相同的功能？

8.4 案例实现

本案例涉及了菜单和工具栏的设计问题，初步实现"方剂信息系统"主界面的设计。

1. 工程创建

本案例需要创建一个工程，并进行工程和窗体的保存（文件名称分别为：方剂信息系统 .vbp 和 FrmMain.frm）。

2. 菜单设计

（1）菜单项的设计

主界面的菜单项设计过程为：调用菜单编辑器→设计菜单项（表 8-18）。

问题：依据表 8-18，"信息查询"菜单项包含哪些子菜单项？

表 8–18　主界面的菜单项设计说明表

标题	名称	快捷键
信息录入（&I）	MenuInput	
信息查询（&Q）	MenuQuery	
全部查询	MenuQueryAll	Ctrl+A
–	MenuQuerySeparate	
条件查询	MenuQueryCriteria	Ctrl+C
信息分析（&A）	MenuAnalysis	
用户管理（&U）	MenuManage	
退出（&X）	MenuExit	

（2）功能代码的设计

在主界面中，"信息录入"菜单项用于调用"方剂信息录入"界面（图 6–1），相应地，功能代码的设计过程如下：

① 相关窗体的添加：将第 6 章第 5 节所完成的 FrmInput.frm、FrmDrug.frm、FrmType.frm 3 个窗体文件，复制到当前工程所在的路径下→利用"添加窗体"对话框，添加上述 3 个窗体。

② 菜单项的 Click 事件过程设计：具体设计结果如下：

```
Private Sub MenuInput_Click（ ）
    Form1.Show
End Sub
```

问题：若"退出"菜单项用于关闭应用程序，则如何设计该菜单项的功能代码？

3. 工具栏设计

（1）图像的添加

为了设计"图标样式"按钮，本案例需要利用控件 ImageList1，获取图像文件。

图像的添加过程为：添加 ImageList 控件图标→添加控件 ImageList1→利用该控件的"属性页"对话框（图 8–26）和"选定图片"对话框（图 8–27），依次添加图像文件。

图 8–26　控件 ImageList1 的"属性页"对话框　　　图 8–27　"选定图片"对话框

（2）功能按钮的设计

功能按钮的设计过程为：

① 添加 ToolBar 控件：添加 ToolBar 控件图标→添加控件 ToolBar1。

② 设计功能按钮：调用该控件的"属性页"对话框→在"通用"选项卡中，将"图像列表"属性值选定为：ImageList1（图 8-21）。将"样式"属性值选定为：1-tbrFlat→在"按钮"选项卡中，设置按钮的属性（表 8-19）。

问题：依据表 8-19，工具栏包含了多少个分隔线？

表 8-19 工具栏设计说明表

索引	关键字	工具提示文本	样式	图像
1	信息录入	方剂信息录入	0-tbrDefault	1
2			3-tbrSeparator	
3	信息查询	方剂信息条件查询	0-tbrDefault	2
4			3-tbrSeparator	
5	信息分析	药物组成分析	0-tbrDefault	3
6			3-tbrSeparator	
7	用户管理	用户信息录入	0-tbrDefault	4

（3）功能设计

在主界面中，【信息录入】按钮用于调用"信息录入"菜单项的 Click 事件过程（即调用该菜单项的功能）。

图 8-28 给出了控件 Toolbar1 的 ButtonClick 事件过程设计结果。

图 8-28 控件 Toolbar1 的 ButtonClick 事件过程设计

问题：依据上述设计结果，在 Select Case 语句中，若测试表达式改为：Button.Index，则如何修改 Case 子句实现相同的功能？

说明：关于"方剂信息系统"主界面的其他功能，详见第 11 章第 7 节的相关内容。

小 结

1. 对话框是用户向应用程序提交任务请求的一种特殊窗口。在 Visual Basic 中，

CommonDialog 控件用于调用"打开""另保存""字体"和"颜色"等通用对话框。

2. 菜单提供了界面操作命令的调用途径。Visual Basic 提供了菜单编辑器，实现下拉式菜单的设计，菜单项的 Click 事件过程用于实现菜单项的功能。通过特定对象的 MouseDown（或 MouseUp）事件过程，PopupMenu 方法用于调用该对象上的弹出式菜单。

3. 工具栏提供了界面常用操作命令的便捷调用途径。Visual Basic 提供了 ToolBar 控件及其 ButtonClick 事件，实现工具栏的设计。为了设计"图标样式"按钮，ImageList 控件用于提供图像文件，供 ToolBar 控件使用。

4. 本章主要概念：预定义对话框、自定义对话框、通用对话框、过滤器、菜单栏、工具栏。

习题 8

1. 试述下拉式菜单和弹出式菜单之间的功能差异。

2. 试述下拉式菜单、弹出式菜单和工具栏的设计过程。

3. 针对控件 CommonDialog1，依据表 8-20 所示的功能要求，试设计相应的功能语句。

表 8-20　功能说明表

序号	功能内容
1	对话框的类型："打开"对话框
2	对话框的标题内容：方剂数据库打开
3	对话框的初始路径：E:\中医药数据库
4	对话框的过滤器：对话框显示 Access 文件（扩展名为：adb 和 accdb）和所有文件

4. 试完成：利用 CommonDialog 控件，调用"颜色"对话框，并设置窗体的背景颜色。

5. 结合【例 8-1】的程序设计结果（图 8-6），针对所调用的 2 个对话框，试回答下述问题。

（1）标题内容、初始路径和过滤器分别是什么？

（2）所存文件的缺省文件类型是什么？

（3）If 语句的功能分别是什么？

6. 结合【例 8-3】的程序设计结果，若将语句 CommonDialog1.ShowColor 调整为：第 1 条语句，则能否实现该案例的功能要求？

7. 结合【例 8-4】和【例 8-5】的菜单设计结果，试实现下述设计要求。

（1）菜单项的调整。在【例 8-4】的菜单设计基础上（图 8-12），将"退出"主菜单项调整为："文件"主菜单项的最后一项子菜单，且在该菜单项与"保存"子菜单项之间，添加一个分隔条。

（2）程序代码的完善。在【例 8-5】的程序设计结果基础上，补充"退出"菜单项的 Click 事件过程，关闭应用程序。

8. 结合【例 8-7】的工具栏设计结果，试实现下述设计要求。

（1）工具栏的按钮添加。在工具栏中（图 8-19），添加【字体】按钮，且在该按钮与"粘贴"按钮之间，添加一个分隔线。

（2）程序代码的完善。针对上述的【字体】按钮，完善控件 ToolBar1 的 ButtonClick 事件过程，调用"字体"菜单项的 Click 事件过程。

图形设计

【学习目标】

通过本章的学习，你应该能够：掌握图形控件和图形方法的基本使用，熟悉 Visual Basic 坐标系统，熟悉图形设计的基本方法。

【章前案例】

图形设计是直观呈现数据特点的有效途径。利用"患者疗效情况 .txt"文件（图 7–10），"数据分析"界面用于生成疗效指标数据的折线图（图 9–1）。试解决下述问题：①如何设计和绘制坐标系统？②如何绘制疗效指标数据的折线图？

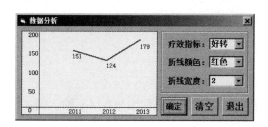

图 9–1　"数据分析"界面

图形用于丰富程序的可视化功能。例如，折线图能够直观地反映数据的变化趋势。Visual Basic 提供了丰富的图形设计途径，即在容器（又称为绘图区，如：窗体、图片框等）中，借助坐标系统、图形控件和图形方法，绘制可识别的形状。

本章将介绍 Visual Basic 坐标系统、图形控件和图形方法等内容。

9.1　Visual Basic 坐标系统

Visual Basic 提供了缺省坐标系统和自定义坐标系统，其中，坐标系统包括三个要素，即坐标原点、坐标轴方向和坐标度量单位。

相关概念：坐标系统（Coordinate System，简称坐标系）是描述"空间中"物质存在位置的一种参照系。

在 Visual Basic 中，每一种容器（如：窗体、图片框等）均具有坐标系统，以便定位对象和图形。图 9-2 给出了窗体和图片框的缺省坐标系统情况。

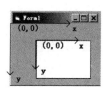

图 9–2　缺省坐标系统示例

9.1.1 缺省坐标系统

缺省坐标系统是 Visual Basic 所预先定义的一种坐标系统，又称为默认坐标系统。

针对缺省坐标系统，图 9-2 给出了原点（位于容器的左上角）、x 轴正方向（水平向右）和 y 轴正方向（垂直向下）情况，度量单位取决于容器的 ScaleMode 属性（表 9-1）。

表 9-1 ScaleMode 属性的常用值说明表

序号	属性值	度量单位	序号	属性值	度量单位
1	1-Twip	缺省值，缇	4	5-Inch	英寸
2	2-Point	磅	5	6-Millimeter	毫米
3	3-Pixel	像素	6	7-Centimeter	厘米

9.1.2 自定义坐标系统

自定义坐标系统用于改善缺省坐标系统的弊端（如：坐标轴仅包含正方向），以便定位和缩放图形。

Scale 方法用于定义窗体、图片框的坐标系统，其常用的语法格式如下：

> Object.Scale $(x_1, y_1) - (x_2, y_2)$

1. Object

指定窗体或图片框。

2. (x_1, y_1)

指定对象"左上角"的横坐标（x 轴）值和纵坐标（y 轴）值。

3. (x_2, y_2)

指定对象"右下角"的横坐标（x 轴）值和纵坐标（y 轴）值。

> **说明：** 依据上述语法格式，参数 (x_1, y_1) 和 (x_2, y_2) 须由减号（即 -）连接。

例如，利用下述语句，图片框 Picture1 的坐标系统被重新定义（图 9-3）；即"左上角""右下角"的坐标分别为：$(-30, 20)$、$(30, -20)$，原点：居中。

图 9-3 自定义坐标系统示例

> Picture1.Scale $(-30, 20) - (30, -20)$

9.2 图形控件

图形控件用于"在容器中"添加图形元素，主要包括 Line 控件和 Shape 控件。

9.2.1 Line 控件

Line 控件用于添加直线。表 9-2 给出了 Line 控件的常用属性情况。

表 9-2 Line 控件的常用属性说明表

属性名称	属性功能	属性值
X1 和 Y1	设置直线的起点位置，即（X1，Y1）	单精度型数据
X2 和 Y2	设置直线的终点位置，即（X2，Y2）	单精度型数据
BorderColor	设置直线的颜色	RGB 函数值或颜色的内部常量，缺省值对应着：黑色
BorderWidth	设置直线的粗细	缺省值为：1
BorderStyle	设置直线的类型	vbTransparent：0，透明线；vbBSSolid（缺省值）：1，实线；vbBSDash：2，虚线；vbBSDot：3，点线；vbBSDashDot：4，点划线；vbBSDashDotDot：5，双点划线；vbBSInsideSolid：6，内收实线

说明：①若 BorderWidth 属性值大于 1，则控件仅能添加实线和透明线（即 BorderStyle 属性的"非 0、非 1"值失效）。②属性 BorderColor、BorderWidth 和 BorderStyle 可以设置 Shape 控件、Circle 方法和 Line 方法所生成图形的边框线，下文将不再详述。

【例 9-1】坐标系统要素的绘制问题。以图片框作为绘图区，试完成：①窗体设计：图片框包含 3 个 Line 控件（图 9-4）；②功能设计：定义图片框的坐标系统（图 9-3），并添加坐标轴和原点（图 9-5）。

图 9-4 【例 9-1】的窗体

图 9-5 【例 9-1】的运行效果

图 9-6 给出了【例 9-1】的事件过程设计结果。其中，控件 Line3 的起点位置和终点位置是相同的（均为：0），即添加一个"点"，且 BorderWidth 属性值设定"点"的大小。

```
Private Sub Form_Activate()
    Picture1.Scale (-30, 20)-(30, -20) '(1)自定义坐标系统
    '(2)设置Line控件的边框（即直线）粗细
    Line1.BorderWidth = 2: Line2.BorderWidth = 2: Line3.BorderWidth = 12
    '(3)设置Line控件的边框（即直线）颜色
    Line3.BorderColor = vbRed
    '(4)设置Line控件的（即两条直线、一个点）位置
    Line1.X1 = -30: Line1.Y1 = 0    '起点位置:(-30,0)
    Line1.X2 = 30:  Line1.Y2 = 0    '终点位置:(30,0)
    Line2.X1 = 0: Line2.Y1 = -20: Line2.X2 = 0: Line2.Y2 = 20
    Line3.X1 = 0: Line3.Y1 = 0:  Line3.X2 = 0: Line3.Y2 = 0
End Sub
```

图 9-6 【例 9-1】的事件过程设计

问题：依据上述设计结果：①在图 9-5 中，控件 Line1 和 Line2 分别对应着哪一条直线（即坐标轴）？②如何将两条直线的类型设置为：虚线？

9.2.2 Shape 控件

Shape 控件用于添加"预定义"形状，如：矩形、正方形、椭圆等。在"工具箱"窗口中，Shape 控件的图标为： 。

表 9-3 给出了 Shape 控件的常用属性情况。

表 9-3 Shape 控件的常用属性说明表

属性名称	属性功能	属性值
Shape	设置形状的类型	VbShapeRectangle（缺省值）：0，矩形□ VbShapeSquare：1，正方形□ VbShapeOval：2，椭圆形○ VbShapeCircle：3，圆形○ VbShapeRoundedRectangle：4，圆角矩形□ VbShapeRoundedSquare：5，圆角正方形□
FillStyle	设置形状的填充样式 （即填充线的样式）	VbFSSolid：0，实线■（即"无线、纯色"效果） VbFSTransparent（缺省值）：1，透明线▨（即容器的背景色） VbHorizontalLine：2，水平直线▤ VbVerticalLine：3，垂直直线▥ VbUpwardDiagonal：4，上斜对角线▨ VbDownwardDiagonal：5，下斜对角线▨ VbCross：6，十字线▦ VbDiagonalCross：7，交叉对角线▨
FillColor	设置形状的填充颜色 （即填充线的颜色）	RGB 函数值或颜色的内部常量 缺省值对应着：黑色

说明： 若 FillStyle 属性值为 1（即透明线），则 FillColor 属性将失效（即透明线无法设置填充颜色）。

【**例 9-2**】秒钟的设计问题。试完成：①窗体设计：图片框包含一个标签、一个 Line 控件和一个 Shape 控件（图 9-7）；②功能设计：利用定时器的 Timer 事件过程，实现指针（即 Line 控件）的转动和秒数的显示，如图 9-8 所示。

图 9-7 【例 9-2】的窗体

图 9-8 【例 9-2】的运行效果

说明： Move 方法用于移动对象，如：Shape 控件（即图形）的居中，其语法格式为：object.Move left，top，width，height。其中，参数 left 和 top 用于指定对象左端的横坐标和顶端的纵坐标，参数 width 和 height 用于指定对象的新宽度和新高度。

图 9-9 给出了【例 9-2】的部分程序设计结果。

1）定时器的 Timer 事件过程

在每隔 1 秒钟，计算新的角度（即增量角度为：2π 的 60 等分）→定位 Line 控件（即设置其终点位置）→获取并显示秒数。

2）窗体的 Load 事件过程

语句 Shape1.Move −1，1，2，2 用于依据图片框 Picture1（即容器）的自定义坐标系统，将控件 Shape1 移至容器的中间位置，并调整大小。

```
Dim alpha As Double, n As Double '角度变量、秒数变量
Const pi = 3.14159    '圆周率常量
Private Sub Form_Load()
'-----初始化"秒钟"模式-----
  Picture1.Scale (-1, 1)-(1, -1) '(1)自定义坐标系统
  '(2)设置Shape控件
  Shape1.Shape = vbShapeCircle   '圆形
  Shape1.Move -1, 1, 2, 2        '移至容器的"中间"位置
  Shape1.BorderWidth = 3         '边框的线宽
  '(3)设置定时器
  Timer1.Enabled = False: Timer1.Interval = 1000
  '(4)设置Line控件的线宽、颜色
  Line1.BorderWidth = 3: Line1.BorderColor = vbRed
  '(5)定位Line控件
  Line1.X1 = 0: Line1.Y1 = 0: Line1.X2 = 0: Line1.Y2 = 0.9
  '(6)设置控件Label
  Label1.Caption = "0"
  Label1.Move -0.07, -0.07  '移至"原点"附近
End Sub
Private Sub Timer1_Timer()
'-----"秒"计时-----
  alpha = alpha + (2 * pi) / 60    '计算旋转角度
  '定位Line控件
  Line1.X2 = 0.9 * Sin(alpha): Line1.Y2 = 0.9 * Cos(alpha)
  n = n + 1: Label1.Caption = n  '获取并显示秒数
End Sub
```

图 9-9　【例 9-2】的部分程序设计

问题：①针对上述设计结果，控件 Line1 的起点位置是什么？②如何设计【启动】按钮和【暂停】按钮的 Click 事件过程，控制定时器的可用性？

9.3　图形方法

Visual Basic 提供了 PSet、Line、Circle 等方法，用于添加图形效果。

9.3.1　绘图区的相关属性

在图形方法的使用过程中，绘图区的一些属性能够设置该区域及其所含图形的基本特征，如：图片框的背景颜色、图形的起始位置等。

1. CurrentX 属性与 CurrentY 属性

针对容器（即绘图区）而言，CurrentX 属性和 CurrentY 属性用于返回或设置当前的横坐标和纵坐标，供"下一次"Print（或图形）方法使用，其赋值语句的语法格式如下：

Object.CurrentX=x　　　　　　Object.CurrentY=y

上述语句的功能在于：在"Object 所指定"的容器中，将当前坐标设置为:（x，y）。

表 9-4 给出了不同方法和上述两种属性的关系情况。

表 9-4 方法与属性 CurrentX、CurrentY 的关系说明表

方法名称	属性 CurrentX 和 CurrentY 的值
Print	"下一次"文本内容的输出位置
PSet	"点"位置
Line	线的"终点"位置
Circle	对象的"中心"位置

【例 9-3】文字的阴影效果问题。利用属性 CurrentX 和 CurrentY，试完成：设计文本内容的"阴影"效果（图 9-10）。

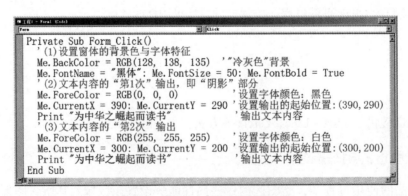

图 9-10 【例 9-3】的运行效果

说明：ForeColor（前景色）属性能够设置窗体（或图片框）上的文本和图形的颜色。

图 9-11 给出了【例 9-3】的事件过程设计结果。

1）第 1 个 Print 方法

文本内容的颜色为：黑色，输出起始位置为:（390，290）。

2）第 2 个 Print 方法

文本内容的颜色为：白色，输出起始位置为:（300，200）（即向"斜左上方"偏移）。

```
Private Sub Form_Click()
    '(1)设置窗体的背景色与字体特征
    Me.BackColor = RGB(128, 138, 135)   '"冷灰色"背景
    Me.FontName = "黑体": Me.FontSize = 50: Me.FontBold = True
    '(2)文本内容的"第1次"输出，即"阴影"部分
    Me.ForeColor = RGB(0, 0, 0)          '设置字体颜色：黑色
    Me.CurrentX = 390: Me.CurrentY = 290 '设置输出的起始位置:(390,290)
    Print "为中华之崛起而读书"          '输出文本内容
    '(3)文本内容的"第2次"输出
    Me.ForeColor = RGB(255, 255, 255)    '设置字体颜色：白色
    Me.CurrentX = 300: Me.CurrentY = 200 '设置输出的起始位置:(300,200)
    Print "为中华之崛起而读书"          '输出文本内容
End Sub
```

图 9-11 【例 9-3】的事件过程设计

问题：依据上述设计结果：①若第 1 个 Print 方法的输出起始位置为：原点，则如何修改程序代码？②如何将"白色的"内容输出起始位置向"斜右下方"偏移？

2. AutoRedraw 属性

AutoRedraw 属性用于设置窗体（或图片框）的自动重绘功能，实现从图形方法（或 Print 方

法）到持久图形的输出，其属性值及其功能如下：

（1）True

自动重绘“有效”，图形（或文本）输出到屏幕上，并自动地存储在内存的图像中（即生成持久图形）。

（2）False（缺省值）

自动重绘“无效”，图形（或文本）只输出到屏幕上。

相关概念：持久图形（Persistent Graphics）是指存储在内存中的、图形方法和 Print 方法的输出结果，如：图形、文本内容等。

说明：在窗口（或图片框）隐藏在其他窗口后面［图 9–12（a）］、又重新显示的情况下，若 AutoRedraw 属性值为 False，则“被隐藏”窗口的部分输出内容将会消失［图 9–12（b）］，否则，系统利用持久图形，在窗口（或图片框）中自动重绘输出。或者窗口在“最小化、再还原”后，窗口的输出内容将消失。

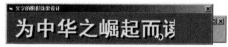

（a）窗口隐藏在其他窗口后面　　（b）窗口重新显示

图 9–12　AutoRedraw 属性示例

3. Image 属性

针对窗体和图片框，Image 属性用于返回持久图形的句柄，供图形操作（如：保存）。

相关概念：句柄（Handle）是由“Windows 运行环境”定义和提供的唯一的数值，供程序用来标识（或切换到）对象。

【例 9–4】图形的保存问题。在【例 9–3】基础上，试完成：在窗体被关闭时，存储文字的“阴影效果”图形。

```
Private Sub Form_Load()
  Me.AutoRedraw = True
End Sub
Private Sub Form_Unload(Cancel As Integer)
'---在窗体关闭时，保存文字显示效果---
  SavePicture Me.Image, _
              App.Path & "\阴影效果图.bmp"
End Sub
```

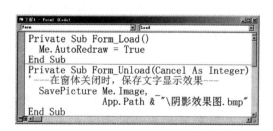

图 9–13　【例 9–4】的程序设计

图 9–13 给出了【例 9–4】的程序设计结果。

1）窗体的 Load 事件过程

设置 AutoRedraw 属性，以便生成持久图形。

2）窗体的 UnLoad 事件过程

利用 SavePicture 语句，将“Image 属性值所标识”的图形保存到“阴影效果图 .bmp”文件中。

问题： 依据上述设计结果，"阴影效果图 .bmp"文件的存储路径是什么？

4. 其他属性

图片框和窗体的一些属性用于设置图形的填充模式、线宽度等特征（见表 9-5）。

表 9-5 绘图区的其他属性说明表

属性名称	属性功能	属性值
FillStyle	设置"方法 Circle 和 Line 所生成"圆形、矩形的填充样式	参见表 9-3
FillColor	设置"方法 Circle 和 Line 所生成"圆形、矩形的填充颜色	缺省值对应着：黑色
DrawWidth	指定图形方法输出的线宽、点大小	数值型数据

9.3.2 PSet 方法

PSet 方法用于绘制点，其语法格式如下：

```
Object.Pset［Step］（x，y）［，Color］
```

说明： PSet 方法能够绘制线（尤其曲线），这是因为线是若干个"连续"点的集合。

表 9-6 给出了上述语法格式的参数情况。

表 9-6　PSet 方法的参数说明表

参数	说 明
Object	指定图形所在的容器
（x，y）	指定点的位置坐标
Step	可选项，指定"相对于由容器的属性 CurrentX 和 CurrentY 提供的当前图形位置"的相对坐标，即（CurrentX 属性值 +x，CurrentY 属性值 +y） 若该项被省略，则图形方法直接使用（x，y）
Color	可选项，设置图形的颜色；若该项被省略，则图形的颜色决定于容器的 ForeColor 属性值

【例 9-5】点和线的绘制问题。以图片框 Picture1 为容器，利用 PSet 方法，试完成：绘制点和线，并显示容器的当前坐标，如图 9-14 所示。

图 9-15 给出了【例 9-5】的程序设计结果。

1）命令按钮 Command1 的 Click 事件过程

PSet 方法利用关键字 Step，指定点的相对坐标。例如，在图 9-14 中，"上面"两个点的坐标分别为：（350，200）和（700，400）。

图 9-14 【例 9-5】的运行效果

说明： DrawWidth 属性用于设置"点"的大小，详见表 9-5 的相关内容。

2）命令按钮 Command2 的 Click 事件过程

For 语句用于重复调用 PSet 方法，绘制若干个"点"，以便生成一条直线。

说明：在图 9-15 中，For 语句的步长用于控制"连续"两个点之间的间隔（即 10），且步长常为较小的数，以便实现多点之间的"紧凑"状态（即"线"的效果）。

```
Private Sub Command1_Click()
'---【画点】按钮---
  Picture1.DrawWidth = 15    '设置"点"的大小
  Picture1.PSet Step(350, 200), vbRed
  Text1.Text = Picture1.CurrentX: Text2.Text = Picture1.CurrentY
End Sub
Private Sub Command2_Click()
'---【画线】按钮---
  Picture1.DrawWidth = 20
  For i = 400 To 1200 Step 10
    Picture1.PSet (i, 1000), vbBlue
  Next i
  Text1.Text = Picture1.CurrentX: Text2.Text = Picture1.CurrentY
End Sub
```

图 9-15 【例 9-5】的程序设计

问题：依据上述设计结果：①直线的起点坐标是什么？②直线包含多少个点？颜色是什么？③若程序需要绘制一条垂线，则如何修改上述程序代码？

9.3.3 Line 方法

Line 方法用于绘制直线和矩形，其语法格式如下：

$$\text{Object.Line} \, [\, \text{Step} \,] \, (x_1, y_1) - [\, \text{Step} \,] \, (x_2, y_2) \, [\, , \text{Color} \,] \, [\, , \text{B} \, [\, \text{F} \,]\,]$$

表 9-7 给出了上述语法格式的主要参数情况。

表 9-7 Line 方法的主要参数说明表

参数	说 明
(x_1, y_1)	指定直线的起点坐标（或矩形的"左上角"坐标）
(x_2, y_2)	指定直线的终点坐标（或矩形的"右下角"坐标）
Color	可选项，指定直线（或矩形的边框线）的颜色 若该项被省略，则线的颜色为：容器的 ForeColor 属性值
B	可选项，绘制矩形，即对角坐标为：(x_1, y_1) 和 (x_2, y_2) 若该项被省略，则 Line 方法用于绘制直线，且禁止使用关键字 F
F	可选项，指定矩形的填充颜色为：边框线的颜色，即 BF 形式的基本功能 若该项被省略（即仅使用关键字 B），则填充颜色由容器的属性 FillColor 和 FillStyle 决定

例如，假设图片框 Picture1 的 FillColor 属性值为:vbWhite（即白色），FillStyle 属性值为:0（即实线），下述两条语句的矩形绘制结果分别为：□和■。

Picture1.Line（10，10）-（90，60），vbRed，B

Picture1.Line（10，20）-（50，80），vbRed，BF

问题： 依据上述两条语句：①两个矩形的对角坐标分别是什么？②两个矩形的边框线及其填充颜色分别是什么？

【**例 9-6**】曲线的绘制问题。利用 Line 方法和 PSet 方法，试完成：在图片框内，绘制［-π，π］区间内的正弦曲线，如图 9-16 所示。

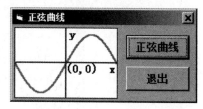

图 9-17 给出了【例 9-6】的程序设计结果。

1）For 语句

重复调用 PSet 方法，绘制一条曲线，其中，点的坐标为：(j, Sin (j))（-pi ≤ j ≤ pi），点的颜色为：绿色，2 个"连续"点的间隔：0.001（即步长）。

图 9-16 【例 9-6】的运行效果

```
Const pi = 3.14159
Private Sub Command1_Click()
'-----【正弦曲线】按钮-----
Picture1.DrawWidth = 2                  '(1)设置线宽
Picture1.Scale (-pi, 1.2)-(pi, -1.2)    '(2)自定义坐标系
For j = -pi To pi Step 0.001            '(3)绘制正弦曲线
    Picture1.PSet (j, Sin(j)), vbGreen
Next j
'(4)绘制坐标轴
Picture1.Line (0, -1.2)-(0, 1.2), vbRed: Picture1.Line (-pi, 0)-(pi, 0), vbRed
'(5)显示坐标系要素的标识
Picture1.FontSize = 12   '设置容器的字体大小
Picture1.CurrentX = pi - 0.5: Picture1.CurrentY = 0:   Picture1.Print "x" '输出:x轴标识
Picture1.CurrentX = 0.2:      Picture1.CurrentY = 1.2: Picture1.Print "y" '输出:y轴标识
Picture1.CurrentX = 0:        Picture1.CurrentY = 0:   Picture1.Print "(0,0)" '输出:原点标识
End Sub
```

图 9-17 【例 9-6】的程序设计

2）Line 方法

绘制 2 条"红色"的坐标轴。

问题： 依据上述设计结果：①在图片框 Picture1 的自定义坐标系统中，"左上角"的坐标是什么？②字符 y（即 y 轴标识）输出起始位置的坐标是什么？

9.3.4 Circle 方法

Circle 方法用于绘制圆形、椭圆形、扇形和圆弧等图形，其语法格式如下：

Object.Circle［Step］(x，y)，Radius，［Color］，［Start］，［End］［，Aspect］

表 9-8 给出了上述语法格式的主要参数情况。

表 9-8 Circle 方法的主要参数说明表

参数	说　明
(x, y)	指定图形的中心坐标
Radius	指定图形的半径
Color	可选项，指定图形轮廓线的颜色 若该项被省略，则轮廓线的颜色为：容器的 ForeColor 属性值
Start 和 End	可选项，指定圆弧的起点和终点位置，单位为：弧度，取值范围为：$[-2\pi, 2\pi]$ Start 和 End 的缺省值分别为：0 和 2π 若 Start（或 End）为负数，则 Circle 方法绘制一条"到起点（或终点）"的半径，并将该参数处理成：正数
Aspect	可选项，圆形的纵横尺寸比例（即指定圆形或椭圆），缺省值为：1.0（即圆形） 若 Aspect 小于 1，则 Radius 指定水平方向的 x 半径，反之，指定垂直方向的 y 半径

说明： 圆形的填充颜色由容器的属性 FillColor 和 FillStyle 决定。

图 9-18 给出了 Circle 方法的图形绘制情况。其中，图形的容器（即图片框）需要自定义坐标系统，即语句 Scale（-15，15）-（15，-15）。

图 9-18 Circle 方法示例

1. 图形的绘制过程

Circle 方法采用"逆时针"方向，绘制图形。

2. 圆弧和扇形的绘制

Circle 方法利用参数 Start 和 End 的正负特点，绘制圆弧和扇形。其中，圆弧：2 个参数均为正数；扇形：2 个参数均为负数。

问题： 结合图 9-18：①若圆形的边框线为：红色，则如何修改 Circle 方法？②椭圆的 Circle 方法使用了哪些参数？省略了哪些参数？③扇形的绘制过程是怎样的？④若将圆弧改为扇形（即添加"半径"线），则如何修改 Circle 方法？

【例 9-7】圆形的曲线移动问题。在【例 9-5】基础上，利用 Circle 方法，试完成：圆形在正弦曲线上的移动效果，如图 9-19 所示。

说明： 请补充窗体的 Activate 事件过程，绘制正弦曲线（参照【例 9-6】的程序设计结果）。

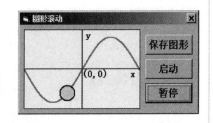

图 9-19 【例 9-7】的运行效果

图 9-20 给出了【例 9-7】的部分程序设计结果。

1）窗体的 Load 事件过程

主要设置圆形的填充颜色及其原点的 x 轴初始值（即 $-\pi$）。

2）命令按钮 Command1 的 Click 事件过程

SavePicture 语句利用图片框的 Image 属性，保存图片框中的图形（即正弦曲线和坐标系统情况），LoadPicture 函数用于加载"正弦曲线 .bmp"文件，以便呈现正弦曲线和坐标系统的情况。

3）定时器的 Timer 事件过程

在每隔 150 毫秒，变量 x 值增加 0.09，并利用 Circle 方法绘制圆形［原点的坐标为:（x, Sin（x）），即以"正弦曲线上的点"为原点］。

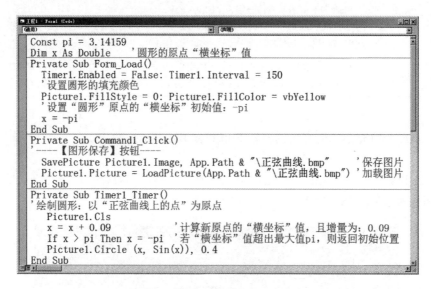

图 9-20　【例 9-7】的部分程序设计

问题：依据上述的 Timer 事件过程：①针对 Circle 方法所绘制的圆形，半径是多少？②若语句 Picture1.Cls 被省略，则程序的执行效果是怎样的？

9.4　案例实现

本案例涉及了基于图形的数据显示问题。

1. 功能分析

表 9-9 给出了上述问题的程序功能要求。

表 9-9　程序功能要求说明表

功能要求	功能描述
获取数据	读取"患者疗效情况 .txt"文件（图 7-10）的数据
构建坐标系统	依据"所选"指标的数据范围，定义绘图区（即图片框）的坐标系统，添加坐标轴及其刻度标识，如图 9-1 所示
绘制折线图	依据所选的疗效指标、折线颜色和宽度，绘制该项指标的数据折线，如图 9-1 所示
清空图形	清除绘图区的图形和图片

2. 功能实现

（1）数据获取

图 9-21 给出了数据获取的程序设计结果。

① "通用声明"部分：声明若干个模块级变量和动态数组，供数据获取、坐标系统定义、图形绘制等过程。

② 窗体的 Activate 事件过程：利用 Line Input # 语句，将数据文件的数据读入变量 s →利用 Split 函数，将"变量 s 中"每一个数据项的值存入数组 str →将数组 str 的数据分别存入数组 year 和 data 中。

> **说明：** ①针对二维数组 data，元素 data（i，j）用于存储"第 i 项指标、第 j 年"的数据。②在程序运行之前，"患者疗效情况 .txt"文件须拷贝到当前工程的存储路径下。

（2）y 轴的参数设置

图 9-22 给出了 y 轴参数设置的程序设计结果，即利用控件 Combo1 的 Click 事件过程，实现：在选定"疗效指标"组合框中指标项时，设置 y 轴的刻度单位和最值。

① For 语句：针对第 k 项指标的值 data（k，i）（$1 \leq i \leq n$），确定最大值 max。

② Select Case 语句：依据变量 max 值的所属区间特点，设置 y 轴的刻度单位 y_caxis 及其最大值 y_max、最小值 y_min，以便合理地界定 y 轴的刻度范围。

> **问题：** 在图 9-22 中，语句 y_max=（max\y_caxis + 1）* y_caxis 的功能是什么？

```
Option Base 1
Dim n As Byte          '数据行的数量（即数据的组数）
Dim year() As Long     '年份数组
Dim data() As Long     '指标数据数组
Dim max As Integer     '指标数据的最大值
Dim k As Integer       '指标项的编号
Dim y_caxis As Byte    'y轴刻度单位
Dim y_max As Double, y_min As Double  'y轴最大值、最小值
Dim color As Double    '颜色变量
Private Sub Form_Activate()
'-----获取"年度和指标"数据-----
Dim str() As String, s As String
Open App. Path & "\患者疗效情况. txt" For Input As #1
Do While Not EOF(1)
  n = n + 1
  ReDim Preserve year(n), data(6, n) '重新定义数组
  Line Input #1, s             '读数据
  str = Split(s, ",", -1)      '获取每一个数据项的值
  year(n) = str(0)             '获取"年"数据
  For i = 1 To UBound(str)     '获取"第i项指标，第n年"数据
    data(i, n) = Val(str(i))
  Next i
Loop
Close #1
End Sub
```

图 9-21　数据获取的程序设计

```
Private Sub Combo1_Click()
'(1)确定"已选"指标项的编号k
k = Combo1.ListIndex + 1
'(2)获取第k项指标的最大值max
max = 0
For i = 1 To n
  If max <= data(k, i) Then max = data(k, i)
Next i
'(3)设置y轴的刻度单位y_caxis和最值y_max、y_min
Select Case max
  Case Is < 10
    y_caxis = 1
    y_max = 10
    y_min = -1
  Case Is < 50
    y_caxis = 5
    y_max = (max \ y_caxis + 1) * y_caxis
    y_min = -1.5
  Case Else
    y_caxis = 50
    y_max = (max \ y_caxis + 1) * y_caxis
    y_min = -5 * (y_max / y_caxis)
End Select
Command1.Enabled = True   '(4)【确定】按钮可用
End Sub
```

图 9-22　y 轴参数设置的程序设计

（3）坐标系统的设计与折线的绘制

图 9-23 给出了坐标系统设计和折线绘制的程序设计结果。其中，最后一条 For 语句的功能在于：设置当前坐标→输出指标值（即 Print 方法）→绘制"第 j 年和第 j+1 年"第 k 项指标的线段 [即起点为：(j，data（k，j）)，终点为：(j+1，data（k，j+1）)，其中，$1 \leq j \leq n-1$]。

```
工程1 - Form1 (Code)                                              □×
Command1                              ▼  Click                      ▼
Private Sub Command1_Click()
'------【确定】按钮------
  Picture1.Picture = LoadPicture()    '清空图片框的图片
  Picture1.DrawWidth = 1              '设置线的初始宽度
  '--(1)设计坐标系统--
  Picture1.Scale (-0.5, y_max)-(n + 0.5, y_min) '(1.1)自定义坐标系统
  Picture1.Line (-0.5, 0)-(n + 0.5, 0): Picture1.Line (0, y_min)-(0, y_max) '(1.2)绘制x轴/y轴
  For i = 1 To n    '(1.3)设置x轴的刻度标识
    Picture1.CurrentX = i - 0.2: Picture1.CurrentY = 0.1 * y_min
    Picture1.Print year(i)
  Next i
  For j = 0 To y_max Step y_caxis    '(1.4)设置y轴的刻度标识
    Picture1.CurrentX = -0.4: Picture1.CurrentY = j
    Picture1.Print j
  Next j
  '(1.5)保存并加载坐标系统
  SavePicture Picture1.Image, App.Path & "\坐标系统图.bmp"
  Picture1.Picture = LoadPicture(App.Path & "\坐标系统图.bmp")
  '--(2)绘制折线--
  Select Case Combo2.Text    '(2.1)确定颜色值
    Case "黑色"
      color = RGB(0, 0, 0)
    Case "红色"
      color = RGB(255, 0, 0)
    Case "蓝色"
      color = RGB(0, 0, 255)
  End Select
  Picture1.DrawWidth = Val(Combo3.Text)    '(2.2)确定线段的宽度
  For j = 1 To n - 1    '(2.3)显示第j项指标的数据、绘制第j项和j+1项之间的线段
    Picture1.CurrentX = j - 0.1: Picture1.CurrentY = 0.95 * data(k, j)
    Picture1.Print data(k, j)
    Picture1.Line (j, data(k, j))-(j + 1, data(k, j + 1)), color
  Next j
  '(2.4)显示最后一项指标的数据
  Picture1.CurrentX = n - 0.1: Picture1.CurrentY = 0.95 * data(k, n)
  Picture1.Print data(k, n)
End Sub
```

图 9-23 折线绘制的程序设计

（4）图形的清空

图 9-24 给出了清空的程序设计结果。其中，Cls 方法用于清空图片框所含的图形。

说明： 请补充窗体的 Load 事件过程，初始化"疗效指标""折线颜色""折线宽度"等组合框的选项，设置命令按钮 Command1 的"不可用"状态和图片框 Picture1 的重绘功能。

```
Private Sub Command2_Click()
'--【清空】按钮：清空图形和图片--
  Picture1.Cls
  Picture1.Picture = LoadPicture()
End Sub
```

图 9-24 "清空"功能的程序设计

小　结

1.坐标系统是控件和图形所处位置的一种参考系。在 Visual Basic 中，每一种容器均具有缺省坐标系统。在缺省坐标系统基础上，Scale 方法能够重新定义坐标系统，以便满足图形设计需求。

2.图形控件是添加图形元素的一类控件。在图形数量较少的情况下，Line 控件和 Shape 控件可以用于添加直线和预定义的形状。

3.图形方法是图形设计的一种重要途径。Visual Basic 提供了 Pset、Line、Circle 等方法，实现"在窗体或图片框中"输出图形。相应地，窗体和图片框具有一些特殊属性，用于设置对象及其所含图形的基本特征（如：起始位置、填充颜色、图形持久性等）。

4.本章主要概念：坐标系统、缺省坐标系统、持久图形。

习题 9

1.试述图片框的 AutoRedraw 属性和 Image 属性的基本功能。

2.试述 Shape 控件的 FillColor 属性和 BackColor 属性之间的差异。

3.试定义图片框的坐标系统，并利用 PSet 方法和 Line 方法添加原点和坐标轴。其中，坐标系统的"左上角"坐标为:（-1，500），"右下角"坐标为:（60，-5）。

4.针对【例 9-2】，若将圆形的填充样式设置为：上斜对角线，边框线的颜色设置为：绿色，则如何修改程序代码?

5.多种图形的数据显示问题。在本章第 4 节的功能实现基础上，试完成：下述设计要求。

（1）在窗体中，添加组合框 Combo4，提供"折线图、散点图"图形类型项。

（2）通过组合框的 Click 事件过程，实现：在选定某一个选项时，实现相应图形的绘制，具体如下:

① 利用 PSet 方法，绘制"所选指标"的数据散点图。

② 参照"折线绘制"功能的程序设计结果（图 9-23），绘制"所选指标"的数据折线图。

系统设计
与实现篇

信息系统分析与设计

【学习目标】

通过本章的学习，你应该能够：掌握信息与信息系统的基本概念，掌握信息系统的结构化分析与设计方法，熟悉信息系统结构和生命周期的基本概念。

【章前案例】

系统分析与设计是信息系统开发的主要手段。针对方剂信息系统，试解决下述问题：①现有的方剂信息管理包括哪些方式？其缺点是什么？②系统的建设目标是什么？③系统的基本功能应包括哪些？不同功能之间的数据传递是怎样的？

信息系统提供了数据管理、信息获取和知识创新的一种重要途径，是现代社会的最重要基础设施。信息系统的分析与设计是信息系统开发的核心任务，用于解决系统"做什么"和"怎么做"的问题。

本章将介绍信息系统基本概念、信息系统分析与设计等内容。

10.1 信息系统基本概念

10.1.1 信息

1. 信息的基本概念

信息（Information）是普遍存在的、有深刻价值的一种事物，是社会发展的要素之一。从不同的角度，信息的基本概念存在多种形式。

（1）香农（C.E.Shannon，信息论创始人）

信息是用来消除随机不确定性的东西。例如，中药的查询结果可视为信息，消除"中药是否出现在方剂中"的不确定性。

（2）霍顿（F.W.Horton，信息资源管理专家）

信息是按照用户决策的需要，经过加工处理的、有意义的、有用的数据。例如，治愈率源自于大量诊疗数据的处理，是科室（乃至医院）服务质量考核的一种重要信息。

2. 信息的分类

依据不同的观察角度，信息的分类情况如下：

（1）按载体的特征

数据、文字、声音、视频、图形／图像等信息。

（2）按应用的领域

政治、军事、教育、管理、中医药等信息。

（3）按信源的类型

自然、社会、宇宙、思维等信息。

相关概念：①**载体（Carrier）**是指信息传输的媒介。②**信源（Information Source）**是指信息的发生者。③**信宿（Information Destination）**是指信息的接收者。

特定的信息可能属于多种信息类型。例如，患者的诊疗信息既是数据、文字等载体类信息，又是中医药的应用领域信息。

> **说明**：信息的价值主要体现在：以特定的载体，在信源和信宿之间进行循环往复地传输（即运动），服务于应用领域的发展。

3. 信息与数据、知识的关系

数据是信息获取的基础，信息是知识创新的基础。

（1）**数据（Data）**是指按一定规律排列组合的、描述客观事实的数字或符号（如：患者的年龄数据36）。从信息获取角度，数据是未经处理的原始信息。例如，患者的基本信息和诊疗信息可视为数据，用于获取更有价值的信息（如：治愈率）。

（2）**知识（Knowledge）**是指人们在改造世界的实践中所获得的认识和经验的总和，如：医学领域知识。从认识和经验的获取角度，知识是与用户的能力和经验相结合、解决问题（或产生新知识）的信息。

10.1.2　信息系统

1. 信息系统的组成

信息系统（Information System）是指管理和处理数据、提供信息的一个有机整体。其中，数据管理和数据处理是"数据向信息"转换的基本途径。

相关概念：①**数据管理（Data Management）**是指利用计算机硬件、软件技术，对数据进行有效的收集、整理、存储和维护等过程。②**数据处理（Data Processing）**是指采用某种方法和设备，对数据进行检索、加工、变换和传输，获取有价值数据的过程。

信息系统包括7个组成部分，即计算机硬件系统、计算机软件系统、数据及其存储介质、通信系统、非计算机系统的信息收集／处理设备、规章制度和工作人员等。其中，非计算机系统的信息收集、处理设备是指各种电子和机械的管理信息采集装置，摄影、录音等记录装置，如彩超仪、血凝仪等。

2. 信息系统的结构

依据功能划分和资源分布，信息系统结构形式包括：功能层次结构和空间分布结构。

（1）功能层次结构

依据系统组成部分的功能划分，图10-1给出了信息系统的功能层次结构情况。

① 基础设施层：是系统的最底层，提供硬件环境，由计算机硬件系统、系统软件和通信系统组成。

② 数据存储层：实现各类数据的存储，为业务应用层提供数据支撑，主要包括数据库管理系统。

③ 业务应用层：实现数据采集、存储、管理和处理，提供功能实现环境，主要由各种应用软件的功能模块组成。

④ 应用表现层：是系统的最顶层，提供人机交互界面，实现系统操作和功能调用。

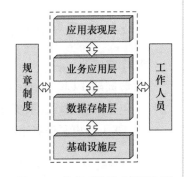

图 10-1　信息系统的功能层次图

> **说明：** 数据库管理系统用于建立、使用和维护数据支撑环境，详见第 11 章的内容。
> **问题：** 依据图 10-1，Visual Basic 程序设计能够实现信息系统的哪些功能层次？

（2）空间分布结构

根据硬件、软件、数据等资源的分布特点，信息系统结构包括：集中式和分布式。

集中式结构（Centralized Architecture） 是指系统资源集中配置的一种结构形式。相应地，该结构的信息系统称为**集中式系统**。

集中式结构具有易于管理、控制与维护，安全性高等优点。其缺点主要在于扩展性差、可靠性低等方面。例如，在"资源所属"的机器出现故障时，系统将无法使用。

依据终端用户的数量，集中式系统主要包括：

① 单用户系统（又称为单机系统）：单一用户独占"集中配置"的资源。

② 多用户系统：多个终端用户共享"集中配置"的资源。

例如，为了简化系统功能，方剂信息系统可以采用"单用户"集中式结构（即单用户系统），将系统资源"集中配置"到一台计算机上。

分布式结构（Distributed Architecture） 是指利用计算机网络，系统资源分布于不同地点的一种结构形式。相应地，该结构的信息系统称为**分布式系统**。

与集中式结构相比，分布式结构具有信息共享范围广、易扩展、可靠性高等优点，例如，某一个分布点的故障一般不会导致整个系统的瘫痪。其缺陷在于信息规范不易统一、安全性差等，例如，多个分布点的工作环境各异，不易于信息安全的统一保障。

依据不同的实现模式，分布式结构包括：**客户 / 服务器（Client/Server，C/S）模式**和**浏览器/Web 服务器（Browser/Web Server，B/S）模式**。上述模式的工作过程如下：

① B/S 模式：利用浏览器，通过 Web 服务器，访问数据库服务器，获取信息。

② C/S 模式：根据客户机的请求，通过应用服务器，访问数据库服务器，获取信息。

例如，为了保证系统的使用范围，方剂信息系统可以采用"C/S 模式"的分布式结构，将系统资源的"分布配置"到多台计算机上，提供"网络化"操作途径。

10.2　信息系统分析与设计

信息系统的分析与设计是系统开发的主要组成部分，是系统生命周期的核心阶段。

10.2.1 信息系统的生命周期

1. 生命周期

生命周期（Life Cycle） 是指信息系统从产生、发展、成熟、消亡（或更新）的阶段性变化过程，包括系统规划、系统开发、系统运行与维护、系统更新等4个阶段。

表10-1给出了信息系统的生命周期阶段及其基本特征。

表10-1 信息系统的生命周期阶段说明表

阶段		基本特征
系统规划		组织的信息需求分析、业务流程规划，系统的功能总体规划、组成资源估计，等等
系统开发	系统分析	系统建设的可行性研究，系统逻辑模型的构建，"现行"系统的详细调查，等等
	系统设计	系统的结构及其功能模块、数据存储等设计，计算机系统方案的选择，等等
	系统实施	"可执行"应用系统的设计、安装、调试与测试，计算机和通信设备的购置，等等
系统运行与维护		系统运行的组织、管理与评价，系统纠错性、适应性等方面的维护
系统更新		"现行"系统的问题分析、新系统的建设等

相关概念：逻辑模型（Logical Model） 是指信息系统功能整体概括的一种形式架构，是系统分析的重要任务。

说明： 数据存储设计主要涉及数据库的设计，详见第11章的相关内容。

2. 应用系统和信息系统的关系

依据信息系统的生命周期阶段（表10-1），应用系统是信息系统实施阶段的产物，可视为"在系统实施阶段中"信息系统的代名词。相应地，信息系统的规划、分析和设计是应用系统设计与实现的前期工作任务。

Visual Basic的一个最为重要的使用价值在于：应用系统的设计和实现。相应地，Visual Basic应用程序设计属于信息系统开发阶段（即"系统实施"子阶段）。

10.2.2 信息系统分析与设计方法

1. 基本方法概述

信息系统分析与设计方法主要包括：结构化方法和面向对象的方法。

（1）结构化方法

结构化方法包括3个阶段，即结构化分析、结构化设计和结构化程序设计。

结构化分析（Structured Analysis，SA） 是使用最为广泛的信息系统分析方法，是指采用自顶向下的逐层分解方式，逐步细化问题的一种分析过程。结构化分析包括数据流方法、功能分解法等类型。

① 数据流方法：以数据的流动及其处理过程为核心，构建信息需求模型（即数据流图），是最为流行的结构化分析方法类型。

② 功能分解法：将系统视为若干个功能的集合，并进行功能的逐步分解，构建功能的层次关系模型。

结构化设计（Structured Design，SD） 是指将系统设计结果转换为相对独立的、功能单一的模块群的过程。例如，依据数据流图，构建系统的模块结构。

> **说明：** 结构化程序设计参见第 4 章的内容。

（2）面向对象的方法

面向对象方法的基本思想在于：对象作为系统描述的基本单元，对象之间的信息传递用于反映系统的功能，其中，**对象（Object）** 是指信息系统所涉及的人、事物等客体。

2. 数据流图

数据流图（Data Flow Diagram，DFD） 是理解和表达"信息及其处理需求"的一种图形工具，用于呈现组织中信息运动的抽象。

（1）数据流图的设计

数据流图能够描述"系统内部"数据的流动、加工和存储过程，是信息系统逻辑模型的一种表达形式。数据流图的设计是"系统分析"阶段的主要任务。

表 10-2 给出了数据流图的基本成分情况。

表 10-2　数据流图的成分说明表

成分	说明	描述符号
外部对象	描述向系统输入数据和接收系统输出的外部事物，即数据流的原点和终点	▱
数据加工	描述数据操作功能	▭
数据存储	即文件，描述"数据加工"所需的、系统内保留的数据	⊐
数据流	由箭头表示，描述系统内部数据的流动，箭头的指向为：数据流动的方向	→

例如，图 10-2 给出了住院患者信息系统的部分数据流图情况，其中，针对"录入处理"数据加工成分，其数据输入和输出分别为：患者数据和有效患者数据。

图 10-2　住院患者信息系统的部分数据流图

基于"自顶向下、逐步求精"的设计原则，数据流图分为：顶层图和子图。以图 10-2 为例，医生（即对象）和录入处理（即数据加工）之间可以进一步细化，如：增加"用户验证"功能，以便保证"录入处理"的合法用户操作，如图 10-3 所示。

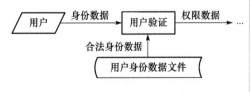

图 10-3　用户验证的数据流图

> **问题：** 在图 10-2 和图 10-3 中，"数据存储"成分分别是什么？

（2）数据流图的使用

作为信息系统分析的结果，数据流图可以导出信息系统的模块及其层次结构。

相关概念：模块（Module） 是指功能独立的系统单元，包括数据输入/输出/处理功能、内部数据及其运行环境，其中，运行环境是指模块之间调用和被调用的关系。

数据流图的基本使用过程为：以"数据加工"成分为中心，导出信息系统的功能模块，构建系统的模块结构图。

> **说明：** 功能模块及其层次结构将为数据存储设计和应用系统设计提供依据。

10.3　案例实现

本案例涉及了方剂信息系统的分析与设计问题。

1. 系统规划

（1）建设背景

目前，方剂信息管理方式主要包括：手工操作方式和网络检索方式。

① 基于教材及其他图书、古籍等纸介质的手工操作方式：具有效率低下、管理手段落后等问题（如:《方剂学》教材的繁琐查阅）。

② 基于网页的网络检索操作方式：具有功能不完善、分析功能缺失等问题（如：无法实现基于方剂类型的方剂信息查询）。

采用结构合理、功能实用的方剂信息系统，实现信息管理工作的规范化和现代化进程，保证信息处理工作的快速性和准确性，是解决上述问题的一种有效途径。

（2）功能总体规划

方剂信息系统的建设目标在于：采用信息技术，支持方剂信息管理工作，为教学、科研提供信息服务。

在功能规划方面，方剂信息系统主要用于信息的录入、查询和分析。具体情况如下：

① 信息录入：将方剂及其相关数据，输入到数据存储环境中。

② 信息查询：支持方剂及其相关数据的检索，包括：方剂及其中药、出处等基本信息的全部查询，基于"方剂名称、类型、中药、出处"等指标的条件查询。

③ 信息分析：支持方剂及其相关数据的统计，主要包括：基于"中药使用、方剂类型、出处"等指标的方剂频数、频率计算，以及基于图表的统计结果显示。

> **说明：** 从数据安全角度，方剂信息系统应具有用户身份和权限信息的管理功能。

2. 系统分析

（1）系统建设的可行性研究

① 技术可行性：为了节约成本，本系统采用"集中式"结构，将系统配置到一台计算机上。另外，应用系统的设计采用 Visual Basic 语言；数据库服务器采用 Microsoft Access；硬件系统和系统软件采用个人计算机和主流操作系统。

② 经济可行性：依据上述技术可行性，系统结构、设计工具、数据库服务器均极大地降低了系统建设成本和日常维护费用。

> **说明：** Microsoft Access 的相关知识详见第 11 章第 2 节的内容。

（2）系统逻辑模型的构建

图 10-4 给出了基于数据流图的系统逻辑模型，即方剂信息系统的顶层数据流图。

依据功能总体规划，信息查询包括全部查询和条件查询，相应地，在上述数据流图的基础上，进一步设计查询处理的子图，如图 10-5 所示。

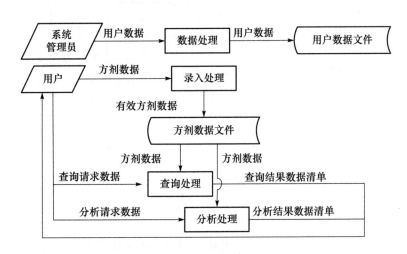

图 10-4　方剂信息系统的数据流图

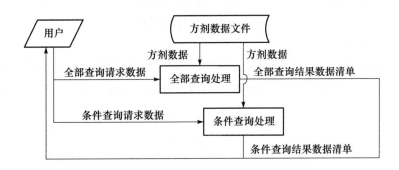

图 10-5　查询处理的数据流子图

问题： 依据上述功能总体规划的"信息分析"部分，如何设计分析处理子图。

3. 系统设计

（1）系统的功能模块与结构设计

在数据流图设计基础上，图 10-6 给出了方剂信息系统的功能模块及其结构情况。

问题： 依据"查询处理"数据流子图（图 10-5），如何完善上述功能模块结构图？

（2）系统的数据存储设计

第 11 章第 7 节给出了方剂信息系统的数据存储设计结果。

说明： 针对方剂信息系统的实施，应用系统的设计工具采用 Visual Basic 6.0，数据库服务器采用 Microsoft Access 2013，详见第 11 章第 7 节的相关内容。

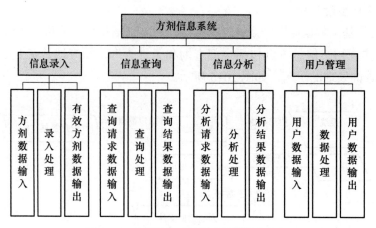

图 10-6　方剂信息系统的功能模块结构图

小　结

1. 信息是普遍存在的一种事物，信息和数据、知识之间存在着密切联系，从载体特征、应用领域、信源类型等角度，信息被划分为多种类型。

2. 信息系统是数据管理、信息获取和知识创新的重要设施，信息系统分析与设计是信息系统开发的重要阶段，结构化方法是信息系统分析与设计的常用方法，作为信息需求模型，数据流图用于表达信息系统的逻辑模型。

3. 本章主要概念：信息、数据、载体、信宿、信源、信息系统、数据管理、数据处理、集中式结构、分布式结构、生命周期、逻辑模型、结构化分析、结构化设计、数据流图。

习题 10

1. 试述数据、信息和知识之间的关系。

2. 从功能划分和资源分布角度，试述信息系统的结构情况。

3. 试述信息系统的生命周期阶段及其基本特征。

4. 针对图 10-4 所示的数据流图，试述外部对象、数据加工、数据存储和数据流的成分情况。

5. 利用结构化方法，试完成：住院患者信息系统的分析与设计。

数据库访问

扫一扫，查阅本章数字资源，含PPT、音视频、图片等

【学习目标】

通过本章的学习，你应该能够：掌握数据库和数据模型的基本概念，掌握数据库访问的基本方法，熟悉数据库设计的基本方法与 Access 2013 的基本使用，了解中医药领域数据库应用程序的基本价值。

【章前案例】

数据库访问是应用程序的核心功能。针对方剂信息系统（见第 8 章第 4 节的内容），利用数据库，试解决下述问题：①如何实现方剂信息系统的数据存储设计？②如何实现方剂信息系统的信息录入、条件查询和信息分析等功能？

数据库访问（Database Access）是数据库中的数据输入、查询和处理过程。数据库应用程序是数据库访问的重要手段。为了支持数据库应用程序的开发，在 Visual Basic 中，数据控件用于连接数据库及其数据表，创建记录源（又称为数据源），如：Data 控件、ADO Data 控件等。数据绑定控件用于显示和操纵数据，如：文本框、DataGrid 控件等。

本章将介绍数据库及其应用程序设计的基础知识，包括数据库概述、Microsoft Access 2013 基本使用、结构化查询语言、Data 控件、ADO Data 控件和数据表绑定控件等内容。

11.1 数据库概述

11.1.1 数据库基本概念

1. 数据库

数据库（Database，DB）是长期存储在计算机内的、相互关联的数据集合。在数据库中，数据具有可持久存储、相关性、有组织性、可共享性等基本特点。

例如，住院患者数据库能够服务于"住院患者"相关数据的管理和应用；数据可组织成多张紧密联系的二维表，长期保存在计算机中，供多个用户（或应用程序）访问。

2. 数据库管理系统

数据库管理系统（Database Management System，DBMS）是指数据库建立、使用和维护的一类系统软件，如：Microsoft Access、Microsoft SQL Server、Oracle、dBase 等。

图 11-1 给出了基于数据库环境下的应用程序与数据之间的关系。

图 11–1　应用程序与数据之间的关系图

11.1.2　数据模型

数据模型（Data Model）是数据抽象和组织的一种描述形式，如：二维数据表。

1. 数据模型的分类

数据模型划分为 3 类，即概念模型、逻辑模型和物理模型，如表 11–1 所示。

表 11–1　数据模型说明表

数据模型	基本特征
概念模型（Conceptual Model）	按用户的观点，描述数据的抽象
逻辑模型（Logical Model）	按计算机系统的观点，描述数据的组织
物理模型（Physical Model）	面向计算机系统特点，描述数据在存储介质上的存储方式和存取方法

数据模型的设计过程为：将现实世界中的客观对象，抽象为概念模型→将概念模型转换为某一类 DBMS 支持的逻辑模型→特定的 DBMS 将概念模型转换为物理模型。

2. 概念模型

（1）相关概念

概念模型的相关概念主要包括：

① 实体（Entity）：客观存在的、可相互区别的具体事物，可以是具体的人、事、物或概念，如：患者、科室、疾病等。

② 属性（Attribute）：实体所具有的某一特性，例如，医生具有姓名、职称等属性。

③ 码（Key）：唯一标识实体的属性（或属性集），如：患者的编号。

④ 域（Domain）：属性的取值范围，例如，"性别"属性的域为：男和女。

⑤ 实体型（Entity Type）：同类实体的特征描述，一般表示形式为：实体名称（属性 1，属性 2，……，属性 n）。例如，"医生"实体型为：医生（<u>医生编号</u>，姓名，性别，职称），相应地，（00126，刘建国，男，主任医师）为："医生"实体型的一个具体实体。

> **说明**：在实体型的表示形式中，实体型的码由"带有下划线"的若干个属性表示。例如，依据上述"医生"实体型的表示形式，该实体型的码为：医生编号。

⑥ 实体集（Entity Set）：同型的实体集合。例如，若干名医生组成"医生"实体集。

⑦ 联系（Relationship）：实体集（或实体型）之间的关系，如表 11–2 所示。

表 11-2　实体型之间的联系分类说明表

联系类型	基本特征	案例
一对一联系（1∶1）	实体集 A 与 B 存在 1∶1 联系［图 11-2（a）］：对于 A 中每一个实体，B 中至多有一个实体与之联系，且反之亦然	科室与正主任之间 1∶1 联系：1 个科室只设 1 名正主任，且 1 名正主任只管理 1 个科室
一对多联系（1∶n）	实体集 A 与 B 存在 1∶n 联系［图 11-2（b）］：对于 A 中每一个实体，B 中有 n 个实体（n≥0）与之联系，反之，对于 B 中的每一个实体，A 中至多只有一个实体与之联系	医生与科室之间 1∶n 联系：1 名医生只归属一个科室，1 个科室可具有多名医生
多对多联系（m∶n）	实体集 A 与 B 存在 m∶n 联系［图 11-2（c）］：对于 A 中每一个实体，B 中有 n 个实体（n≥0）与之联系，且反之亦然	门诊患者与医生之间 m∶n 联系：1 名患者可就诊于多名医生，1 名医生可诊治多名患者

问题：一对多联系和多对多联系之间的异同点是什么？

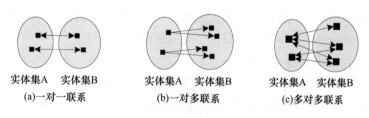

实体集A　实体集B　　实体集A　实体集B　　实体集A　实体集B
(a)一对一联系　　　　(b)一对多联系　　　　(c)多对多联系

图 11-2　实体集之间的联系

（2）概念模型的描述

实体 – 联系图（Entity Relationship Diagram，简称 E-R 图）是描述概念模型的一种图形方法，提供了实体型、属性和联系的表示方法，如图 11-3 所示。

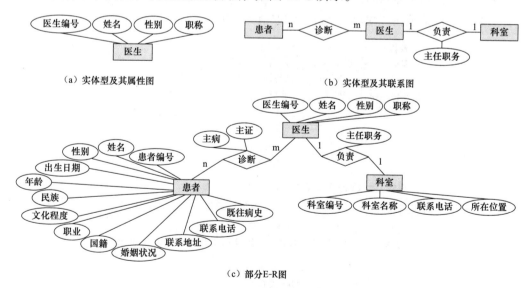

（a）实体型及其属性图　　　　　　　（b）实体型及其联系图

（c）部分 E-R 图

图 11-3　住院患者数据库的概念模型示例

① 实体型：用矩形表示，实体名称包含在矩形框内。
② 属性：用椭圆形表示，无向边用于连接属性和相应的实体型。

③ 联系：用菱形表示，联系名称包含在菱形框内，无向边用于连接相关的实体型，且无向边的旁注（即 1 ：1、1 ：n 或 m ：n）用于描述联系的类型。

> **说明：** 联系可视为一种实体型，因此，联系可以有属性。例如，在图 11-3（b）中，"负责"联系的属性为：主任职务。
>
> **问题：** 依据图 11-3（c）：①实体型"患者"和"科室"分别具有哪些属性？②E-R 图是否包含了"一对多"联系？③"诊断"联系具有哪些属性？

3. 逻辑模型

关系模型（**Relational Model**）是最为常用的一种逻辑模型，相应地，**关系数据库**（**Relational Database**）是指以"关系模型"作为数据组织方式的一类数据库。

（1）相关概念

关系模型的相关概念主要包括：

① 关系（Relation）：一个关系对应着一张二维表，关系模型由一组关系组成。

② 元组（Tuple）：一个元组对应着二维表的一个数据行，又称为记录（Item）。

③ 属性（Attribute）：一个属性对应着二维表中一个数据列的标识，又称为字段（Field）。

④ 码（Key）：唯一确定一个元组的属性（或属性组）。

⑤ 域（Domain）：属性的取值范围。

⑥ 关系模式（Relational Schema）：关系的描述方式，一般表示形式为：关系名称（属性 1，属性 2，……，属性 n），关系模型由一组关系模式表示。

> **说明：** 在关系模式中，关系的码由"带有下划线"的若干个属性表示。

图 11-4 给出了某科室医生信息的二维表及其关系的对应示例。其中，在二维表中，表头包含了每一数据列的标识（即列的含义描述）。在"医生"关系中，第 1 条记录为：00126，刘建国，男，主任医师，且该记录在"性别"字段上的取值为：男。

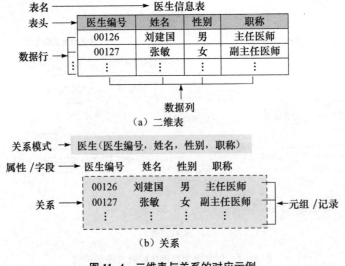

图 11-4 二维表与关系的对应示例

> **问题：** 依据图 11-4（b）所示的关系模式，关系的名称和码分别是什么？

（2）概念模型向关系模型的转换

概念模型（E-R 图）向关系模型的转换目标为：依据 E-R 图中的实体型及其属性、联系，生成一组关系模式。

表 11-3 给出了"E-R 图向关系模型"的转换原则情况。

说明： 在 E-R 图向关系模型转换过程中，实体型的名称常作为关系的名称。

表 11-3　E-R 图向关系模型的转换原则说明表

序　号	转换特点	关系的属性和码
原则 1	实体型转换为：关系模式	属性：实体型的属性，码：实体型的码
原则 2	m：n 联系转换为：关系模式	属性："该联系所连"实体型的码和联系的属性 码："该联系所连"实体型的码的组合
原则 3	1：n 联系转换为：独立的关系模式	属性："该联系所连"实体型的码和联系的属性 码："n 端"实体型的码
	1：n 联系与"n 端"对应的关系模式合并	属性：在"n 端"关系模式中，加入"1 端"关系的码和联系的属性，码：不变
原则 4	1：1 联系转换为：独立的关系模式	属性："该联系所连"实体型的码和联系的属性 码："该联系所连"任意一个实体型的码
	1：1 联系与任意一端对应的关系模式合并	属性：加入"另一端"关系的码和联系的属性 码：不变

【例 11-1】 关系模型生成问题。依据图 11-3（c），试完成：E-R 图向关系模型的转换。

依据图 11-3（c），E-R 图向关系模型的转换结果如下：

1）实体型的转换

采用原则 1，"医生"实体型转换为一个关系模式：医生（医生编号，姓名，性别，职称）。

问题： 针对"患者"和"科室"2 个实体型，关系模式分别是什么？

2）1：1 联系的转换

采用原则 4，该联系可以与"医生"关系模式合并，相应地，"医生"关系模式变为：医生（医生编号，姓名，性别，职称，主任职务，科室编号）。

问题： ①上述的"医生"关系模式加入了哪些新的属性？属性的添加原因是什么？②若将该 1：1 联系转换为一个独立的关系模式，则相应的关系模式是什么？

3）m：n 联系的转换

采用原则 2，该联系转换为一个关系模式：诊断（患者编号，医生编号，主病，主证）。

问题： ①在上述的"诊断"关系模式中，关系的码是什么？②依据原则 2，请给出"诊断"关系码的形成原因。

11.1.3　数据库设计

数据库设计（Database Design） 是指对于一个给定的应用环境，构建数据库（即数据存储）及其应用系统的过程，是信息系统开发和建设的重要组成部分。

相关概念：数据库应用系统（Database Application System） 是指使用数据库的各类软件的统称，如：方剂信息系统。

表11-4给出了数据库设计过程情况。

> **说明：** 在本书中，数据库设计主要涉及第1～3阶段和第5阶段。

表11-4　数据库设计过程说明表

序　号	阶　段	任　务
1	需求分析	准确地了解与分析用户的数据管理和处理需求，是设计过程的起点
2	概念模型设计	结合数据的实践特点，抽象实体及其属性、联系，设计E-R图
3	逻辑模型设计	将E-R图转换为关系模型，生成若干个关系模式
4	物理模型设计	结合具体的DBMS，为关系模式选择适合的存储结构和存取方法
5	数据库实施	利用具体的DBMS，建立数据库，并在数据库应用程序设计基础上，载入部分数据，进行数据库的试运行
6	数据库运行和维护	投入正式运行，并在运行过程中进行评价、调整与修改

【例11-2】 试完成：住院患者数据库的需求分析及其概念模型、逻辑模型的设计。

> **说明：** 住院患者数据库的实施详见第11章第2节～第11章第7节的相关内容。

1）需求分析

在数据管理方面，用户需要构建住院患者数据库，实现患者和相关科室、医生的数据存储，以便未来的数据统计处理（如：疗效频数、出院人数等计算）。

2）概念模型设计

依据上述需求，概念模型的设计过程为：实体型及其属性、联系的抽象→E-R图的设计（图11-5）。

> **问题：** 依据图11-5，①联系的名称、类型及其属性分别是什么？②联系所连接的实体型分别是什么？

3）逻辑模型设计

利用表11-3所示的转换原则，数据库的关系模式如下：

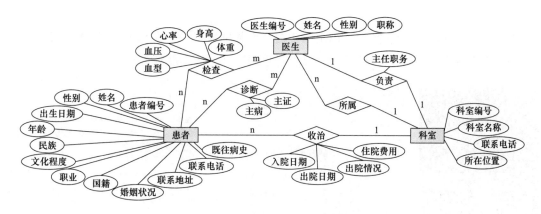

图 11-5 住院患者数据库的概念模型设计

① 患者（<u>患者编号</u>，姓名，性别，出生日期，年龄，民族，文化程度，职业，国籍，婚姻状况，联系地址，联系电话，既往病史）。

② 医生（<u>医生编号</u>，姓名，性别，职称，主任职务，科室编号）。

③ 科室（<u>科室编号</u>，科室名称，联系电话，所在位置）。

④ 诊断（<u>患者编号</u>，医生编号，主病，主证）。

⑤ 检查（<u>患者编号</u>，医生编号，体重，身高，心率，<u>血压</u>，<u>血型</u>）。

⑥ 收治（<u>患者编号</u>，入院日期，出院日期，出院情况，住院费用，科室编号）。

其中，在转换过程中，"所属"联系合并入"n 端"对应的关系模式（即"医生"关系模式），"收治""检查"和"收治"联系分别转换为一个独立的关系模式。

> **问题：** 在上述的关系模式中，每一个关系的码分别是什么？

11.2 Microsoft Access 2013 的基本使用

Microsoft Access（简称 Access）是一种最为流行、易用、小型的关系数据库管理系统，是 Microsoft Office 的一个应用程序组件。

> **说明：** Access 2013 的使用过程属于数据库的实施阶段，即数据库的建立过程。

11.2.1 数据库创建

数据库的创建过程为：启动 Access 2013 →创建空白数据库。

相关概念：空白数据库（Blank Database） 是指"尚未设计"的数据库。

【**例 11-3**】住院患者数据库的创建问题。利用 Access 2013，试完成："空白"住院患者数据库的创建。

具体创建过程如下：

1）启动 Access 2013

单击【开始】按钮→"所有程序"→"Microsoft Office 2013"→"Access 2013"命令，打开 Access 2013 窗口（图 11-6）。

2）创建空白数据库

在右侧"可用模板"选项区中，单击"空白桌面数据库"项→在弹出的对话框中，输入数据库的名称→单击【创建】按钮，打开"住院患者数据库 .accdb"数据库窗口（图 11-7）。

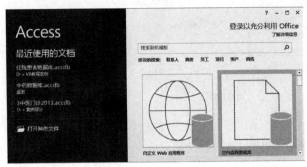

图 11-6　Access 2013 窗口

图 11-7　数据库窗口

说明： 数据库的存储采用文件形式，其中，Access 2007 ～ 2013 的数据库文件扩展名称为：accdb，Microsoft Access 2007 之前版本的数据库文件扩展名称为：mdb。

11.2.2　数据表设计

数据表设计主要包括：数据表的结构设计和数据表的添加。

说明： 在 Access 2013 中，关系被称为**数据表**（简称表）。

在数据库窗口中，"所有 Access 对象"窗格用于显示当前数据库的组成情况（如：表、窗体等），供对象的设计和编辑。例如，在图 11-7 中，该窗格包含"表 1"项 表1 （即 Access 所自动添加的一张数据表）。

1. 数据表的结构设计

数据表的结构包括：字段的名称、数据类型、说明、长度等内容。其中，数据类型用于界定字段所存数据的特点，例如，"是 / 否"类型用于存储 True/False、Yes/No 等数据。

在 Access 2013 中，设计视图用于设计数据表的结构。

【例 11-4】 医生数据表的结构设计问题。在【例 11-3】基础上，依据表 11-5，试完成：医生数据表的结构设计。

表 11-5　医生数据表的结构说明表

序　号	字段名称	数据类型	说　　明
1	医生编号	短文本	主键，医生的唯一标识
2	姓名	短文本	
3	性别	短文本	取值：男，女
4	职称	短文本	取值：主任医师，副主任医师，主治医师，住院医师
5	主任职务	是 / 否	取值：True，False
6	科室编号	短文本	源自：科室数据表

说明：①数据表的字段名称源于相应关系模式所含的属性。②在 Access 2013 中，字段的默认数据类型为：短文本。

相关概念：主键（Primary Key）是唯一标识记录的若干个字段，等同于关系的码。在设计视图中，主键的标识为：，位于相应字段的左侧。

医生数据表的结构设计过程如下：

1）调用设计视图

在"所有 Access 对象"窗格（图 11-7）中，右击"表 1"项→在弹出的快捷菜单中，选择"设计视图"命令→在打开的"另存为"对话框中，输入表的名称，在单击【确定】按钮后，"所有 Access 对象"窗格的右侧将显示该数据表的设计视图（图 11-8）。

2）设计表的结构

如图 11-8 所示，在右侧的设计视图中，设置字段名称、数据类型和说明等内容，其中，"主任职务"字段的数据类型和属性设置过程为：单击字段的数据类型和按钮→在下拉列表中，选择"是/否"项→在"字段属性"区中，单击"格式"框和按钮，并选择"真/假"项，如图 11-8 所示。

图 11-8 医生数据表的结构设计

2. 数据表的添加

数据表的添加用于满足数据库的数据表数量需求。

【例 11-5】住院患者数据库的数据表设计问题。在【例 11-4】基础上，依据表 11-6，试完成：数据表的添加及其结构设计。

以检查数据表为例，具体操作过程如下：

1）添加表

在菜单栏中，选择"创建"→"表设计"命令，调用新表的设计视图。

2）设计表结构

其中，2个主键的设置过程为：选中"患者编号"和"医生编号"字段（即按下 <Shift> 键，并逐一单击2个字段左端的灰色方格），之后，在菜单栏中，选择"设计"→"主键"命令，将符号添加到上述字段的左侧。

3）保存表

单击【保存】按钮→在"另存为"对话框中，输入数据表的名称。

表 11–6　住院患者数据库的其他数据表结构说明表

表名称	字段名称	数据类型	说　明
科室数据表	科室编号	短文本	主键，科室的唯一标识
	科室名称，联系电话，所在位置	短文本	
患者数据表	患者编号	短文本	主键，患者的唯一标识
	姓名，性别	短文本	
	出生日期	日期 / 时间	
	年龄	数字	
	民族，文化程度，职业，国籍，婚姻状况 联系地址，联系电话，既往病史	短文本	
诊断数据表	患者编号，医生编号	短文本	主键
	主病，主证	短文本	
检查数据表	患者编号，医生编号	短文本	主键
	血压，血型	短文本	
	体重，身高，心率	数字	
收治数据表	患者编号	短文本	主键
	入院日期，出院日期	日期 / 时间	
	出院情况	短文本	取值：治愈，好转，未治，无效，死亡，其他
	住院费用	货币	
	科室编号	短文本	

3. 数据表的数据编辑

在 Access 2013 中，数据表视图用于编辑和显示数据表的数据，位于"所有 Access 对象"窗格的右侧。

数据编辑过程为：在"所有 Access 对象"窗格中，双击相应的数据表→在打开的数据表视图（图 11-9），进行数据的输入、修改、删除。

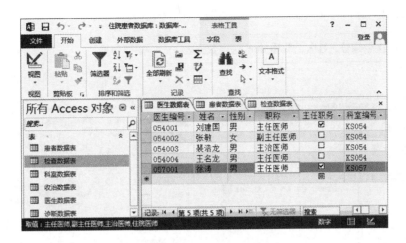

图 11-9　数据表视图的使用

11.3　结构化查询语言

结构化查询语言（Structured Query Language，SQL）是关系数据库的标准语言，是数据库访问的最重要媒介。SQL 具有语言简洁、功能强大、通用性强的突出特点。

11.3.1　数据查询

Select 语句用于从数据表中检索数据，并以表格形式，返回查询结果。

1. 简单查询

简单查询（Simple Query）是指从一张数据表中，检索字段的数据，其语法格式如下：

> Select 字段列表 From 数据表名称

（1）数据表名称
指定所需查询的数据表。
（2）字段列表
指定所需查询的字段，其表示形式为：字段 1，字段 2，……。

> **说明：** 通配符 * 可以替代字段列表，用于查询"所有"字段的数据。

【例 11-6】医生数据的简单查询问题。在【例 11-5】基础上，试完成：从医生数据表中：①查询医生的编号、姓名和职称；②查询医生的所有字段数据。

1）部分字段的数据查询
利用 Access 2013，查询实现的操作过程如下：

① 创建查询。在菜单栏中，选择"创建"→"查询设计"命令，在打开的"显示表"对话框中，单击【关闭】按钮。

② 调用 SQL 视图。在菜单栏中，选择"设计"→"视图"→"SQL 视图"命令，打开 SQL 视图（图 11-10）。

③ 输入并执行 Select 语句。在 SQL 视图中，输入下述的 Select 语句（图 11-10）→在"设

计"菜单中，选择"运行"命令，生成查询结果（图11-11）。

> select 医生编号，姓名，职称 from 医生数据表

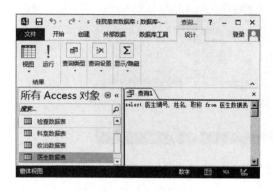 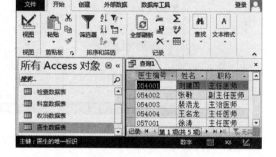

图 11-10 SQL 视图　　　　　　　图 11-11 查询结果

2）"所有"字段的数据查询

该查询实现的过程为：调用 SQL 视图→清除上述语句→输入并执行下述 Select 语句。

> select*from 医生数据表

问题：若从患者数据表中，查询患者的姓名和既往病史，则如何设计 Select 语句？

2. 条件查询

条件查询（**Criteria Query**）是指依据特定条件，检索指定字段的数据。针对单一的数据表查询，条件查询的语法格式如下：

> Select 字段列表 From 数据表名称 Where 条件表达式

其中，条件表达式用于描述查询条件，如表 11-7 所示。

相关概念：谓词（**Predicate**）是描述或判定客体性质、特征或客体之间关系的词项。

表 11-7　条件查询的常用形式说明表

查询形式	谓　词	功　能
比较大小	=,>,>=, <, <=, <>	指定查询字段的值范围
确定范围	Between…And…，Not Between…And…	指定查询字段的下限值和上限值
确定集合	In，Not In	指定查询字段的值集合
多重条件	And，Or，Not	连接多个查询条件，或否定查询条件

说明：在上述语法格式的条件表达式中，数据的表示形式包括：①文本型数据由单引号 ' 括起来，如：' 王强 '；②日期时间型数据由 # 括起来，如：#7/9/1994#；③数字和逻辑型数据直接给出，如：28，True。

【例 11-7】医生数据的条件查询问题。在【例 11-5】基础上，试完成：从医生数据表中：①查询"科室编号为 KS054"的医生全部字段数据，如图 11-12 所示；②查询"副主任医师和主治医师"的医生姓名和职称。

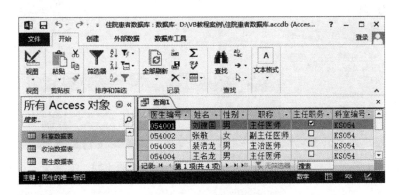

图 11-12 特定科室的医生数据查询结果（1）

在创建查询和调用 SQL 视图之后，先后输入并执行下述 Select 语句。

> select * from 医生数据表 where 科室编号 = 'KS054'

> select 姓名，职称 from 医生数据表 where 职称 in（'副主任医师'，'主治医师'）

问题：若从患者数据表中，查询"年龄在 25 ～ 50 岁之间"的患者姓名和性别，则如何利用"确定范围"的条件查询形式（表 11-7），设计 Select 语句？

3. 连接查询

连接查询（Join Query）是指 2 张以上数据表的查询，其语法格式如下：

> Select 字段列表 From 数据表列表 Where 条件表达式

（1）数据表列表
指定所需查询的数据表，表示形式为：数据表 1，数据表 2，……。
（2）字段列表
即数据表 1. 字段 1，数据表 1. 字段 2，……，数据表 2. 字段 1，……。
（3）条件表达式
描述连接条件；如：数据表 1. 字段 1= 数据表 2. 字段 2。

例如，在图 11-12 基础上，为了直观地显示"医生所属"的科室名称（图 11-13），相应的连接查询语句如下：

> select 医生数据表 .*，科室数据表 . 科室名称 from 医生数据表，科室数据表
>
> where 医生数据表 . 科室编号 = 科室数据表 . 科室编号

上述语句的执行过程为：针对医生数据表的第 1 条记录，从科室数据表的第 1 条记录开始，逐一查找满足"连接条件"的记录，并拼接医生数据表的第 1 条记录和"所找到"记录，形成结

果表的一条记录→针对医生数据表的"第 2 条～最后一条"记录，重复上述查找过程，形成结果表→利用上述的结果表，依据字段列表，返回最终的结果表。

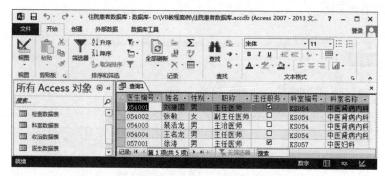

图 11-13 特定科室的医生数据查询结果（2）

问题： 在图 11-13 中，若查询结果不需要显示科室编号，则如何设计 Select 语句？

11.3.2 数据操纵

数据操纵用于数据表的数据插入、更新和删除等操作。

1. 数据插入

Insert 语句用于生成一条新的记录，将数据插入指定字段，其语法格式如下：

Insert Into 数据表名称［（字段列表）］Values（数据列表）

（1）字段列表

可选项，指定字段，若该项被省略，则所有字段进行插入操作。

（2）数据列表

指定插入的数据，数据列表和字段列表须"一一"对应。

例如，下述 Insert 语句的功能在于：在科室数据表中，生成一条新的记录，且科室编号和科室名称 2 个字段分别被赋予：KS059 和中医皮肤科。

insert into 科室数据表（科室编号，科室名称）values（'KS059'，'中医皮肤科'）

2. 数据更新

Update 语句用于修改"满足一定条件"记录的字段值，其语法格式如下：

Update 数据表名称 Set 字段赋值列表［Where 条件表达式］

其中，字段赋值列表的表示形式为：字段 1= 表达式 1，字段 2= 表达式 2，……。

说明： 若 Where 子句被省略，则 Update 语句将修改所有记录的相应字段值。

例如，下述语句的功能在于：在患者数据表中，将指定患者的年龄修改为 41。

update 患者数据表 set 年龄 =41where 姓名 = ' 冯卫国 '

问题： 针对语句 update 患者数据表 set 年龄 =41，其功能是什么？

3. 数据删除

Delete 语句用于删除"满足一定条件"的所有记录，其语法格式如下：

> Delete From 数据表名称［Where 条件表达式］

说明： 若 Where 子句被省略，则 Delete 语句将删除所有记录（即清空数据表）。

【例 11-8】医生数据的操纵问题。在【例 11-5】基础上，针对医生数据表，试完成：①将"张敏"医生的职称修改为：主任医师；②删除"054004"医生编号的记录；③插入一条记录（其字段的值依次为：057002，冯梅，女，主任医师，False，KS057）。

说明： 依据医生数据表的字段顺序（图 11-8），在上述的插入操作中，False 为："主任职务"字段的值。

医生数据的修改、删除和插入语句分别如下：

> update 医生数据表 set 职称 = ' 主任医师 ' where 姓名 = ' 张敏 '

> delete from 医生数据表 where 医生编号 = ' 054004 '

> insert into 医生数据表 values（057002，冯梅，女，主任医师，False，KS057）

问题： 若程序需要清空医生数据表，则如何设计 Delete 语句？

11.4 Data 控件

Data 控件提供了数据库访问途径。在"工具箱"窗口中，Data 控件的图标为：▦。

11.4.1 Data 控件与数据库的连接

Data 控件的属性设置用于实现该控件与数据库及其数据表的连接，以便访问数据。

针对数据库的连接功能，Data 控件的相关属性如下：

1. Connect 属性

指定数据库的类型，在"SP3 之后"的 Visual Basic6.0 中，该属性的默认值为：Access 2000。

2. DatabaseName 属性

指定数据库的名称，其属性值为：数据库的全路径。

3. RecordSource 属性

指定数据表的名称（或设定 Select 语句）。

> **说明：**数据库的连接过程为：指定数据库类型→数据库→数据表，相应地，上述属性的设置次序为：Connect 属性→ DatabaseName 属性→ DataSource 属性。

图 11-14 【例 11-9】的窗体

【**例 11-9**】医生数据表的连接问题。在医生数据表的结构设计及其数据编辑（图 11-8，图 11-9）基础上，试完成：①窗体设计：如图 11-14 所示；②功能设计：通过 Data 控件的属性设置（表 11-8），连接医生数据表。

表 11-8　【例 11-9】的 Data 控件属性设置说明表

序号	属性名称	属性值	序号	属性名称	属性值
1	Caption	医生数据查询	3	DatabaseName	D:\数据案例\住院患者数据库 .mdb
2	Connect	Access 2000	4	RecordSource	医生数据表

> **说明：**"住院患者数据库 .mdb"文件须预先存储在"D:\数据案例"路径下。

数据库及其数据表的连接过程如下：

1）"Access 2013 向 Access 2000"的数据库转换

打开"住院患者数据库 .accdb"文件；之后在菜单栏中，选择"文件"→"另存为"→"数据库另存为"命令→在数据库文件类型中，选择"Access 2000 数据库"项，单击【另存为】按钮。

2）设置 Data 控件属性

利用"属性"窗口，依据表 11-8，依次地设置属性。

11.4.2　数据绑定控件的使用

数据绑定控件用于显示和操纵"所连接"数据源的字段值，如：文本框、复选框等。例如，在图 11-15 中，文本框需要与 Data 控件绑定，显示"所连接"医生数据表的字段数据。

相关概念：数据绑定（Data Binding）是指特定控件与"数据源"中字段的关联过程。

图 11-15 【例 11-10】的运行效果

数据绑定控件的相关属性如下：

1. DataSource 属性

指定数据源，其属性值常为：数据控件名称。

2. DataField 属性

指定字段名称，即建立"数据绑定控件与字段之间"关联。

> **说明：** 数据绑定过程为：指定数据源→字段名称，相应地，上述属性的设置次序为：DataSource 属性→ DataField 属性。

【**例 11-10**】医生数据访问问题。在【例 11-9】基础上，试完成：①文本框和复选框的属性设置，以便显示数据（图 11-15）；②单击 Data 控件的两端按钮，查询数据。

1）数据绑定控件的属性设置

利用"属性"窗口，文本框 Text1 ～ Text5 和复选框 Check1 的属性设置如下：

① DataSource 属性：Data1（即 Data 控件的名称）。

② DataField：医生数据表的字段名称，如：文本框 Text1 ～ Text5 的该属性值依次为：医生编号、姓名、性别、职称和科室编号。

2）Data 控件的操作

在图 11-15 中，控件 Data1 两端的 4 个按钮功能在于：

① 获取新的记录：例如，按钮▶用于获取"下一条"记录（即下移操作）。

② 更新字段值：例如，若用户更改"职称"数据，并单击某一个按钮，则控件 Data1 将自动更新当前记录的该字段值。

11.5　ADO Data 控件

与 Data 控件相比，ADO Data 控件的功能更丰富，如：Access 2013 数据库的访问。

11.5.1　基本概念

针对 Visual Basic 的数据库应用程序设计，数据库引擎、OLE DB 和 ADO 是三个重要概念，提供了程序与数据库之间连接的桥梁。图 11-16 给出了上述概念的关系情况。

图 11-16　数据访问和操纵过程

1. 数据库引擎

数据库引擎（Database Engine）是指数据库访问和操纵的一段程序，提供了数据存储、访问、处理和保护的核心服务。

例如，Access 数据库引擎主要包括：

（1）Jet 引擎（Joint Engine Technology）

访问 Microsoft Access1997 ～ 2003 数据库。

（2）ACE 引擎（Microsoft Access Engine）

访问 Microsoft Access 2007 ～ 2013 数据库，也适用于 Microsoft Access 1997 ～ 2003 数据库。

> **说明：** 数据库引擎由数据库提供商实现，如：Jet 引擎由微软公司实现。

2. OLE DB

OLE DB（**Object Linking and Embedding，Database**）是数据库与其应用程序之间的一组接口，提供了统一的数据访问方法，以便支持不同类型的数据库访问。

从概念上，OLE DB 主要包括：

（1）数据使用者（Data Consumers）

那些需要访问数据的应用程序。

（2）数据提供者（Data Providers）

具有相应接口的、向使用者提供数据的组件，表 11-9 给出了常用的数据提供者。

表 11-9　常用的数据提供者说明表

数据提供者	说　明
Microsoft Jet 4.0 OLE DB Provider	Access1997 ～ 2003 数据库的 OLE DB 提供者
Microsoft Office 12.0 Access Database Engine OLE DB Provider	Access 2007 ～ 2013 数据库的 OLE DB 提供者
Microsoft OLE DB Provider for Oracle	Oracle 数据库的 OLE DB 提供者
Microsoft OLE DB Provider for SQL Server	SQL Server 数据库的 OLE DB 提供者

3. ADO

ADO（**ActiveX Data Objects，ActiveX 数据对象**）是基于 OLE DB 的数据库访问技术。ADO 和 OLE DB 的主要区别在于：

（1）OLE DB 通过许多不同接口的调用，实现数据的连接。

（2）ADO 将 OLE DB 所含的接口集成为对象，在此基础上，程序只需操纵对象的属性和方法，屏蔽了接口的直接调用设计，降低了数据库访问的复杂度。

> **说明：**目前，ADO 是基于客户 / 服务器（C/S）模式的信息系统开发的重要技术。

11.5.2　ADO Data 控件与数据库的连接

Visual Basic 提供了 **ADO Data 控件**（**ADO Data Control，Adodc**），能够通过 ADO 所提供的技术，快速地完成数据库的连接。

1. 控件图标的添加

ADO Data 控件图标的添加过程为：调用"部件"对话框→在"控件"选项卡中，勾选"Microsoft ADO Data Control 6.0（SP6）（OLEDB）"项。

在"工具箱"窗口中，ADO Data 控件的图标为：▦。

> **说明：**在窗体中，ADO Data 控件的外观类似于 Data 控件。

2. 控件与数据库的连接

（1）Recordset 对象

Recordset 对象（记录集对象）用于存储数据库访问结果的记录集（即数据源），其中，记录集包含了"所连接"数据表（或 Select 语句所获取）的所有记录。

> **说明**：在数据控件与数据库建立连接之后，RecordSet 对象将被自动创建。

例如，假设控件 Data1 的 Connect 属性值为：Access 2000，结合下述语句，图 11-17 给出了 Data 控件的数据库连接过程和文本框的数据绑定过程。

```
Data1.DatabaseName=App.Path & " \ 住院患者数据库 .mdb"
Data1.RecordSource= " select 姓名，科室编号 from 医生数据表
where 职称 = ' 主任医师 ' "
```

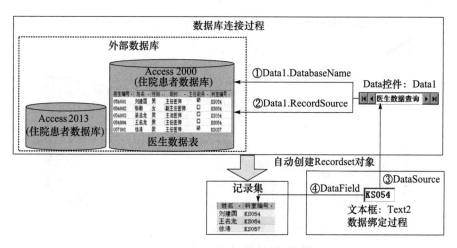

图 11-17　数据库连接与数据绑定示意图

> **说明**：在图 11-17 中，序号①～④标识了"数据访问过程中"控件属性的设置次序。
>
> **问题**：依据图 11-17，文本框 Text2 的属性 DataSource 和 DataField 的值分别是什么？

（2）相关属性

针对数据库的连接，ADO Data 控件的相关属性如下：

① ConnectionString 属性：设定数据库的连接信息，此类信息主要包括：数据提供者名称和数据库名称。

② RecordSource 属性：设定 Select 语句，以便获取记录。

例如，针对"D:\ 住院患者数据库 .mdb"的数据库，若程序需要利用 ADO Data 控件 Adodc1，访问该数据库中的医生数据，则相应的功能语句如下：

```
Adodc1.ConnectionString= " provider=Microsoft.Jet.OLEDB.4.0；data source=D:\ 住院患者数据库 .mdb"
Adodc1.RecordSource= " select * from 医生数据表 "
```

> **说明**：在上述语句中，"provider=Microsoft.Jet.OLEDB.4.0"部分用于指定数据提供者，若程序需要连接 Access 2013 数据库，则该部分改为：provider=Microsoft.Ace.OLEDB.12.0。

【**例 11-11**】医生数据的访问问题。在【例 11-10】基础上，试完成：如表 11-10 所示的设计要求。

表 11-10　【例 11-11】的设计要求说明表

设计项目	设计要求
窗体设计	结合图 11-15，建立文本框控件数组［即 Text1（0）～ Text1（4）］；且控件 Adodc1 作为数据控件
功能设计	利用窗体的 Load 事件过程，连接"当前工程"路径下的"住院患者数据库 .accdb"数据库，并显示数据

图 11-18 给出了【例 11-11】的程序设计结果。其中，变量 provider 和 datasource 用于存储数据提供者和数据库等信息，以便降低 ConnectionString 属性赋值语句的复杂度。

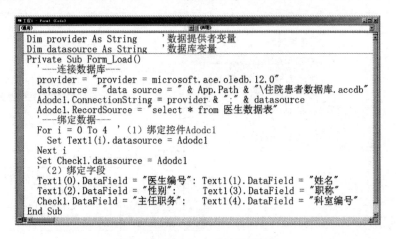

```
Dim provider As String        '数据提供者变量
Dim datasource As String      '数据库变量
Private Sub Form_Load()
  '---连接数据库---
  provider = "provider = microsoft.ace.oledb.12.0"
  datasource = "data source = " & App.Path & "\住院患者数据库.accdb"
  Adodc1.ConnectionString = provider & ";" & datasource
  Adodc1.RecordSource = "select * from 医生数据表"
  '---绑定数据---
  For i = 0 To 4  '（1）绑定控件Adodc1
    Set Text1(i).datasource = Adodc1
  Next i
  Set Check1.datasource = Adodc1
  '（2）绑定字段
  Text1(0).DataField = "医生编号": Text1(1).DataField = "姓名"
  Text1(2).DataField = "性别":    Text1(3).DataField = "职称"
  Check1.DataField = "主任职务":   Text1(4).DataField = "科室编号"
End Sub
```

图 11-18　【例 11-11】的程序设计

说明：在 Visual Basic 中，Set 语句用于将对象名称赋予变量（或属性），以便引用对象。例如，在图 11-18 中，Set 语句用于将控件名称（即 Adodc1）赋予 datasource 属性。

11.5.3　ADO Data 控件的数据操纵

数据操纵（Data Manipulation）是指利用 Recordset 对象的属性和方法，进行数据的查找、添加、更新和删除等操作过程。

1. Recordset 对象的组成

如图 11-19 所示，Recordset 对象的组成如下：

（1）Field 对象

Recordset 对象包含若干个 Field 对象，其中，一个 Field 对象对应着 Recordset 对象（即记录集）中的一列。

图 11-19　Recordset 对象的层次结构

（2）Fields 集合

Fields 集合包含 Recordset 对象的所有 Field 对象。

2. Recordset 对象的属性和方法

针对数据控件，Recordset 属性用于引用 Recordset 对象，以便调用 Recordset 对象及其 Fields 集合、Field 对象的属性和方法。

说明：依据 Recordset 对象的层次结构，Field 对象的属性调用需要借助 Fields 集合。

表 11-11 ～表 11-13 分别给出了 Field 对象、Recordset 对象的常用属性和常用方法。

表 11-11　Field 对象的常用属性说明表

属性名称	属性功能	属性调用语句案例
Count	返回 Field 对象的数量（即记录集的字段数）	Adodc1.Recordset.Fields.Count：“控件 Adodc1 所创建”记录集的字段数
Name	返回特定 Field 对象的名称（即字段名称）	Adodc1.Recordset.Fields（i）.Name：第 i 个字段的名称，其中，0 ≤ i ≤字段数 -1
Value	返回或设置特定 Field 对象的值（即字段值）	Adodc1.Recordset.Fields（i）.Value：当前记录的第 i 个字段的值，其中，0 ≤ i ≤字段数 -1

说明：在 Value 属性的调用语句中，Fields（i）可以写成：Fields（字段名称），以便增强字段表达的直观性，如：Adodc1.Recordset.Fields（" 姓名 "）.Value。

表 11-12　Recordset 对象的常用方法说明表

方法名称	方法功能	方法调用语句案例
MoveFirst、MoveLast、MoveNext 和 MovePrevious	将 Recordset 对象的第 1 条记录、最后一条记录和“当前记录”的下一条、上一条记录，设置成新的当前记录	Adodc1.Recordset.MoveFirst Adodc1.Recordset.MoveLast Adodc1.Recordset.MoveNext Adodc1.Recordset.MovePrevious
Delete	删除当前记录	Adodc1.Recordset.Delete
Update	保存 Recordset 对象的“当前记录”上的更改	Adodc1.Recordset.Update
Find	在 Recordset 对象中，搜索“满足指定条件”的记录，若搜索到结果，则该记录被设置为当前记录，否则位置将设置在最后一条记录之后	Adodc1.Recordset.Find（条件表达式），其中，条件表达式包含字段名称、比较操作符和具体值
AddNew	为 Recordset 对象添加一条新的“空白”记录	Adodc1.Recordset.AddNew

说明：① Find 方法常与 MoveFirst 方法一起使用，以便保证“从第 1 条记录开始”搜索，否则，搜索的起始位置为：当前记录。②方法 Update 和 AddNew 需要与 Field 对象的 Value 属性赋值语句配合使用，以便实现新记录的字段赋值。

表 11-13　Recordset 对象的常用属性说明表

属性名称	属性功能	属性调用语句案例
RecordCount	返回记录集的记录数	Adodc1.Recordset.RecordCount
Requery	重新执行 Recordset 对象所基于的查询，重建记录集	Adodc1.Recordset.Requery
BOF	判定当前记录位置是否位于记录集的第 1 条记录之前	Adodc1.Recordset.BOF
EOF	判定当前记录位置是否位于记录集的最后 1 条记录之后	Adodc1.Recordset.EOF

说明：①为了确定记录位置的有效性，属性 BOF 和 EOF 常与方法 MoveNext、MovePrevious 配合使用。②为了获取记录的新情况，Requery 方法常与属性 Update、Delete 配合使用。

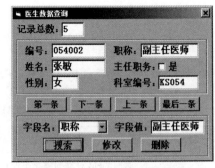

图 11-20　【例 11-12】的运行效果

【例 11-12】医生数据的操纵问题。试完成：窗体设计（图 11-20）和功能设计（表 11-14）。

表 11-14　【例 11-12】的功能设计说明表

功能要求	主要说明
连接数据库	利用窗体的 Load 事件过程，借助 ADO Data 控件，连接"当前工程"路径下的"住院患者数据库 .accdb"数据库，并显示数据
移动记录	利用【第一条】~【最后一条】4 个按钮，设置并查阅当前记录
搜索记录	利用【搜索】按钮，依据给定的字段名和字段值，搜索并显示记录（图 11-20）
修改和删除记录	利用【修改】和【删除】2 个按钮，实现当前记录的字段值修改保存及其删除

【例 11-12】的功能实现如下：

1）数据库的连接

图 11-21 给出了窗体的 Load 事件过程设计结果。其中，第 2 条 For 语句用于添加组合框 Combo1 的选项，供字段名的选定。

```
Dim provider As String, datasource As String '数据提供者变量，数据库变量
Private Sub Form_Load()
  '--(1)连接数据库--
  provider = "provider = microsoft.ace.oledb.12.0"
  datasource = "data source = " & App.Path & "\住院患者数据库.accdb"
  Adodc1.ConnectionString = provider & ";" & datasource
  Adodc1.RecordSource = "select * from 医生数据表"
  '--(2)绑定数据--
  For i = 0 To 4   '(2.1)绑定控件Adodc1
    Set Text1(i).datasource = Adodc1
  Next i
  Set Check1.datasource = Adodc1
  '(2.2)绑定字段
  Text1(0).DataField = "医生编号": Text1(1).DataField = "姓名"
  Text1(2).DataField = "性别":      Text1(3).DataField = "职称"
  Check1.DataField = "主任职务":    Text1(4).DataField = "科室编号"
  Text2.Text = Adodc1.Recordset.RecordCount  '--(3)显示记录总数--
  '---(4)添加"字段名称"项---
  For i = 0 To Adodc1.Recordset.RecordCount - 1
    Combo1.AddItem Adodc1.Recordset.Fields(i).Name
  Next i
  Combo1.Text = Adodc1.Recordset.Fields(0).Name
  Adodc1.Visible = False '---(5)数据控件不可见---
End Sub
```

图 11-21　【例 11-12】的 Load 事件过程设计

说明：本案例将数据控件 Adodc1 设置为：不可见，即语句 Adodc1.Visible=False。

2）记录的移动

图 11-22（a）给出了记录移动的部分程序设计结果。其中，在命令按钮 Command2 的 Click 事件过程中，If 语句避免"当前记录位置超出最后一条记录位置"。

```
Private Sub Command1_Click()
'----【第一条】按钮----
    Adodc1.Recordset.MoveFirst
End Sub
Private Sub Command2_Click()
'----【下一条】按钮----
    Adodc1.Recordset.MoveNext
    '判定"当前记录"的位置
    If Adodc1.Recordset.EOF = True Then
        MsgBox "当前记录已经是最后一条记录!"
        Adodc1.Recordset.MoveLast
    End If
End Sub
```

（a）记录移动的部分程序设计

```
Private Sub Command5_Click()
'----【搜索】按钮----
    Dim condition As String   '搜索条件变量
    '(1)设置搜索条件
    condition = Combo1.Text & " = '" & Trim(Text3.Text) & "'"
    Adodc1.Recordset.MoveFirst   '(2)设置搜索的起始位置
    Adodc1.Recordset.Find (condition)   '(3)搜索记录
    If Adodc1.Recordset.EOF = True Then   '(4)判定搜索结果
        MsgBox "没有满足条件的记录!"
        Adodc1.Recordset.MoveFirst '重新设置记录位置
    End If
End Sub
```

（b）记录搜索的程序设计

图 11-22 【例 11-12】的记录移动、搜索程序设计

问题：依据图 11-22（a）的设计结果，如何设计【上一条】按钮（Command3）和【最后一条】按钮（Command4）的 Click 事件过程？

3）记录的搜索

图 11-22（b）给出了记录搜索的程序设计结果。其中，Find 方法用于依据变量 condition 的值，获取满足条件的"第 1 个"记录，如图 11-20 所示。

4）记录的修改和删除

图 11-23 给出了记录修改、删除的程序设计结果。

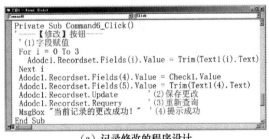

```
Private Sub Command6_Click()
'----【修改】按钮----
    '(1)字段赋值
    For i = 0 To 3
        Adodc1.Recordset.Fields(i).Value = Trim(Text1(i).Text)
    Next i
    Adodc1.Recordset.Fields(4).Value = Check1.Value
    Adodc1.Recordset.Fields(5).Value = Trim(Text1(4).Text)
    Adodc1.Recordset.Update       '(2)保存更改
    Adodc1.Recordset.Requery      '(3)重新查询
    MsgBox "当前记录的更改成功!"   '(4)提示成功
End Sub
```

（a）记录修改的程序设计

```
Private Sub Command7_Click()
'----【删除】按钮----
    Dim confrim As Integer   '"删除确认"变量
    confirm = MsgBox("是否删除当前记录?", vbYesNo, _
                     "删除提示")
    If confirm = vbYes Then              '(1)删除确认
        Adodc1.Recordset.Delete          '(2)删除记录
        Adodc1.Recordset.Requery         '(3)重新查询
        MsgBox "当前记录的删除成功!"       '(4)提示成功
        Text2.Text = Adodc1.Recordset.RecordCount
                                         '(5)显示记录数
    End If
End Sub
```

（b）记录删除的程序设计

图 11-23 【例 11-12】的记录修改和删除程序设计

① 命令按钮 Command6 的 Click 事件过程：针对"在窗体中"当前记录的字段值更改，进行字段赋值→保存更改→重新查询→生成"更改成功"消息框。

② 命令按钮 Command7 的 Click 事件过程：针对"在窗体中"的当前记录，进行删除确认→删除当前记录→重新查询→生成"删除成功"消息框。

说明：在图 11-23 中，Requery 方法用于获取"修改和删除后"的新记录集。

11.6　数据表绑定控件

数据表绑定控件是指以二维表形式，显示和操纵"所连接"数据源中数据的一类数据绑定控件，包括：DataGrid 控件、MSFlexGrid 控件、MSHFlexGrid 控件等。本节将主要介绍MSHFlexGrid 控件的基本使用。

例如，在图 11-24 中，MSHFlexGrid 控件与 ADO Data 控件进行绑定，以数据表的形式，显示医生数据情况。

> 说明：在图 11-24 中，控件 Adodc1 被隐藏（即该控件的 Visible 属性值为 False）。

1. 控件图标的添加

MSHFlexGrid 控件图标的添加过程为：调用"部件"对话框→在"控件"选项卡中，勾选"Microsoft Hierarchical FlexGrid Control 6.0（SP4）（OLEDB）"项。

在"工具箱"窗口中，MSHFlexGrid 控件的图标为：▉。

2. 常用的方法和属性

Refresh 方法用于刷新 MSHFlexGrid 控件的数据，以便显示记录的新情况。

> 说明：Refresh 方法也属于 ADO Data 控件，用于在重新设置 RecordSource（或 ConnectionString）属性值后，刷新控件的记录集。

表 11-15 给出了 MSHFlexGrid 控件的常用属性情况。

表 11-15　MSHFlexGrid 控件的常用属性说明表

属性名称	属性功能	属性调用语句案例
DataSource	指定一个数据源	MSHFlexGrid1.datasource=Adodc1
Cols、Rows	设置或返回总列数、总行数	MSHFlexGrid1.Cols=3
Col、Row	返回所选单元的列号和行号	MSHFlexGrid1.Row=2：选定第 2 行
TextMatrix	设置或返回指定单元格的文本内容	MSHFlexGrid1.TextMatrix（i，j）：第 i 行、第 j 列的单元格内容，其中，$0 \leqslant i \leqslant$ Rows -1，$0 \leqslant j \leqslant$ Cols -1
ColWidth	设置特定列的宽度	MSHFlexGrid1.ColWidth（j）：第 j 列的宽度
CellBackColor	设置所选单元格的背景色	MSHFlexGrid1.CellBackColor= 颜色值

> 说明：CellHeight、CellWidth、CellTop、CellLeft 4 个属性用于设置所选单元格的大小和位置。

其中，属性 Col 和 Row 一起使用，选定某一个单元格，以便设置单元格的特征，例如，下述语句的功能在于：设置"第 2 行、第 4 列"单元格的背景色。

```
MSHFlexGrid1.Row=2
MSHFlexGrid1.Col=4
MSHFlexGrid1.CellBackColor=vbRed
```

问题：若控件 MSHFlexGrid1 的第 2 行设置为：蓝色，则如何修改上述程序代码？

【例 11-13】基于二维表的医生数据查询和操纵。试完成：①窗体设计：如图 11-24 所示；②功能设计：如表 11-16 所示。

说明：在图 11-24 中，针对控件 MSHFlexGrid1：①第 0 列（即首列）为灰色，不显示数据，用于行的选定；②第 0 行（即首行）用于显示字段名称，又称为标题行。

表 11-16 【例 11-13】的功能设计说明表

功能要求	主要说明
连接数据库	借助控件 Adodc1，连接住院患者数据库，并借助控件 MSHFlexGrid1 显示数据
搜索记录	依据字段名和字段值，搜索记录，并由窗体 Form2（图 11-25）显示搜索结果

图 11-24 【例 11-13】的运行效果

图 11-25 【例 11-13】的"搜索结果查阅"界面

【例 11-13】的功能实现如下：

1）数据库连接

图 11-26 给出了窗体 Form1 的 Load 事件过程设计结果。其中，Set 语句用于控件 MSHFlexGrid1 的 datasource 属性赋值（即绑定数据），以便显示数据。

说明：在图 11-26 中，AddItem 方法用于添加字段名称（即 Field 对象的名称）。

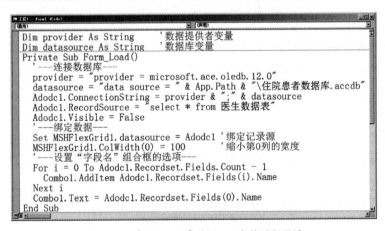

```
Dim provider As String        '数据提供者变量
Dim datasource As String      '数据库变量
Private Sub Form_Load()
  '---连接数据库---
  provider = "provider = microsoft. ace. oledb. 12.0"
  datasource = "data source = " & App. Path & "\住院患者数据库.accdb"
  Adodc1. ConnectionString = provider & ";" & datasource
  Adodc1. RecordSource = "select * from 医生数据表"
  Adodc1. Visible = False
  '---绑定数据---
  Set MSHFlexGrid1. datasource = Adodc1 '绑定记录源
  MSHFlexGrid1. ColWidth(0) = 100         '缩小第0列的宽度
  '---设置"字段名"组合框的选项---
  For i = 0 To Adodc1. Recordset. Fields. Count - 1
    Combo1. AddItem Adodc1. Recordset. Fields(i). Name
  Next i
  Combo1. Text = Adodc1. Recordset. Fields(0). Name
End Sub
```

图 11-26 【例 11-13】的 Load 事件过程设计

2）记录的搜索

图 11-27 给出了记录搜索和结果显示的程序设计结果。

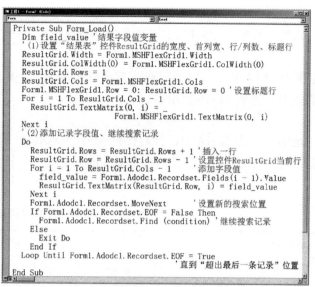

```
Private Sub Command1_Click()
  '------【搜索】按钮------
  '(1)设置搜索条件
  condition = Combo1.Text & " = '" &
      Trim(Text1.Text) & "'"
  '(2)设置搜索起始位置
  Adodc1.Recordset.MoveFirst
  '(3)搜索记录
  Adodc1.Recordset.Find (condition)
  If Adodc1.Recordset.EOF = True Then
    MsgBox "尚未找到合适的记录"
  Else
    Form2.Show '显示"搜索结果查阅"窗体
    Me.Enabled = False
  End If
End Sub
```

（a）记录"试探"搜索的程序设计

```
Private Sub Form_Load()
  Dim field_value '结果字段值变量
  '(1)设置"结果表"控件ResultGrid的宽度、首列宽、行/列数、标题行
  ResultGrid.Width = Form1.MSHFlexGrid1.Width
  ResultGrid.ColWidth(0) = Form1.MSHFlexGrid1.ColWidth(0)
  ResultGrid.Rows = 1
  ResultGrid.Cols = Form1.MSHFlexGrid1.Cols
  Form1.MSHFlexGrid1.Row = 0: ResultGrid.Row = 0 '设置标题行
  For i = 1 To ResultGrid.Cols - 1
    ResultGrid.TextMatrix(0, i) = _
            Form1.MSHFlexGrid1.TextMatrix(0, i)
  Next i
  '(2)添加记录字段值，继续搜索记录
  Do
    ResultGrid.Rows = ResultGrid.Rows + 1 '插入一行
    ResultGrid.Row = ResultGrid.Rows - 1 '设置控件ResultGrid当前行
    For i = 1 To ResultGrid.Cols - 1       '添加字段值
      field_value = Form1.Adodc1.Recordset.Fields(i - 1).Value
      ResultGrid.TextMatrix(ResultGrid.Row, i) = field_value
    Next i
    Form1.Adodc1.Recordset.MoveNext        '设置新的搜索位置
    If Form1.Adodc1.Recordset.EOF = False Then
      Form1.Adodc1.Recordset.Find (condition) '继续搜索记录
    Else
      Exit Do
    End If
  Loop Until Form1.Adodc1.Recordset.EOF = True
                              '直到"超出最后一条记录"位置
End Sub
```

（b）记录"继续"搜索与结果显示的程序设计

图 11-27 【例 11-13】的记录搜索与结果显示程序设计

① 命令按钮 Command1 的 Click 事件过程：依据条件变量 condition，进行"试探性"记录搜索，若找到一条记录，则"搜索结果查阅"窗体 Form2（图 11-25）。

② 窗体 Form2 的 Load 事件过程：设置 MSHFlexGrid 控件（名称为：ResultGrid）初始特征→利用 Do…Loop 语句，添加结果记录的字段值，并继续搜索新记录。

> **说明**：在图 11-27 中，变量 condition 属于 2 个窗体的"共用"变量，因此，请添加标准模块 Module1，声明该变量。
>
> **问题**：若在窗体 Form2 被关闭时，窗体 From1 变为可用，并被显示，则如何设计窗体 Form2 的 Unload 事件过程？

11.7　案例实现

本案例涉及方剂数据库的设计与访问问题，属于方剂信息系统的系统设计（即数据存储设计）和系统实施（即应用系统设计）2 个阶段的任务。

1. 数据存储设计

（1）需求分析

用户需要构建方剂数据库，实现古代方剂及其所属的类型、出处（即文献）的数据可持久存储，以便进行方剂信息的录入、查询和分析（如：中药使用的统计）。

（2）概念模型设计

表 11-17 和表 11-18 分别给出了方剂数据库的实体型及其联系情况。

表 11-17　方剂数据库的实体型说明表

实体名称	实体属性
方剂	方剂编号，名称，类型，用法，功用，主治
文献	文献编号，名称，著者，朝代
中药	中药编号，名称，性能，功效

表 11-18　方剂数据库的实体型之间联系说明表

联系名称	相关实体型	联系类型	说　明
来源	方剂 – 文献	一对多 1：n	一首方剂源于一部文献，一部文献包含多首方剂
使用	方剂 – 中药	多对多 m：n	一首方剂使用多味中药，一味中药可被用于多首方剂
加减	方剂 – 方剂	多对多 m：n	辅以中药的加减，一首方剂可由其他一首方剂生成（或其他多首方剂合成）；反之，一首方剂可用于生成多首方剂

　　说明：针对方剂之间的"加减"联系，以"血府逐瘀汤"为例，该方剂是由桃红四物汤"合"四逆散、"加"桔梗、牛膝而成。

依据上述的实体型及其联系的抽象结果，图 11-28 给出了方剂数据库的 E-R 图。

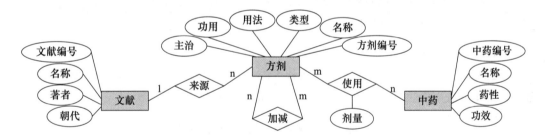

图 11-28　方剂数据库的概念模型设计

（3）逻辑模型设计

基于"E-R 图向逻辑模型"的转换原则，表 11-19 给出了方剂数据库的关系模式。

表 11-19　方剂数据库的关系模式表

序　号	关系模式
1	方剂（<u>方剂编号</u>，名称，类型，用法，功用，主治，文献编号）
2	文献（<u>文献编号</u>，名称，著者，朝代）
3	中药（<u>中药编号</u>，名称，性能，功效）
4	中药组成（<u>方剂编号</u>，<u>中药编号</u>，剂量）
5	方剂加减（<u>方剂编号</u>，<u>原方剂编号</u>）

　　说明："方剂加减"关系模式是"加减"联系转换结果。为了避免其属性"重名"问题（即均为：方剂编号），针对"生成其他方剂"的初始方剂，其编号存入"原方剂编号"属性。

问题： 针对上述转换结果：①何种转换原则导致"中药组成"关系模式的产生？②何种转换原则导致"方剂"关系模式包含了"文献编号"属性？

（4）关系模式完善

关系模式的完善有助于提高数据库设计的合理性。例如，"方剂加减"关系模式仅包含 2 个属性（表 11-19），增加了数据存储复杂度，其删除有助于解决上述问题。

表 11-20 给出了方剂数据库的关系模式完善情况。

表 11-20　关系模式的完善说明表

任　务	说　明	结　果
"方剂"关系模式的优化	为了删除"方剂加减"关系模式，"方剂"关系模式增加一个新的属性（名称为：加减），用于存储"生成该方剂"的原方剂名称组合	方剂（<u>方剂编号</u>，名称，类型，用法，功用，主治，加减，文献编号）
"文献"关系模式的优化	在方剂的出处考证领域中，"重名"的古代文献是鲜见的；因此，"名称"属性可以取代"文献编号"属性，作为"文献"关系模式的码	文献（<u>文献名称</u>，著者，朝代） 方剂（<u>方剂编号</u>，名称，类型，用法，功用，主治，加减，文献名称）
"中药组成"关系模式的优化	为了降低该关系模式的复杂度，"中药组成"属性取代"中药编号"和"剂量"2 个属性，用于存储中药的名称及其剂量"组合"信息	中药组成（<u>方剂编号</u>，中药组成）
"用户"关系模式的增加	为了保证数据库访问的安全性，该关系模式用于存储用户的访问权限信息	用户（<u>用户编号</u>，名称，密码）

（5）数据库建立

在上述的数据库设计结果基础上，方剂数据库的建立过程为：利用 Access 2013，创建一个"空白"数据库（数据库名称为：方剂数据库 .accdb）→设计数据表（表 11-21）。

表 11-21　方剂数据库的数据表设计说明表

内　容	说　明
表的名称	方剂数据表、文献数据表、中药数据表、中药组成数据表和用户数据表
表的字段名称	相应关系模式的属性名称（表 11-19，表 11-20）
表的主键	相应关系模式的码
字段的数据类型	除了方剂数据表（图 11-29）之外，其他数据表的所有字段类型均为：短文本

例如，图 11-29 给出了方剂数据表的结构设计结果。

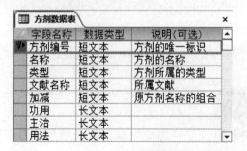

图 11-29　方剂数据表的设计

2. 功能实现

依据上述设计结果，本案例利用主界面设计结果（见第 8 章第 4 节），结合方剂信息系统的分析与设计结果（见第 10 章第 3 节），实现数据录入、查询和分析功能。

（1）数据录入

依据表 11-21，方剂信息系统涉及方剂、文献、中药、中药组成和用户等数据的录入。

以方剂及其中药组成为例，数据录入的功能实现包括：窗体完善和程序代码设计。

① 窗体的完善：为了适应数据表设计结果，窗体 Form1（即"方剂信息录入"窗体）需要进行必要的修改，如表 11-22 所示。图 11-30 给出了该窗体的修改效果。

表 11-22　窗体 Form1 的修改说明表

任　务	目　的
添加控件 Adodc1 ～ Adodc3	用于连接方剂、中药组成和文献等 3 张数据表
添加控件 MSHFlexGrid1 和 MSHFlexGrid2	用于绑定方剂数据和中药组成数据
更改文本框的"名称"属性值	Text1 ～ Text7 分别用于获取名称、类型、药物、用法、功用、主治和原方名称
删除"朝代"标签及其组合框，添加数据绑定组合框 DataCombo1	为了选定方剂的"出处"，控件 DataCombo1 需要连接文献数据表（图 11-31），提供"文献名称"列表

说明：①数据绑定组合框的外观类似于标准的组合框，详见"知识链接"部分。②请利用 Access 2013 的数据表视图，输入文献数据表的数据（图 11-31）。

图 11-30　窗体 Form1 的修改结果

图 11-31　文献数据表的部分数据

知识链接

数据绑定组合框（DataCombo） 是以下拉列表形式、显示数据源中字段值的一种数据绑定控件，其控件图标的添加过程为：调用"部件"对话框→在"控件"选项卡中，选择"Microsoft DataList Controls 6.0（SP3）（OLE DB）"项。

在该控件的数据绑定过程中，RowSource 属性用于指定数据源（如：ADO Data 控件的名称）；ListField 属性用于指定字段的名称（即列表内容的来源）。

② 程序代码的设计：图 11-32 给出了窗体 Form1 的 Load 事件过程设计结果。其中，针对控件 DataCombo1，RowSource 属性值为：Adodc3（即连接文献数据表），ListField 属性值为：文献名称（即显示该字段的值列表）。

```
工程1 - Form1 (Code)                                    [通用]                              [(通用)]
Dim provider As String, datasource As String '数据提供者变量,数据库变量
Dim number As Integer          '方剂编号变量
Private Sub Form_Load()
  '---(1)连接数据库---
  provider = "provider = microsoft.ace.oledb.12.0"
  datasource = "data source = " & App.Path & "\方剂数据库.accdb"
  Adodc1.ConnectionString = provider & ";" & datasource
  Adodc1.RecordSource = "select * from 方剂数据表"
  Adodc2.ConnectionString = Adodc1.ConnectionString
  Adodc2.RecordSource = "select * from 中药组成数据表"
  Adodc3.ConnectionString = Adodc1.ConnectionString
  Adodc3.RecordSource = "select * from 文献数据表"
  Adodc1.Visible = False: Adodc2.Visible = False: Adodc3.Visible = False
  '---(2)绑定数据---
  Set MSHFlexGrid1.datasource = Adodc1   '方剂数据
  MSHFlexGrid1.ColWidth(0) = 100
  Set MSHFlexGrid2.datasource = Adodc2   '中药组成数据
  MSHFlexGrid2.ColWidth(0) = 100
  MSHFlexGrid2.ColWidth(2) = 7000
  '---(3)设置"出处"数据绑定组合框的选项---
  Set DataCombo1.RowSource = Adodc3
  DataCombo1.ListField = "文献名称"
  Adodc3.Recordset.MoveFirst
  DataCombo1.Text = Adodc3.Recordset.Fields("文献名称").Value
  SSTab1.Tab = 0  '---(4)设置活动选项卡---
End Sub
```

图 11-32   窗体 Form1 的 Load 事件过程设计

图 11-33 给出了【确定】按钮的 Click 事件过程设计结果。其中，新记录的添加过程为：添加一个空白记录→字段赋值→保存更改→重新查询→重新绑定→刷新控件数据。

```
工程1 - Form1 (Code)                                    [Command1]                          [Click]
Private Sub Command1_Click()
  '---【确定】按钮---
  If Adodc1.Recordset.RecordCount = 0 Then '(1)--设置"方剂编号"值--
    number = 1
  Else
    Adodc1.Recordset.MoveLast
    number = Adodc1.Recordset.Fields("方剂编号").Value
    number = number + 1
  End If
  '--(2)在方剂数据表中，添加新记录--
  Adodc1.Recordset.AddNew          '添加一条"空白"记录
  Adodc1.Recordset.Fields("方剂编号").Value = number '设置字段值
  Adodc1.Recordset.Fields("名称").Value = Trim(Text1.Text)
  Adodc1.Recordset.Fields("文献名称").Value = DataCombo1.Text
  Adodc1.Recordset.Fields("类型").Value = Trim(Text2.Text)
  Adodc1.Recordset.Fields("用法").Value = Trim(Text4.Text)
  Adodc1.Recordset.Fields("功用").Value = Trim(Text5.Text)
  Adodc1.Recordset.Fields("主治").Value = Trim(Text6.Text)
  If Check1.Value = 1 Then  '设置"加减"字段值
    Adodc1.Recordset.Fields("加减").Value = Trim(Text7.Text)
  Else
    Adodc1.Recordset.Fields("加减").Value = ""
  End If
  '--(3)在中药组成数据表中，添加新记录--
  Adodc2.Recordset.AddNew
  Adodc2.Recordset.Fields("方剂编号").Value = number
  Adodc2.Recordset.Fields("中药组成").Value = Trim(Text3.Text)
  '--(4)保存更改--
  Adodc1.Recordset.Update: Adodc2.Recordset.Update
  MsgBox "新记录添加成功！"    '--(5)提示成功--
  Adodc1.Recordset.Requery: Adodc2.Recordset.Requery '--(6)重新查询--
  '--(7)重新绑定--
  Set MSHFlexGrid1.datasource = Adodc1: Set MSHFlexGrid2.datasource = Adodc2
  MSHFlexGrid1.Refresh: MSHFlexGrid2.Refresh '--(8)刷新控件数据--
End Sub
```

图 11-33   【确定】按钮的 Click 事件过程设计

说明： 请修改文本框的 Click 事件过程框架，以便调用"中药组成录入"窗体 Form2 和 "方剂类型选定"窗体 Form3。这是因为依据表 11-22，与第 6 章第 5 节的窗体 Form1 设计结果相比较，"类型"和"药物"文本框的名称已被改为：Text2 和 Text3。

（2）信息查询

如图 10-6 所示，方剂信息系统的信息查询包括：全部查询和条件查询。

以方剂数据为例，条件查询的功能实现包括：查询窗体设计、程序代码设计和主界面的程序完善。

① 查询窗体的设计。在当前工程中，添加"条件查询"窗体 Form4。图 11-34 给出了该窗体的运行效果。

图 11-34　窗体 Form4 的运行效果

问题： 依据图 11-34，从直观上，窗体 Form4 包含了哪些控件？

除了直观上的控件，该窗体还包含了文本框 Text4 和"被隐藏"的控件 Adodc1。其中，文本框 Text4 用于显示控件 MSHFlexGrid1 的某一个单元格的内容，这是因为 MSHFlexGrid 控件的列宽度是有限的，难以显示单元格的全部内容（即无法查阅字段值的全部内容）。例如，在图 11-34 中，文本框 Text4 显示"大青龙汤"的"主治"信息。

② 程序代码的设计。图 11-35 给出了【查询】按钮的 Click 事件过程的设计结果。If 语句用于获取查询条件，并赋予变量 criteria；Refresh 方法用于刷新控件 Adodc1 所创建的记录集和控件 MSHFlexGrid1 的数据。

```
Private Sub Command1_Click()
'-----【查询】按钮-----
Dim criteria As String      '查询条件
'--(1)获取查询条件--
criteria = ""
If Trim(Text1.Text) <> "" Then criteria = criteria & "名称 = '" & Trim(Text1.Text) & "' and "
If Trim(Text2.Text) <> "" Then criteria = criteria & "文献名称 = '" & Trim(Text2.Text) & "' and "
If Trim(Text3.Text) <> "" Then criteria = criteria & "类型 = '" & Trim(Text3.Text) & "' and "
If criteria <> "" Then
  criteria = Left(criteria, Len(criteria) - 5)   '取消末尾的 " and "
Else
  GoTo a1      '跳转至a1
End If
'--(2)重新获取记录集--
Adodc1.RecordSource = "select * from 方剂数据表 where " & criteria
Adodc1.Refresh     '--(3)刷新记录集--
MSHFlexGrid1.Refresh '--(4)刷新控件的数据--
a1:
End Sub
```

图 11-35　【查询】按钮的 Click 事件过程设计

问题： 在图 11-34 状态下，若单击命令按钮 Command1，则变量 criteria 的值是什么？

图 11-36 给出了控件 MSHFlexGrid1 的 MouseDown 事件过程的设计结果。其中，If 语句的功能在于：若鼠标"左键"被单击（即条件"Button=1"成立），则显示文本框 Text4，并设置文本框的位置及其内容（即所选单元格的内容）。

> **说明：** 图 11-34 给出了在控件 MSHFlexGrid1 中"1 行、7 列"单元格上单击鼠标"左键"，文本框 Text4 的显示结果。

```
Private Sub MSHFlexGrid1_MouseDown(Button As Integer, Shift As Integer, x As Single, y As Single)
'----由文本框Text4,显示控件MSHFlexGrid1中单元格的内容----
  Dim cur_row As Integer, cur_col As Integer                    '当前行、列变量
  '--(1)设置文本框的大小：与当前单元格的大小一致--
  Text4.Height = MSHFlexGrid1.CellHeight
  Text4.Width = MSHFlexGrid1.CellWidth
  If Button = 1 Then   '--(2)单击鼠标左键--
     Text4.Visible = True   '(2.1)文本框变为"可见"
     '(2.2)设置文本框的位置：当前单元格的位置+MSHFlexGrid1的位置
     Text4.Left = MSHFlexGrid1.CellLeft + MSHFlexGrid1.Left
     Text4.Top = MSHFlexGrid1.CellTop + MSHFlexGrid1.Top
     '(2.3)设置文本框的内容：当前单元格的文本内容
     cur_row = MSHFlexGrid1.Row: cur_col = MSHFlexGrid1.Col  '(2.4)获取当前行、列
     Text4.Text = MSHFlexGrid1.TextMatrix(cur_row, cur_col)  '(2.5)显示当前单元格的内容
  End If
End Sub
```

图 11-36　控件 MSHFlexGrid1 的 MouseDown 事件过程设计

> **说明：** 请补充窗体 Form4 的 Load 事件过程，实现"连接数据库"和"绑定数据"（参照图 11-26），设置控件 MSHFlexGrid1 的第 6 ～ 8 列宽（即 2000）和文本框 Text4 的不可见。

③ 主界面的程序完善。主界面的程序完善任务主要包括：

菜单项的事件过程设计。在主界面中，"条件查询"子菜单项用于调用窗体 Form4。结合第 8 章第 4 节的菜单设计结果（表 8-17），针对窗体 FrmMain 的程序代码，菜单项 MenuQueryCriteria 的 Click 事件过程设计结果如下：

```
Private Sub MenuQueryCriteria_Click（）
  Form4.Show：Me.Enabled=False
End Sub
```

工具栏的功能按钮事件过程完善。按钮 （即"信息查询"按钮）用于调用窗体 Form4（即调用菜单项 MenuQueryCriteria 的 Click 事件过程），相应地，控件 Toolbar1 的 ButtonClick 事件过程完善如下：

```
Private Sub Toolbar1_ButtonClick（ByVal Button As MSComctlLib.Button）
 Select Case Button.Key
    Case " 信息录入 "
      Call MenuInput_Click
    Case " 信息查询 "
      Call MenuQueryCriteria_Click
   End Select
End Sub
```

（3）信息分析

第 10 章第 3 节给出了方剂信息系统的"信息分析"功能规划。这里，以"中药使用"指标为例，信息分析的功能在于：利用中药组成数据表和方剂数据表，在特定的方剂类型范围内，获取某些中药的使用频数和频率，并以表格和图表形式显示结果。

说明：在上述的信息分析过程中，中药的使用频数等同于方剂的频数，这是因为在每一首方剂中，每一味中药仅能使用一次。

① 分析窗体的设计。在当前工程中，添加"药物使用分析"窗体 Form5，如图 11-37 所示。

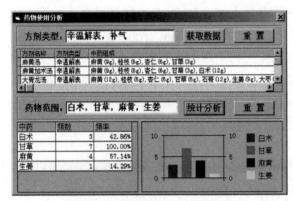

图 11-37　窗体 Form5 的运行效果

说明：①在图 11-37 中，除了直观上的控件之外，窗体 Form5 还应包含控件 Adodc1。②在图 11-37 中，"方剂类型"和"药物范围"内容是组合形式，并以逗号分隔。

② 程序代码的设计。图 11-38 给出了【获取数据】按钮的 Click 事件过程设计结果。其中，Split 函数用于分解"方剂类型"组合，并赋予数组 type_array。For 语句用于获取查询条件，并赋予变量 criteria。

```
Private Sub Command1_Click()
'----【获取数据】按钮----
  Dim type_array() As String, criteria As String    '查询条件变量, 方剂类型数组
  Dim table_list As String, field_list As String    '数据表列表变量, 字段列表变量
  If Trim(Text1.Text) = "" Then GoTo c1    '--(1)若未给定类型, 则跳转至"c1"处--
  type_array = Split(Text1.Text, ",", -1, 1)    '--(2)分解"方剂类型"组合--
  '--(3)生成查询条件--
  criteria = ""
  For k = LBound(type_array) To UBound(type_array)    '(3.1)生成"方剂类型"查询条件
    criteria = criteria & "方剂数据表.类型 = '" & type_array(k) & "' or "
  Next k
  criteria = Left(criteria, Len(criteria) - 4)    '(3.2)取消末尾的 " or "
  criteria = "中药组成数据表.方剂编号=方剂数据表.方剂编号 and (" & criteria & ")"    '(3.3)生成查询条件
  '--(4)生成数据表列表、字段列表--
  table_list = "中药组成数据表,方剂数据表"
  field_list = "方剂数据表.方剂编号,方剂数据表.名称,方剂数据表.类型,中药组成数据表.*"
  '--(5)查询数据--
  Adodc1.RecordSource = "select " & field_list & " from " & table_list & " where " & criteria
  Adodc1.Refresh
  '--(6)绑定数据--
  Set MSHFlexGrid1.datasource = Adodc1: MSHFlexGrid1.Refresh
  MSHFlexGrid1.TextMatrix(0, 2) = "方剂名称"    '设置标题
  MSHFlexGrid1.TextMatrix(0, 3) = "方剂类型": MSHFlexGrid1.TextMatrix(0, 5) = "中药组成"
  MSHFlexGrid1.ColWidth(1) = 0: MSHFlexGrid1.ColWidth(4) = 0    '第1、4列不可见
  MSHFlexGrid1.ColWidth(0) = 100: MSHFlexGrid1.ColWidth(5) = 7000
c1:
End Sub
```

图 11-38　【获取数据】按钮的 Click 事件过程设计

问题： 依据图 1-37，数组 type_array 将包含哪些元素？每一个元素的值分别是什么？

说明： 请补充窗体 Form5 的 Load 事件过程，连接方剂数据库和设置控件 Adodc1 的不可见。

问题： 依据图 1-37，若【获取数据】按钮被单击，则变量 criteria 和属性 RecordSource 的值分别是什么？

说明： 在图 11-38 中，ColWidth 属性赋值语句的使用原因在于：依据图 11-37，控件 MSHFlexGrid1 未显示"方剂编号"字段值（即控件的第 1、4 列须隐藏：列宽为 0）。

图 11-39 给出了【统计分析】按钮的 Click 事件过程设计结果。其中，在数组 count 中，元素 count（k）存储着第 i 味中药［即元素 drug_array（k）］的使用频数；嵌套的 For 语句用于针对数组 drug_array 中的每一味药物（即变量 k 控制元素下标），在控件 MSHFlexGrid1 的"每一行"方剂（即变量 i 控制行号）中，利用"中药组成"列（即第 5 列），确定该药物是否出现（即 Like 函数）和统计频数，最后，在结果表（即控件 MSHFlexGrid2）中，添加药物名称、频数和频率。

```
工程1 - Form5 (Code)
Command3                          ▼  Click                  ▼
Private Sub Command3_Click()
'---【统计分析】按钮
  Dim drug_array() As String, count() As Integer '药物数组、方剂数组
  drug_array = Split(Text2.Text, ",", -1, 1) '(1)分解"药物"组合
  n = UBound(drug_array): ReDim count(n)          '(2)依据药物数量，重新定义count
  '(3)设置结果表MSHFlexGrid2的特征：列/行数、标题、第0列不可见
  MSHFlexGrid2.Cols = 4: MSHFlexGrid2.Rows = n + 2
  MSHFlexGrid2.TextMatrix(0, 1) = "中药": MSHFlexGrid2.TextMatrix(0, 2) = "频数"
  MSHFlexGrid2.TextMatrix(0, 3) = "频率": MSHFlexGrid2.ColWidth(0) = 0
  '(4)统计每一味药物的频数和频率
  total = MSHFlexGrid1.Rows - 1                    '(4.1)获取方剂总数
  For k = LBound(drug_array) To UBound(drug_array)  '(4.2)针对每一味药物
    For i = 1 To MSHFlexGrid1.Rows - 1             '(4.3)在每一行的方剂中
      result = MSHFlexGrid1.TextMatrix(i, 5) Like "*" & drug_array(k) & "*"
                        '(4.4)在"中药组成"列上，确定该味药物是否出现
      If result = True Then count(k) = count(k) + 1 '(4.5)统计频数
    Next i
    '(4.6)在结果表中，添加药物名称、频数和频率
    MSHFlexGrid2.TextMatrix(k + 1, 1) = drug_array(k)
    MSHFlexGrid2.TextMatrix(k + 1, 2) = count(k)
    MSHFlexGrid2.TextMatrix(k + 1, 3) = Format(count(k) / total, "0.00%")
  Next k
  '(5)图表显示
  MSChart1.RowCount = 1: MSChart1.ColumnCount = n + 1 '(5.1)设置图表的行/列数
  MSChart1.ShowLegend = True: MSChart1.RowLabel = ""
  '(5.2)设置数据列的数据和标签内容
  MSChart1.Row = 1
  For j = 1 To MSChart1.ColumnCount
    MSChart1.Column = j
    MSChart1.Data = count(j - 1): MSChart1.ColumnLabel = drug_array(j - 1)
  Next j
End Sub
```

图 11-39 【统计分析】按钮的 Click 事件过程设计

问题： 在图 11-39 中：①为何控件 MSHFlexGrid2 的 Cols 属性值为：n+2 ？②为何控件 MSChart1 的 ColumnCount 属性值为：n+1 ？

③ 主界面的程序完善。主界面的程序完善任务主要包括：菜单项的事件过程设计和工具栏的功能按钮事件过程完善。

前者的任务在于：在主界面中，"信息分析"主菜单项用于调用窗体 Form5，并将当前窗体设置为：不可用。

> **问题：** 针对窗体 FrmMain 的程序代码，如何设计菜单项 MenuAnalysis 的 Click 事件过程，实现上述的菜单项功能要求？

后者的任务在于：在工具栏中，按钮■（即"信息分析"按钮）用于调用窗体 Form5（即调用菜单项 MenuAnalysis 的 Click 事件过程）。

> **问题：** 针对窗体 FrmMain，如何完善控件 Toolbar1 的 ButtonClick 事件过程，实现按钮■的上述功能要求？

3. 系统完善

通常，信息系统的使用流程为：欢迎界面→登录界面→主界面。

依据上述的使用流程，表 11-23 给出了方剂信息系统的完善任务情况。

表 11-23　方剂信息系统的完善说明表

任　务	要　求
添加窗体	利用"窗体添加"窗口，在当前工程中，添加"系统欢迎"界面（图 3-1）和"系统登录"界面（图 2-1）的窗体文件（即文件 FrmWelcome.frm 和 FrmLogin.frm，详见第 2 章第 5 节和第 3 章的设计结果）
设置启动窗体	将窗体 FrmWelcome 设置为：启动窗体

> **说明：** 在上述的窗体添加之前，用户须将相应的窗体文件，复制到"当前工程"所在的路径下。

4. 可执行文件的生成

在上述设计过程中，方剂信息系统始终在 Visual Basic 的集成开发环境中运行。为了直接使用上述应用程序，"方剂信息系统 .exe"可执行文件的生成是十分必要的。

> **说明：** "方剂信息系统 .exe"文件的生成过程详见第 3 章的相关内容。

小　结

1. 数据库能够构建可持久存储、多方共享的信息集合。数据库管理系统用于建立、使用和维护数据库，数据模型用于描述数据的抽象和组织，其中，E-R 图是概念模型的图形描述形式，关系模型是最为常用的一种逻辑模型。

2. Microsoft Access 是一种小型、易用的数据库管理系统，提供了数据库创建和数据表设计等功能。

3. 结构化查询语言是关系数据库管理的标准语言，能够实现数据的查询、插入、更新和删除等功能。

4. 数据控件和数据绑定控件是数据库应用程序开发的重要控件。Visual Basic 提供了 Data 控件、ADO Data 控件及文本框、MSHFlexGrid 控件等数据库访问控件，实现数据库的连接及其数据的显示和操纵。

5. 本章主要概念：数据库、数据库管理系统、数据模型、数据库访问、实体型、实体集、联系、E-R 图、关系、记录、字段、关系模式、关系数据库、数据库设计、数据库应用系统、数据绑定、数据操纵、数据库引擎、简单查询、条件查询、连接查询。

习题 11

1. 试述数据库、数据库管理系统、数据模型、关系模式的概念。

2. 试述概念模型和逻辑模型的基本特征。

3. 试述一对一、一对多和多对多 3 类联系的基本特征。

4. 试述 E-R 图向关系模型的转换原则。

5. 试述数据库设计过程。

6. 针对"条件查询"窗体 Form4（图 11-34），试完成：下述的设计要求。

（1）利用【返回】按钮（名称为：Command2），卸载窗体 Form4。

（2）利用窗体 Form4 的卸载过程，将窗体 FrmMain 变为："可用"状态。

7. 针对方剂信息系统的录入功能，试完成：下述的设计要求。

（1）窗体的设计。在文献、中药和用户等 3 张数据表设计基础上，设计相应的信息录入窗体。

（2）主界面的菜单完善。主要任务如下：

① 菜单项的修改。在本章第 7 节的设计结果基础上，在窗体 FrmMain 的"信息录入"主菜单项中，增加 4 个子菜单项（其中，标题分别为：方剂录入、文献录入、中药录入和用户录入；名称和快捷键：请自行设置）。

② 菜单项的功能设计。依据上述的菜单修改情况，设计相应菜单项的 Click 事件过程，实现相应窗体的调用。

（3）主界面的工具栏完善。依据上述的菜单完善情况，修改控件 Toolbar1 的 ButtonClick 事件过程，以便调用"方剂信息录入"窗体和"用户信息录入"窗体。

8. 针对方剂信息系统的用户身份验证功能，试完成：下述的设计要求。

在本章第 7 节和习题 7 的设计结果基础上，完善"系统登录"界面（即窗体 FrmLogin）的设计，实现：借助用户数据表，验证用户的合法身份。

9. 患者信息的录入问题。利用住院患者数据库的创建及其数据表结构的设计结果（分别见【例 11-3】和【例 11-5】），在"患者信息录入"窗体（图 6-23）基础上，试实现下述的功能要求。

（1）窗体的 Load 事件过程：实现住院患者数据库的连接及其数据的绑定。

（2）【添加】按钮的 Click 事件过程：实现患者信息的录入。

MSDN Library 的基本使用

MSDN Library 是一种联机帮助文档系统，包含了示例代码、文档等重要参考资料，供程序开发人员查阅。

> **说明：** MSDN Library（简称 MSDN）是 Visual Studio 6.0 系列开发产品之一，该系列产品包括 Visual Basic、Visual C++、Visual Foxpro 等。

1. MSDN Library 的启动

MSDN Library 的启动用于打开 MSDN Library 查阅器，其启动方式主要包括：

（1）<F1> 功能键

在集成开发环境中，选择具体内容→按 <F1> 键，系统将自动打开 MSDN Library 查阅器，并显示该内容的相关帮助信息。例如，在"窗体设计"窗口中，选择命令按钮控件→按 <F1> 键，系统将打开 MSDN Library 查阅器（图附录 –1）。

（2）菜单命令

在菜单栏中，选择"帮助"→"内容"（或"索引""搜索"）命令，系统将打开 MSDN Library 查阅器。

> **说明：** 在进行上述操作之前，用户需要安装 MSDN Library。

2. MSDN Library 查阅器的使用

MSDN Library 查阅器主要包含三个选项卡：①"目录"选项卡：以树状结构，提供帮助主题的分级列表。②"索引"选项卡：依据键入的关键字，提供查找结果列表。③"搜索"选项卡：依据键入的单词，提供"该单词所在内容"的主题。

以"索引"选项卡为例，MSDN Library 查阅器的使用过程如下：

（1）确定关键字

在选项卡的文本框中，输入关键字（如：commandbutton）→在结果列表中，双击具体主题（如："CommandButton 控件"主题项）。

（2）获取具体信息项

在右侧的子窗口中，选择信息项（如："属性"项）→在弹出的"找到的主题"对话框（图附录 –2）中，选择具体主题（如：Enabled 属性）→单击【显示】按钮，MSDN Library 将提供该主题的帮助信息（图附录 –3）。

说明：在图附录–3中，用户可以进一步地选择"示例"项，查阅属性的具体示例。

图附录–1　CommandButton 控件的帮助信息

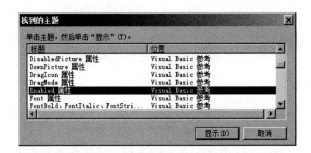

图附录–2　Enabled 属性的帮助信息

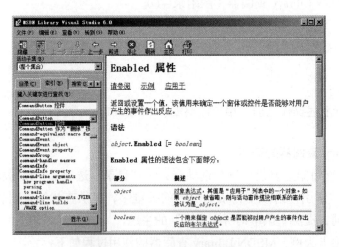

图附录–3　Enabled 属性的帮助信息

主要参考书目

［1］（荷兰）J.H.van Bemmel，（美国）M.A.Musen. 医学信息学 . 包含飞，郑学侃，译 . 上海：上海科学技术出版社，2002.

［2］甘仞初 . 信息系统分析与设计 . 北京：高等教育出版社，2003.

［3］李建中，王珊 . 数据库系统原理 . 北京：电子工业出版社，1998.

［4］王珊 . 数据库系统简明教程 . 北京：高等教育出版社，2004.

［5］李冀 . 方剂学 . 北京：中国中医药出版社，2006.

［6］邓中甲 . 方剂学 . 北京：中国中医药出版社，2003.

全国中医药行业高等教育"十四五"规划教材

全国高等中医药院校规划教材（第十一版）

教材目录

注：凡标☆号者为"核心示范教材"。

（一）中医学类专业

序号	书　名	主　编		主编所在单位	
1	中国医学史	郭宏伟	徐江雁	黑龙江中医药大学	河南中医药大学
2	医古文	王育林	李亚军	北京中医药大学	陕西中医药大学
3	大学语文	黄作阵		北京中医药大学	
4	中医基础理论☆	郑洪新	杨　柱	辽宁中医药大学	贵州中医药大学
5	中医诊断学☆	李灿东	方朝义	福建中医药大学	河北中医药大学
6	中药学☆	钟赣生	杨柏灿	北京中医药大学	上海中医药大学
7	方剂学☆	李　冀	左铮云	黑龙江中医药大学	江西中医药大学
8	内经选读☆	翟双庆	黎敬波	北京中医药大学	广州中医药大学
9	伤寒论选读☆	王庆国	周春祥	北京中医药大学	南京中医药大学
10	金匮要略☆	范永升	姜德友	浙江中医药大学	黑龙江中医药大学
11	温病学☆	谷晓红	马　健	北京中医药大学	南京中医药大学
12	中医内科学☆	吴勉华	石　岩	南京中医药大学	辽宁中医药大学
13	中医外科学☆	陈红风		上海中医药大学	
14	中医妇科学☆	冯晓玲	张婷婷	黑龙江中医药大学	上海中医药大学
15	中医儿科学☆	赵　霞	李新民	南京中医药大学	天津中医药大学
16	中医骨伤科学☆	黄桂成	王拥军	南京中医药大学	上海中医药大学
17	中医眼科学	彭清华		湖南中医药大学	
18	中医耳鼻咽喉科学	刘　蓬		广州中医药大学	
19	中医急诊学☆	刘清泉	方邦江	首都医科大学	上海中医药大学
20	中医各家学说☆	尚　力	戴　铭	上海中医药大学	广西中医药大学
21	针灸学☆	梁繁荣	王　华	成都中医药大学	湖北中医药大学
22	推拿学☆	房　敏	王金贵	上海中医药大学	天津中医药大学
23	中医养生学	马烈光	章德林	成都中医药大学	江西中医药大学
24	中医药膳学	谢梦洲	朱天民	湖南中医药大学	成都中医药大学
25	中医食疗学	施洪飞	方　泓	南京中医药大学	上海中医药大学
26	中医气功学	章文春	魏玉龙	江西中医药大学	北京中医药大学
27	细胞生物学	赵宗江	高碧珍	北京中医药大学	福建中医药大学

序号	书　名	主　编		主编所在单位	
28	人体解剖学	邵水金		上海中医药大学	
29	组织学与胚胎学	周忠光	汪　涛	黑龙江中医药大学	天津中医药大学
30	生物化学	唐炳华		北京中医药大学	
31	生理学	赵铁建	朱大诚	广西中医药大学	江西中医药大学
32	病理学	刘春英	高维娟	辽宁中医药大学	河北中医药大学
33	免疫学基础与病原生物学	袁嘉丽	刘永琦	云南中医药大学	甘肃中医药大学
34	预防医学	史周华		山东中医药大学	
35	药理学	张硕峰	方晓艳	北京中医药大学	河南中医药大学
36	诊断学	詹华奎		成都中医药大学	
37	医学影像学	侯　键	许茂盛	成都中医药大学	浙江中医药大学
38	内科学	潘　涛	戴爱国	南京中医药大学	湖南中医药大学
39	外科学	谢建兴		广州中医药大学	
40	中西医文献检索	林丹红	孙　玲	福建中医药大学	湖北中医药大学
41	中医疫病学	张伯礼	吕文亮	天津中医药大学	湖北中医药大学
42	中医文化学	张其成	臧守虎	北京中医药大学	山东中医药大学
43	中医文献学	陈仁寿	宋咏梅	南京中医药大学	山东中医药大学
44	医学伦理学	崔瑞兰	赵　丽	山东中医药大学	北京中医药大学
45	医学生物学	詹秀琴	许　勇	南京中医药大学	成都中医药大学
46	中医全科医学概论	郭　栋	严小军	山东中医药大学	江西中医药大学
47	卫生统计学	魏高文	徐　刚	湖南中医药大学	江西中医药大学
48	中医老年病学	王　飞	张学智	成都中医药大学	北京大学医学部
49	医学遗传学	赵丕文	卫爱武	北京中医药大学	河南中医药大学
50	针刀医学	郭长青		北京中医药大学	
51	腧穴解剖学	邵水金		上海中医药大学	
52	神经解剖学	孙红梅	申国明	北京中医药大学	安徽中医药大学
53	医学免疫学	高永翔	刘永琦	成都中医药大学	甘肃中医药大学
54	神经定位诊断学	王东岩		黑龙江中医药大学	
55	中医运气学	苏　颖		长春中医药大学	
56	实验动物学	苗明三	王春田	河南中医药大学	辽宁中医药大学
57	中医医案学	姜德友	方祝元	黑龙江中医药大学	南京中医药大学
58	分子生物学	唐炳华	郑晓珂	北京中医药大学	河南中医药大学

（二）针灸推拿学专业

序号	书　名	主　编		主编所在单位	
59	局部解剖学	姜国华	李义凯	黑龙江中医药大学	南方医科大学
60	经络腧穴学☆	沈雪勇	刘存志	上海中医药大学	北京中医药大学
61	刺法灸法学☆	王富春	岳增辉	长春中医药大学	湖南中医药大学
62	针灸治疗学☆	高树中	冀来喜	山东中医药大学	山西中医药大学
63	各家针灸学说	高希言	王　威	河南中医药大学	辽宁中医药大学
64	针灸医籍选读	常小荣	张建斌	湖南中医药大学	南京中医药大学
65	实验针灸学	郭　义		天津中医药大学	

序号	书　名	主　编		主编所在单位	
66	推拿手法学☆	周运峰		河南中医药大学	
67	推拿功法学☆	吕立江		浙江中医药大学	
68	推拿治疗学☆	井夫杰	杨永刚	山东中医药大学	长春中医药大学
69	小儿推拿学	刘明军	邰先桃	长春中医药大学	云南中医药大学

（三）中西医临床医学专业

序号	书　名	主　编		主编所在单位	
70	中外医学史	王振国	徐建云	山东中医药大学	南京中医药大学
71	中西医结合内科学	陈志强	杨文明	河北中医药大学	安徽中医药大学
72	中西医结合外科学	何清湖		湖南中医药大学	
73	中西医结合妇产科学	杜惠兰		河北中医药大学	
74	中西医结合儿科学	王雪峰	郑　健	辽宁中医药大学	福建中医药大学
75	中西医结合骨伤科学	詹红生	刘　军	上海中医药大学	广州中医药大学
76	中西医结合眼科学	段俊国	毕宏生	成都中医药大学	山东中医药大学
77	中西医结合耳鼻咽喉科学	张勤修	陈文勇	成都中医药大学	广州中医药大学
78	中西医结合口腔科学	谭　劲		湖南中医药大学	
79	中药学	周祯祥	吴庆光	湖北中医药大学	广州中医药大学
80	中医基础理论	战丽彬	章文春	辽宁中医药大学	江西中医药大学
81	针灸推拿学	梁繁荣	刘明军	成都中医药大学	长春中医药大学
82	方剂学	李　冀	季旭明	黑龙江中医药大学	浙江中医药大学
83	医学心理学	李光英	张　斌	长春中医药大学	湖南中医药大学
84	中西医结合皮肤性病学	李　斌	陈达灿	上海中医药大学	广州中医药大学
85	诊断学	詹华奎	刘　潜	成都中医药大学	江西中医药大学
86	系统解剖学	武煜明	李新华	云南中医药大学	湖南中医药大学
87	生物化学	施　红	贾连群	福建中医药大学	辽宁中医药大学
88	中西医结合急救医学	方邦江	刘清泉	上海中医药大学	首都医科大学
89	中西医结合肛肠病学	何永恒		湖南中医药大学	
90	生理学	朱大诚	徐　颖	江西中医药大学	上海中医药大学
91	病理学	刘春英	姜希娟	辽宁中医药大学	天津中医药大学
92	中西医结合肿瘤学	程海波	贾立群	南京中医药大学	北京中医药大学
93	中西医结合传染病学	李素云	孙克伟	河南中医药大学	湖南中医药大学

（四）中药学类专业

序号	书　名	主　编		主编所在单位	
94	中医学基础	陈　晶	程海波	黑龙江中医药大学	南京中医药大学
95	高等数学	李秀昌	邵建华	长春中医药大学	上海中医药大学
96	中医药统计学	何　雁		江西中医药大学	
97	物理学	章新友	侯俊玲	江西中医药大学	北京中医药大学
98	无机化学	杨怀霞	吴培云	河南中医药大学	安徽中医药大学
99	有机化学	林　辉		广州中医药大学	
100	分析化学（上）（化学分析）	张　凌		江西中医药大学	

序号	书　名	主　编		主编所在单位	
101	分析化学（下）（仪器分析）	王淑美		广东药科大学	
102	物理化学	刘　雄	王颖莉	甘肃中医药大学	山西中医药大学
103	临床中药学☆	周祯祥	唐德才	湖北中医药大学	南京中医药大学
104	方剂学	贾　波	许二平	成都中医药大学	河南中医药大学
105	中药药剂学☆	杨　明		江西中医药大学	
106	中药鉴定学☆	康廷国	闫永红	辽宁中医药大学	北京中医药大学
107	中药药理学☆	彭　成		成都中医药大学	
108	中药拉丁语	李　峰	马　琳	山东中医药大学	天津中医药大学
109	药用植物学☆	刘春生	谷　巍	北京中医药大学	南京中医药大学
110	中药炮制学☆	钟凌云		江西中医药大学	
111	中药分析学☆	梁生旺	张　彤	广东药科大学	上海中医药大学
112	中药化学☆	匡海学	冯卫生	黑龙江中医药大学	河南中医药大学
113	中药制药工程原理与设备	周长征		山东中医药大学	
114	药事管理学☆	刘红宁		江西中医药大学	
115	本草典籍选读	彭代银	陈仁寿	安徽中医药大学	南京中医药大学
116	中药制药分离工程	朱卫丰		江西中医药大学	
117	中药制药设备与车间设计	李　正		天津中医药大学	
118	药用植物栽培学	张永清		山东中医药大学	
119	中药资源学	马云桐		成都中医药大学	
120	中药产品与开发	孟宪生		辽宁中医药大学	
121	中药加工与炮制学	王秋红		广东药科大学	
122	人体形态学	武煜明	游言文	云南中医药大学	河南中医药大学
123	生理学基础	于远望		陕西中医药大学	
124	病理学基础	王　谦		北京中医药大学	
125	解剖生理学	李新华	于远望	湖南中医药大学	陕西中医药大学
126	微生物学与免疫学	袁嘉丽	刘永琦	云南中医药大学	甘肃中医药大学
127	线性代数	李秀昌		长春中医药大学	
128	中药新药研发学	张永萍	王利胜	贵州中医药大学	广州中医药大学
129	中药安全与合理应用导论	张　冰		北京中医药大学	
130	中药商品学	闫永红	蒋桂华	北京中医药大学	成都中医药大学

（五）药学类专业

序号	书　名	主　编		主编所在单位	
131	药用高分子材料学	刘　文		贵州医科大学	
132	中成药学	张金莲	陈　军	江西中医药大学	南京中医药大学
133	制药工艺学	王　沛	赵　鹏	长春中医药大学	陕西中医药大学
134	生物药剂学与药物动力学	龚慕辛	贺福元	首都医科大学	湖南中医药大学
135	生药学	王喜军	陈随清	黑龙江中医药大学	河南中医药大学
136	药学文献检索	章新友	黄必胜	江西中医药大学	湖北中医药大学
137	天然药物化学	邱　峰	廖尚高	天津中医药大学	贵州医科大学
138	药物合成反应	李念光	方　方	南京中医药大学	安徽中医药大学

序号	书 名	主 编		主编所在单位	
139	分子生药学	刘春生	袁 媛	北京中医药大学	中国中医科学院
140	药用辅料学	王世宇	关志宇	成都中医药大学	江西中医药大学
141	物理药剂学	吴 清		北京中医药大学	
142	药剂学	李范珠	冯年平	浙江中医药大学	上海中医药大学
143	药物分析	俞 捷	姚卫峰	云南中医药大学	南京中医药大学

（六）护理学专业

序号	书 名	主 编		主编所在单位	
144	中医护理学基础	徐桂华	胡 慧	南京中医药大学	湖北中医药大学
145	护理学导论	穆 欣	马小琴	黑龙江中医药大学	浙江中医药大学
146	护理学基础	杨巧菊		河南中医药大学	
147	护理专业英语	刘红霞	刘 娅	北京中医药大学	湖北中医药大学
148	护理美学	余雨枫		成都中医药大学	
149	健康评估	阚丽君	张玉芳	黑龙江中医药大学	山东中医药大学
150	护理心理学	郝玉芳		北京中医药大学	
151	护理伦理学	崔瑞兰		山东中医药大学	
152	内科护理学	陈 燕	孙志岭	湖南中医药大学	南京中医药大学
153	外科护理学	陆静波	蔡恩丽	上海中医药大学	云南中医药大学
154	妇产科护理学	冯 进	王丽芹	湖南中医药大学	黑龙江中医药大学
155	儿科护理学	肖洪玲	陈偶英	安徽中医药大学	湖南中医药大学
156	五官科护理学	喻京生		湖南中医药大学	
157	老年护理学	王 燕	高 静	天津中医药大学	成都中医药大学
158	急救护理学	吕 静	卢根娣	长春中医药大学	上海中医药大学
159	康复护理学	陈锦秀	汤继芹	福建中医药大学	山东中医药大学
160	社区护理学	沈翠珍	王诗源	浙江中医药大学	山东中医药大学
161	中医临床护理学	裘秀月	刘建军	浙江中医药大学	江西中医药大学
162	护理管理学	全小明	柏亚妹	广州中医药大学	南京中医药大学
163	医学营养学	聂 宏	李艳玲	黑龙江中医药大学	天津中医药大学
164	安宁疗护	邸淑珍	陆静波	河北中医药大学	上海中医药大学
165	护理健康教育	王 芳		成都中医药大学	
166	护理教育学	聂 宏	杨巧菊	黑龙江中医药大学	河南中医药大学

（七）公共课

序号	书 名	主 编		主编所在单位	
167	中医学概论	储全根	胡志希	安徽中医药大学	湖南中医药大学
168	传统体育	吴志坤	邵玉萍	上海中医药大学	湖北中医药大学
169	科研思路与方法	刘 涛	商洪才	南京中医药大学	北京中医药大学
170	大学生职业发展规划	石作荣	李 玮	山东中医药大学	北京中医药大学
171	大学计算机基础教程	叶 青		江西中医药大学	
172	大学生就业指导	曹世奎	张光霁	长春中医药大学	浙江中医药大学

序号	书 名	主 编		主编所在单位	
173	医患沟通技能	王自润	殷 越	大同大学	黑龙江中医药大学
174	基础医学概论	刘黎青	朱大诚	山东中医药大学	江西中医药大学
175	国学经典导读	胡 真	王明强	湖北中医药大学	南京中医药大学
176	临床医学概论	潘 涛	付 滨	南京中医药大学	天津中医药大学
177	Visual Basic 程序设计教程	闫朝升	曹 慧	黑龙江中医药大学	山东中医药大学
178	SPSS 统计分析教程	刘仁权		北京中医药大学	
179	医学图形图像处理	章新友	孟昭鹏	江西中医药大学	天津中医药大学
180	医药数据库系统原理与应用	杜建强	胡孔法	江西中医药大学	南京中医药大学
181	医药数据管理与可视化分析	马星光		北京中医药大学	
182	中医药统计学与软件应用	史周华	何 雁	山东中医药大学	江西中医药大学

（八）中医骨伤科学专业

序号	书 名	主 编		主编所在单位	
183	中医骨伤科学基础	李 楠	李 刚	福建中医药大学	山东中医药大学
184	骨伤解剖学	侯德才	姜国华	辽宁中医药大学	黑龙江中医药大学
185	骨伤影像学	栾金红	郭会利	黑龙江中医药大学	河南中医药大学洛阳平乐正骨学院
186	中医正骨学	冷向阳	马 勇	长春中医药大学	南京中医药大学
187	中医筋伤学	周红海	于 栋	广西中医药大学	北京中医药大学
188	中医骨病学	徐展望	郑福增	山东中医药大学	河南中医药大学
189	创伤急救学	毕荣修	李无阴	山东中医药大学	河南中医药大学洛阳平乐正骨学院
190	骨伤手术学	童培建	曾意荣	浙江中医药大学	广州中医药大学

（九）中医养生学专业

序号	书 名	主 编		主编所在单位	
191	中医养生文献学	蒋力生	王 平	江西中医药大学	湖北中医药大学
192	中医治未病学概论	陈涤平		南京中医药大学	
193	中医饮食养生学	方 泓		上海中医药大学	
194	中医养生方法技术学	顾一煌	王金贵	南京中医药大学	天津中医药大学
195	中医养生学导论	马烈光	樊 旭	成都中医药大学	辽宁中医药大学
196	中医运动养生学	章文春	邬建卫	江西中医药大学	成都中医药大学

（十）管理学类专业

序号	书 名	主 编		主编所在单位	
197	卫生法学	田 侃	冯秀云	南京中医药大学	山东中医药大学
198	社会医学	王素珍	杨 义	江西中医药大学	成都中医药大学
199	管理学基础	徐爱军		南京中医药大学	
200	卫生经济学	陈永成	欧阳静	江西中医药大学	陕西中医药大学
201	医院管理学	王志伟	翟理祥	北京中医药大学	广东药科大学
202	医药人力资源管理	曹世奎		长春中医药大学	
203	公共关系学	关晓光		黑龙江中医药大学	

序号	书　名	主　编	主编所在单位	
204	卫生管理学	乔学斌　王长青	南京中医药大学	南京医科大学
205	管理心理学	刘鲁蓉　曾　智	成都中医药大学	南京中医药大学
206	医药商品学	徐　晶	辽宁中医药大学	

（十一）康复医学类专业

序号	书　名	主　编	主编所在单位	
207	中医康复学	王瑞辉　冯晓东	陕西中医药大学	河南中医药大学
208	康复评定学	张　泓　陶　静	湖南中医药大学	福建中医药大学
209	临床康复学	朱路文　公维军	黑龙江中医药大学	首都医科大学
210	康复医学导论	唐　强　严兴科	黑龙江中医药大学	甘肃中医药大学
211	言语治疗学	汤继芹	山东中医药大学	
212	康复医学	张　宏　苏友新	上海中医药大学	福建中医药大学
213	运动医学	潘华山　王　艳	广东潮州卫生健康职业学院	黑龙江中医药大学
214	作业治疗学	胡　军　艾　坤	上海中医药大学	湖南中医药大学
215	物理治疗学	金荣疆　王　磊	成都中医药大学	南京中医药大学